BIO INDUSTRY VALUATION

바이오 인더스트리
밸류에이션

김명기

서울대학교 식품공학 학사, KAIST 생물공학 박사

현 LSK인베스트먼트 대표이사
전 인터베스트 전무이사, LG화학기술연구원 선임연구원

바이오 인더스트리 밸류에이션

2020년 5월 25일 초판 1쇄 찍음
2022년 6월 10일 초판 3쇄 펴냄

지은이　김명기
책임편집　다돌책방
편집　김승주
디자인　프라이빗엘리펀트
본문조판　아바 프레이즈
마케팅　서일

펴낸이　이기형
펴낸곳　바이오스펙테이터
등록번호　제25100-2016-000062호
전화　02-2088-3456
팩스　02-2088-8756
주소　서울 영등포구 여의대방로69길 23, 한국금융아이티빌딩 6층
이메일　il.seo@bios.co.kr

ISBN　979-11-960793-8-3 03470
ⓒ 김명기

책값은 뒷표지에 있습니다.
사전 동의 없는 무단 전재 및 복제를 금합니다.

BIO INDUSTRY VALUATION

바이오 인더스트리 밸류에이션

김명기

BIOSPECTATOR

머리말
"투자를 결정할 때, 꼭 확인할 것은 무엇인가?"

바이오 산업을 포함한 헬스케어 산업은 빠르게 성장한다. 투자자라면 성장하는 산업에 투자하고 싶은 것이 인지상정이다. 기대를 안고 기업 설명 자료를 읽지만, 좋은 기업을 골라내기 위한 행간 읽기가 어렵다. 그래서 '바이오'라는 세 글자만큼 관심과 궁금증, 오해와 편견을 받는 단어도 없다. 바이오 산업을 비롯한 헬스케어 산업은 앞으로도 계속 성장할 것이 분명하지만, 대중은 물론 업계 종사자들도 산업 전반에 대한 핵심적인 내용, 성장 분야에 대한 이해가 높지 않다.

이 분야 산업을 이해하려면 생명 현상을 이해하기 위한 생물학, 의약품 합성과 분석을 위한 화학, 임상 현장에서의 가치를 평가하기 위한 의학, 사람을 대상으로 하는 의약품 시험에 앞서 동물에서 독성과 약효성을 평가하기 위한 수의학에 대한 개념을 잡고 있어야 한다. 여기에 통계학, 전자공학, 기계공학, 물리학 등의 여러 전공 분야에 대한 지식까지 필요하다. 물론 시장을 이해하기 위한 기본적인 사업 모델에 대한 지식도 필수다.

사실 이 모든 것에 대한 기본적인 배경지식을 갖추기란 매우 어렵다. 연구하고 만들고 판매하는 산업 현장에서조차 고유한 전문성을 넘나들기 어려워, 전문 인력들이 촘촘하게 분업하여 일을 진행한다. 연구부터 판매까지 전 과정에 관여하는 사람을 찾기란 쉽지 않다.

그러나 투자는 매우 전문적인 성격을 지닌 각각의 톱니바퀴를 하나로 연결해 굴러가게 만드는 일이다. 톱니바퀴의 연결이 잘 되어 있어야 기계가 잘 굴러가면서 제품을 생산할 수 있다. 각각의 톱니바퀴들을 잘 이해하고, 어떻게 연결해야 하는지 가이드를 낼 수 있어야 한다. 즉 투자는 신약을 개발해 생산하고 판매하는 전 과정에 대해 잘 이해하고 이들을 연결하는 가이드를 낼 수 있어야 성공할 수 있다. 투자에서 중요한 것은 톱니바퀴 하나만을 검토하는 것이 아니라 전체 과정의 성공 가능성과 밸류에이션을 평가하는 것이다.

이렇게 써놓으니 말은 쉽지만, 실제로는 불가능에 가까운 일이다. 다만 불가능에 가까운 일이지

불가능한 일은 아니다. 지금도 신약을 만들어 병을 고치고, 거대한 부가가치를 생산하는 일은 일어나고 있다.

바이오 산업을 포함한 헬스케어 산업의 가능성과 매력은 여러 사람을 이 분야로 이끈다. 이 책은 이렇게 끌리는 사람들 가운데 투자를 처음으로 시작하는 사람들을 대상으로 한다. 이 책이 필요한 당신은, 위에 말한 전문 분야들 전반에 걸쳐 배경지식이 부족해 무엇을 어떻게 시작해야 할지 모른다. 용기를 내어 각 단계 또는 각 분야 전문가를 만나 질문을 해도, 무슨 말을 하는지 알아들을 수 없었다. 혹 친절한 전문가를 만나 이해할 수 있게 설명을 들었다고 해도, 정작 투자에 핵심적인 내용은 들을 수 없었다. 이 책은 기대와 막막함을 함께 가진 당신에게 기본적인 개념을 그려주려는 작업이다.

나는 20여 년 전에 골프를 처음 시작했다. 나는 시작할 때 책을 먼저 잡는 편이다. 골프를 시작했으니 골프에 대한 책을 읽었다. 그런데 '초심자를 위한 골프 교습서' 책을 펴보면, 너무 이론적이고 너무 어렵고 너무 자세했다. 골프채 이름도 익숙하지 않은 사람에게 PGA 투어를 대비할 정도의 컨텐츠가 필요할까? 나는 골프에 대한 이해가 필요했지만, 골프를 이해시켜주는 책을 찾기 어려웠다.

이 책에 바이오 산업을 포함한 헬스케어 산업과 신약개발과 관련된 구체적인 기술이나 특정 기업에 대한 이야기는 없다. 내용의 이해를 돕는 사례가 있지만, 딱 거기까지다. 초심자를 위한 골프 책에 PGA 투어가 열리는 골프 코스의 홀 별 분석이 필요하지 않듯, 산업 전반에 대한 이해와 그 안에서 투자란 어떤 역할을 할 수 있는지에 대한 개념을 잡는 데 힘을 쏟았다. 중요한 것은 무엇을 많이 배우는 것이 아니라, 내가 아는 것은 무엇이고 모르는 것은 무엇인지부터 가려내는 것이라는 생각에서 시작한 책이기 때문이다.

2016년, 헬스케어 전문 투자회사를 창업하고 '산업의 기반을 만든다는 것은 무엇일까?'에 대해 생각했다. 그맘때 바이오 제약 분야 전문 매체인 '바이오스펙테이터'도 창업했다. 나는 바이오스펙테이터 이기형 대표와 마음이 맞는 것을 확인했고, 칼럼을 기고하기로 했다. 이과 출신인 나와 문과 출신인 이기형 대표가 의기투합했으니, 허풍을 조금 섞어 돌이켜보면 제넨텍(Genentech)의 창업자인 스완슨과 보이어의 만남과도 비슷하지 않을까 한다. 논문과 투자보고서 말고는 글이라는 것과 인연이 없었던 나에게 지면을 내어주고, 책까지 낼 수 있도록 도와준 이기형 대표에게 다시 한번 감사한다. 또한 다채로운 그림과 사진 등으로 지루한 내용의 책에 재미를 더하는 작업에 애를 써준 바이오스펙테이터 관계자 여러분에게 고맙다는 말을 전한다.

과학자가 사실을 찾아내는 사람이라면, 투자자는 현실을 만드는 사람이다. 좋은 투자자들이 건강한 산업 생태계를 조성하는 것이 중요하다. 이 책이 좋은 투자가 늘어나는 데 도움이 되기를 바란다.

2020년 5월
김명기

차례

프롤로그

1장. WHY 009
- 판매가격 010
- 생산원가 012
- 지속가능성 016
- 성장 가능성 019

2장. WHAT & HOW 022
- 용어 022
- 미충족 의료 수요 027
- 기술적 우위와 사업 모델 033
- 경영진 037

특집 1 딜레마를 돌파하는 법 040

바이오 산업이란

3장. 산업으로서의 생물학 045
- 그린 바이오 046
- 화이트 바이오 049
- 레드 바이오 050
- 가능성 053

4장. 특징 056
- 독점 시장 056
- 분야와 포인트 059

특집 2 한국에서 판매되고 있는 항체 의약품 066

밸류에이션

5장. 제논의 역설 069
- 오래전 사람들에게 약이란 069
- 왜 신약은 미국과 유럽에서만 주로 나오나 071

6장. 케미컬 의약품 073
- 타깃과 스크리닝 074
- 라이브러리 076

7장. 단백질 의약품 076
- 정의보다 메커니즘 076
- 항체 의약품 078
- 비싸지는 경향 083

8장. 제네릭 의약품 086
- 그럴듯한 제약기업은 신약개발이 어렵다 086
- 밸류에이션을 높이는 전략 089

9장. 바이오시밀러 091
- 밸류에이션을 보는 눈 091
- 가격 경쟁력 093

10장. 컨셉의 전환 094
- 추격 전략 vs. 선점 전략 094
- 방사성 의약품 095

개념 증명

11장. 예측하기 어려운 시장 099
위험조정 순현재가치법 099

12장. 현금흐름과 기반기술 102
현금흐름의 구분 102
케이스: 팩터8 105
POC 즈음 109
기반기술 POC 110

13장. POC를 성공시키는 것들 114
사람과 전략 114
유연성 115
신뢰 117

특집 3 커뮤니케이션 121

전임상시험과 임상시험

14장. 전임상시험 123
POC와의 차이 123
PDX 125
KOL과 평가기준 128
트렌드 129

15장. 임상시험 131
임상디자인 131
적정 수준의 투자 137
영리한 전략 138

16장. 탐색 139
위험의 구체적 탐색 1-종결점과 스킨십 139
위험의 구체적 탐색 2-허가와 승인 140
위험의 구체적 탐색 3-진짜 만들 수 있나 140
매뉴얼을 만드는 기분으로 143

특집 4 다운라운드 146

자본시장과 밸류에이션

17장. 성장 전략들 149

18장. 2010년의 미국 152

19장. 2020년의 한국 154

찾아보기 159

박지성이 한국 국가대표 축구선수에서 영국 프리미어 리그로 점프할 수 있었던 데는, 그의 밸류에이션을 정확하게 찾아낸 히딩크의 안목이 역할을 했다. 2002년 월드컵이 끝난 다음, 히딩크는 자신이 감독으로 있는 PSV 아인트호벤으로 박지성을 데려가 밸류에이션을 높인다. 신약개발 바이오테크에 투자한다는 것은 밸류에이션을 찾아내거나 자원을 매칭시키는 것만을 뜻하지 않는다. '눈에 잘 보이지 않는 밸류에이션'을 '눈에 잘 보이는 성장'으로 이끄는 데까지다.

PROLOGUE

프롤로그

프롤로그에서는 책을 꼼꼼하게 읽어야 하는 이유를, 조금은 구구절절하게 설명하기 마련이다. 나도 프롤로그에 구구절절함의 미덕을 담을 예정이다. 덕분에 이 책의 프롤로그는 다른 책보다 몇 배나 길어졌다.

이 책은 밸류에이션valuation, 즉 가치평가를 다룬다. 가치를 평가하는 이유는 '투자'를 잘 하기 위해서다. 따라서 모든 내용은 '투자'를 중심으로 펼쳐질 것이다. 프롤로그에서는 왜 신약개발 바이오테크에 '투자'해야 하는지, 생명과학을 잘 모르는 사람이 바이오테크에 '투자'하려면 무엇을 준비해야 하고, '투자'를 결정하는 마지막 순간에 생각해야 할 것이 무엇인지에 대한 이야기를, 약간 지루할 수도 있을 만큼 강조할 것이다. 독자에게 무료함을 선물하려는 고약한 취미가 발동한 것은 아니다. 비싼 책을 펼친 독자가, 아깝지 않게 책을 덮을 수 있기를 바라는 마음에서다.

1장. WHY

투자의 핵심은 자본수익률return on investment, 이하 ROI이다. 바이오 산업에, 신약을 개발하는 바이오 기업에 투자한다면, 그것은 다른 산업과 다른 기업보다 바이오 산업과 신약개발 바이오 기업의 ROI가 좋기 때문일 것이다. 되풀이해서 강조하겠지만 다른 산업과 다른 기업보다 바이오 산업과 신약개발 기업의 ROI가 좋을 가능성은 높다.

ROI를 높이는 요소 가운데 하나로 판매가격이 있다. 판매가격이 높다고 반드시 ROI가 좋은 것은 아니지만, ROI가 좋으려면 판매가격이 높은 것이 유리하다. 판매가격 반대쪽에는 생산원가가 있다. 마찬가지로 생산원가가 낮다고 반드시 ROI가 좋은 것은 아니지만, ROI가 좋으려면 생산원가가 낮은 것이 유리하다.

의약품은 판매가격은 높고 생산원가는 낮은 경

우가 많으며, 생명과학을 바탕으로 하는 바이오 신약은 이 차이가 극단적으로 벌어질 수 있다. 의약품, 특히 바이오 신약의 높은 수익률은 '지식을 바탕으로 한 독점적 상품', 즉 경쟁자가 거의 없는 상품이라는 특징 때문이다. 스마트폰 시장과 에이즈AIDS 환자에게 처방하는 감염증 치료제 시장을 비교해보자. 우선 판매가격이다.

판매가격

2019년 기준 전 세계 스마트폰 시장은 약 7,140억 달러 규모였다. 애플과 삼성이 경쟁하는 고가 스마트폰 시장과 화웨이, 샤오미, 오포 등이 경쟁하는 저가 스마트폰 시장 모두 치열하다.

그런데 여러 스마트폰을 한 줄로 깔아놓고 보면, 심지어 고가 시장의 스마트폰과 저가 시장의 스마트폰 사이에서도 성능과 디자인에서 결정적 차이를 찾기 어렵다. 이는 표준화 경향 때문이다. 예를 들어 애플과 삼성은 디자인이나 기능을 놓고 특허 소송을 벌이는데, 이는 고가 시장 참여자들조차 '표준'으로 향하고 있다는 뜻이기도 하다.

그리고 시장 참여자들이 표준으로 모일수록 차별화 요소는 줄어든다. 야구공처럼 생긴 스마트폰과 축구공처럼 생긴 태블릿 PC를, 던지고 받거나 발로 차면서 이용하는 상상은 당분간 어려울 것 같다.

기업들은 스마트폰의 성능과 디자인을 놓고 경쟁을 벌이는데, 경쟁이 치열할수록 최적화된 표준의 힘이 강력해진다. 여기서 강력한 표준이란 스마트폰 제조 기업들이 (약간의 시간 차이는 있지만) 결국 고르게 되는, 하나의 좋은 기술과 하나의 좋은 디자인이다. 따라서 일찍 표준에 도달하거나, 심지어 내 것이 표준이 된다면 장사는 괜찮을 것이다. 이런 환경에서는 비싸건 싸건 스마트폰은 모두 표준화된 성능과 디자인을 향한다.

결국 ROI가 갈리는 승부처는 애플의 전략처럼 브랜드 가치를 얼마나 높일 수 있느냐 하는 점이다. 만약 브랜드 가치를 빼고 계산하면, 판매가격과 ROI도 표준화될 가능성이 높다. 그리고 이렇게 표준이 중요한 요소로 작용할 경우에는 공급자가 시장가격을 결정할 기회가 줄어든다. 성능도 디자인도 옆집 스마트폰과 비슷한데, 마음대로 가격을 올릴 수는 없다.

제약산업의 경우는 어떨까? 2015년, 제약기업 튜링 파마슈티컬스Turing Pharmaceuticals는 임부妊婦와 에이즈 환자가 걸리면 위험한 톡소플라즈마증톡소포자충 감염증을 치료하는 다라프림®Daraprim®, 성분명: pyrimethamine이라는 약의 미국 내 판권을 임팩스 래보라토리스Impax Laboratories로부터 사들였다. 당시 이 약의 생산원가는 약 1달러, 판매가는 약 13달러였다.

판권을 사들인 튜링 파마슈티컬스는 판매가격을 곧바로 750달러로 올렸다. '사람이 죽고 사는 문제가 걸려 있는 약을 가지고 어떻게 이럴 수 있냐!'는 비난 여론이 거세졌다. 톡소플라즈마증에 걸린 임부의 아이는 사망하거나 장애를 입을 수 있고, 면역력이 약한 에이즈 환자도 생명이 위험해질 수 있기 때문이다.

판매가격을 올린 CEO가 해임되었으며, 유력 정치인들은 약값을 내리겠다며 나섰다. 그런데 2020년 현재 다라프림®의 미국 내 판매가격은 750달러 그대로다. 톡소플라즈마증에 걸린 임부의 태아, 에이즈 환자는 다라프림®

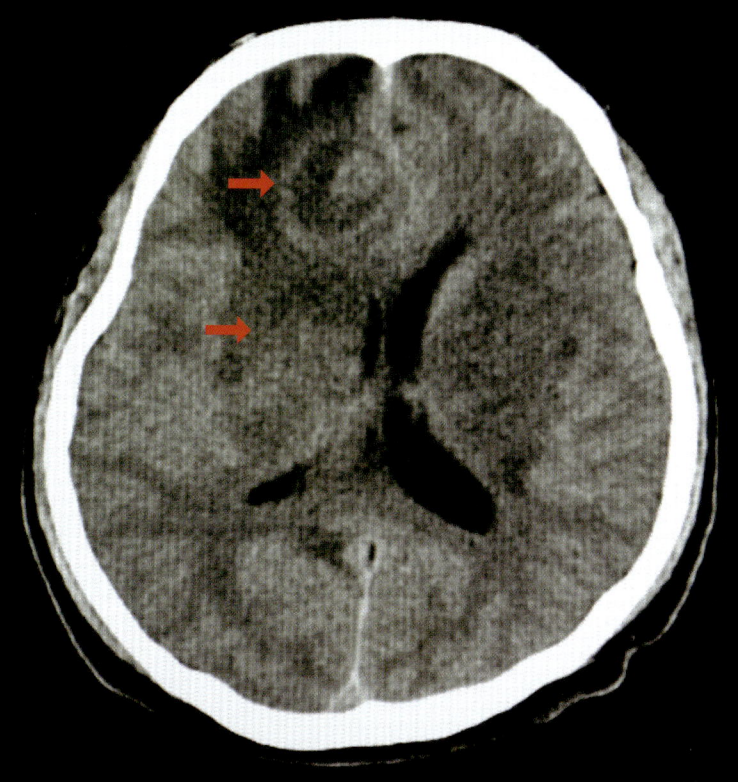

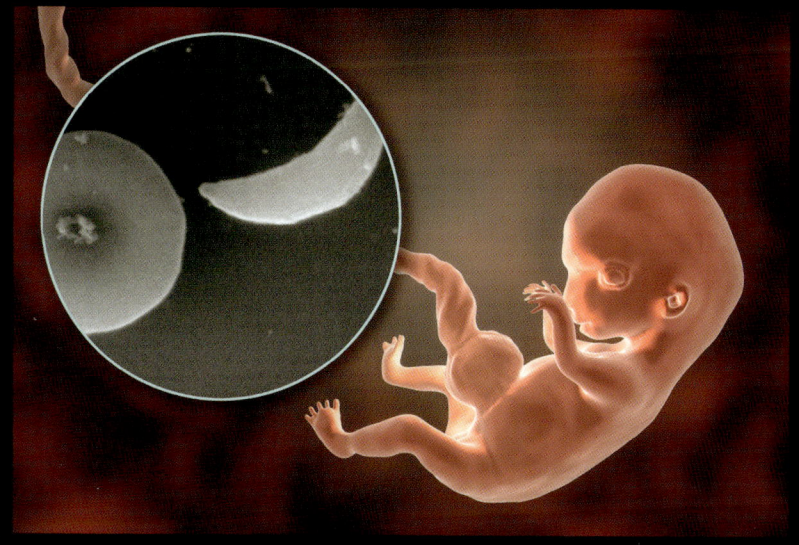

톡소플라즈마증에 걸린 환자의 뇌 CT 사진(위). 톡소플라즈마증은 면역체계가 정상적으로 기능하는 사람에게는 문제가 되지 않는다. 즉 면역체계가 약해진 에이즈(AIDS) 환자는 문제가 될 수 있다.

톡소플라즈마증을 일으키는 것은 몸속으로 들어온 단세포 기생충인 톡소플라즈마 곤디다. 임부의 경우 톡소플라즈마 곤디가 태아에서 전달될 수 있으며, 역시 면역체계가 연약한 태아에게 위험하다(아래, 도넛 모양의 적혈구에 비해 톡소플라즈마 곤디는 반달 모양이다).

톡소플라즈마증의 증상으로는 뇌에서 염증이 일어나는 뇌부종이 있으며, 시력에도 영향을 줄 수 있다.

> 다라프림®은 1953년에 개발된 약으로 이미 특허는 풀렸다.
> 단 처방받는 환자 수가 적어 복제약을 만들려 시도하지 않는다.
> 덕분에 원 개발 기업은 시장을 독점할 수 있다.

을 먹지 않으면 위독해진다. 약값이 올라도 사먹을 수밖에 없는데, 이 약은 튜링 파마슈티컬스만 공급한다. 죽고 싶지 않으면 아무리 비싸도 약을 사먹어야 한다.

튜링 파마슈티컬스의 다라프림® 사건은 극단적인 사례다. 그런데 극단적이기 때문에 오히려 이 분야 시장의 특성, 가격 결정 구조 등을 정확하게 보여준다. 의약품은 스마트폰과 달리 독점적 상품이다. 톡소플라즈마증에 걸린 임부와 에이즈 환자에게 다라프림® 말고 다른 선택의 여지는 없다. 그리고 독점적 상품의 가장 큰 특징은 공급자가 판매가격을 결정하는 데 많은 권한과 영향력을 가진다는 점이다. 판매가격을 결정할 때 공급자의 결정 폭이 크므로, 가장 높은 수준의 ROI를 시장에서 그대로 실현하는 것도 가능하다.

한편 튜링 파마슈티컬스의 행동이 윤리적이었는지 평가해야 한다는 주장은, 독점적 상품에 대한 이해가 부족하기 때문에 비롯된 것이라고 볼 수 있다. 독점적 상품의 판매가격 결정 문제에서 공급자의 결정권이 크지만 절대적인 것은 아니다. 많은 시장에서 독점은 규제 대상이고, 규제는 여러 시장 참여자들이 합의해서 결정한다. 즉 독점적 상품의 판매가격 규제와 시장에서의 윤리적 기준을 세우는 것은 공동체의 정치적·사회적 합의를 벗어나기 힘들다. 100% 기업의 마음대로만 할 수는 없다는 뜻이다.

만약 한국이었다면 튜링 파마슈티컬스처럼 행동하는 것은 불가능했을 것이다. 한국은 세계에서도 몇 안 되는, 전 국민이 의무적으로 가입하는 단일한 건강보험체계를 운용한다. 한국에서는 약의 가격을 건강보험심사평가원과 같은 공적 영역에서 결정하며, 다라프림® 사건과 같은 일이 일어나기 쉽지 않다. 한국과 다른 사회인 미국에서는 단일 의료보험체계에 대한 사회적 합의가 이루어지지 않았고, 아직도 원가 1달러짜리 약이 750달러에 팔리고 있다.

생산원가

소발디® Sovaldi®, 성분명: sofosbuvir는 글로벌 제약기업인 길리어드Gilead가 개발한 C형 간염 치료제다. 2016년, 미국에서 소발디®를 처방받은 환자는 6만 명 정도였다. 환자는 12주 동안 소발디®를 먹어야 하는데, 이때 환자 한 명에게 들어가는 약값은 약 84,000달러였다. 우리 돈 9,000만 원에 가까

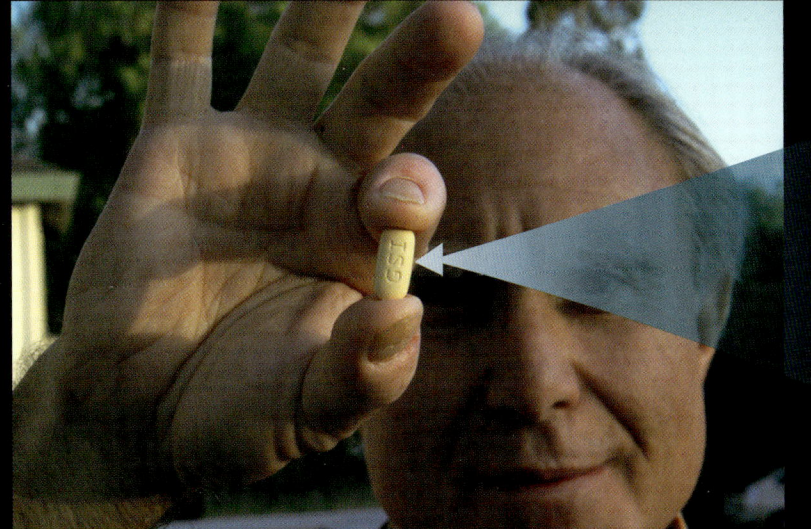
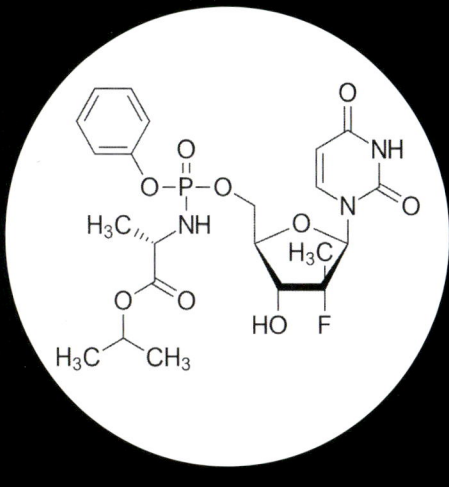

국가	가격
미국	$84,000
폴란드	$76,077
뉴질랜드	$66,366
아일랜드	$62,835
아이슬란드	$61,902
스위스	$60,580
이탈리아	$59,703
포르투갈	$58,809
독일	$57,796
스페인	$55,723
그리스	$55,522
슬로바키아	$55,332
노르웨이	$54,738
벨기에	$54,397
룩셈부르크	$54,397
슬로베니아	$54,396
프랑스	$54,396
오스트리아	$54,396
덴마크	$54,061
핀란드	$54,051
스웨덴	$51,821
네덜란드	$50,862
영국	$50,368
터키	$50,023
캐나다	$49,724
일본	$48,999
브라질	$6,875
이집트	$932
몽고	$900
인도	$539

미국 캘리포니아 주 산 라파엘에 살고 있는 조엘 로스(Joel Roth) 씨는 C형 간염 환자다. 그가 들고 있는 C형 간염 치료제 소발디는 미국 가격 기준으로 한 알에 1,000달러 정도다. 소발디®로 12주 동안 C형 간염 치료를 받으려면 약 84,000달러 정도가 필요하다. 그런데 소발디®의 복제약으로 C형 간염을 치료하는 인도에서는 약 500달러 정도면 환자를 치료할 수 있다. 조엘 로스 씨 치료에는 인도보다 160배 이상 많은 돈이 필요하다.(왼쪽은 소발디®를 이용한 C형 간염 치료에 들어가는 비용을 국가별로 정리한 그래프.)

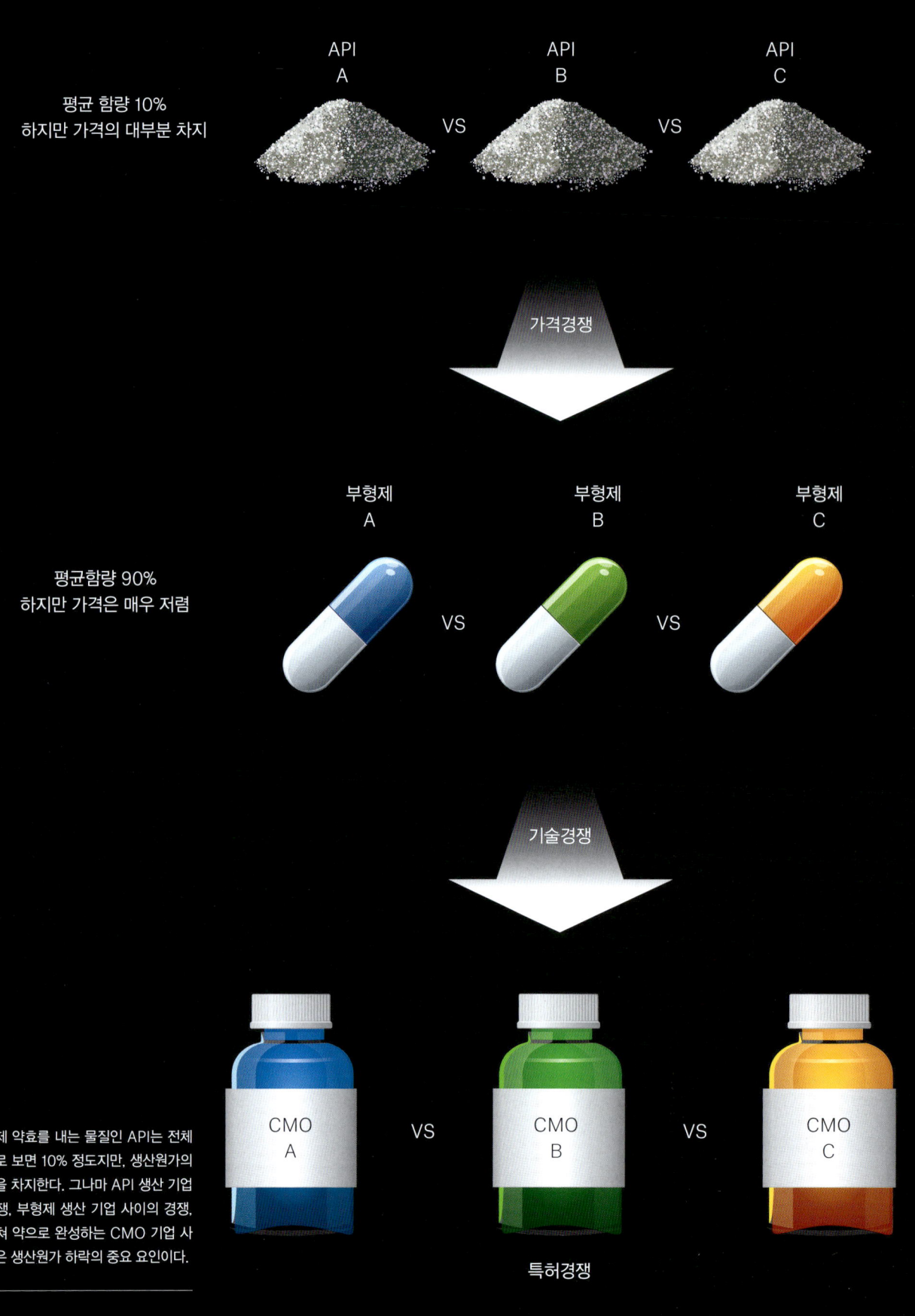

결핵 (tuberculosis, TB)

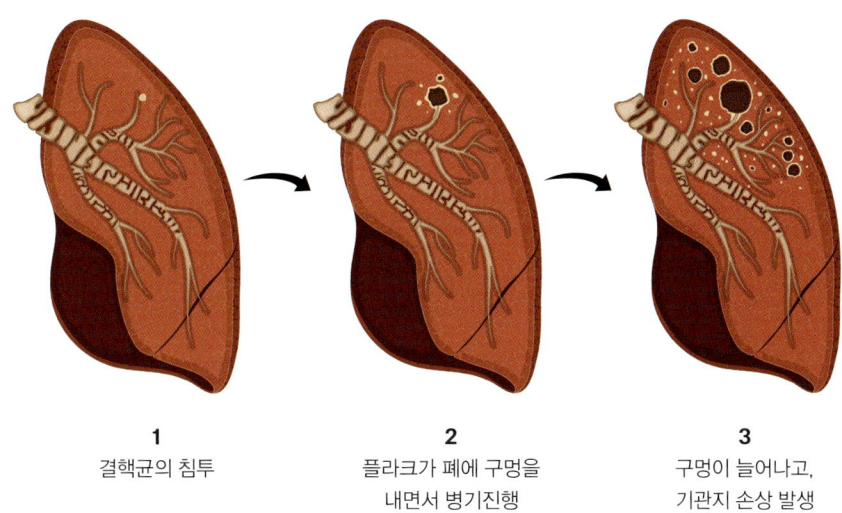

1
결핵균의 침투

2
플라크가 폐에 구멍을
내면서 병기진행

3
구멍이 늘어나고,
기관지 손상 발생

스트렙토마이신은 결핵의 1차 치료제로 사용된다. 스트렙토마이신은 스트렙토미세스 그리세우스 균에서 나오는 항생 물질인데, 결핵균의 성장을 억제하고 파괴한다.

우연에 가깝게 발견된 것으로 알려진 페니실린과 달리, 스트렙토마이신은 결핵균이 땅에서는 잘 살지 못한다는 것에서 아이디어를 발전시켜 땅에 사는 특정 미생물이 결핵균을 죽일 것이라는 가설을 세우고, 가설을 검증해 나가는 과정에서 찾게 되었다.

운 큰돈이다. 그런데 같은 해 영국에서 C형 간염 치료에 소발디®를 처방받았던 환자를 위해서는 50,368달러가 필요했다. 영미권 사람들만 C형 간염에 걸리는 것은 아니다. 2016년, 인도에서 C형 간염에 걸려 소발디®를 처방받은 환자는 어땠을까? 약 500달러 정도였다.

의약품, 특히 신약은 독점적 상품이기 때문에 공급자가 판매가격을 정하는 데 상대적으로 자유롭다. 그러나 당연히 판매가격은 생산원가보다는 높을 것이다. 즉 C형 간염 환자를 치료하기 위해 12주 동안 먹어야 하는 소발디®의 생산원가는, 적어도 500달러보다는 낮아야 한다. 아마 500달러보다 훨씬 더 낮을 것인데, C형 간염처럼 치명적인 질병을 치료하는 최첨단 의약품을 어떻게 이렇게 싸게 만들 수 있을까?

약은 API와 부형제賦形劑로 구성된다. API는 Active Pharmaceutical Ingredient의 약자로, 몸에 흡수되어 약효를 나타내는 물질이다. 가끔 API가 의약품 구성의 대부분을 차지하는 경우가 있다. 고지혈증 치료제로 처방하는 오메가omega 3 의 약품인 오마코®Omacor®, 로바자®Lovaza®, 바세파®Vascepa® 등은 거의 API로만 구성되어 있다.

그러나 대부분의 의약품에서 API는 10% 정도 차지한다. 1g짜리 알약이라면 0.1g 정도가 약효를 나타내는 물질이며 나머지 0.9g은 부형제다. 부형제는 직접적으로 약효를 담고 있지는 않다. 환자가 약을 쉽게 먹을 수 있도록 부피를 늘려주고, 약의 흡수를 돕기도 한다. 어떤 경우에는 부형제에 약효를 증대시키는 기능을 넣기도 한다. 그러나 대부분의 부형제는 의약품의 생산원가에서 무시해도 될 만큼 비중이 낮다.

의약품 생산원가에서 핵심은 API의 가격이다.

> **PROLOGUE**
>
> 1990년대 초 개인용 PC인 XT 컴퓨터에 들어가던 80386칩을
> 국제우주정거장(ISS)에 사용한다. 우주에서는 좋은 성능보다
> 검증이 끝나서 버그가 없는 것에 더 가치가 있기 때문이다.

C형 간염 치료제 소발디®에서 API는 소포스부비르sofosbuvir라는 물질이다. 길리어드는 소포스부비르에 대한 물질 특허를 가지고 있는데, 소포스부비르를 직접 만들지는 않는다. 실제 생산은 협력업체를 이용한다. 한국, 중국, 인도 등에는 API를 전문으로 만드는 기업들이 있다. 이들은 글로벌 제약기업들이 특허를 가지고 있는 API를 만들기 위해 새로운 생산공정을 연구한다. 각 기업들은 생산공정에 대한 특허를 가지고 있으며, 더 좋은 생산공정을 만들려고 노력한다. 이는 API 생산원가를 낮추는 효과로 나타난다. 글로벌 제약기업은 API 생산 기업들의 경쟁으로 점점 값이 싸지는 API를 사용할 수 있게 된다.

글로벌 제약기업은 API를 싸게 사서 CMOcontract manufacturing organization 업체에 보낸다. CMO 업체는 API와 부형제를 섞어 실제 약을 만든다. 이 역시 협력업체를 이용하는 방식이니 가격경쟁이 일어난다. 좀더 싸고, 빠르고, 안정적으로 약을 만드는 CMO 기업이 최종 의약품을 만들 것이다. 이렇게 의약품이라는 상품에서 핵심을 이루는 물질은 극히 소량인 API이며, 생산의 여러 단계에서 원가를 낮추는 방법도 찾을 수 있다.

물론 의약품과 신약의 생산원가가 항상 낮은 것만은 아니다. 스트렙토마이신streptomycin은 결핵 1차 치료제로 사용되는 항생제다. 스트렙토마이신 등의 필수 항생제는 생산원가가 상대적으로 높은 편이다. 스트렙토마이신은 스트렙토미세스 그리세우스Streptomyces griseus라는 균에서 추출한다. 그런데 스트렙토미세스 그리세우스는 천천히 자란다. 특정한 조건을 맞추고, 스트렙토미세스 그리세우스를 배양·추출·정제하는 과정에도 비용이 많이 들어간다. 그러나 스트렙토마이신은 응급환자에게 투여하는 필수 항생제이다보니 가격을 비싸게 매길 수 없다. 이런 이유로 글로벌 제약기업들은 더이상 스트렙토마이신을 생산하지 않으며, 인건비 등 생산원가를 종합적으로 고려해 가격 경쟁력이 있는 개발도상국에서 주로 생산한다.

지속가능성

ROI를 검토할 때는 생산원가 대비 판매가격과 더불어 '지속가능성'도 살펴봐야 한다. 얼마나 오랫동안 상품을 팔아 수익을 낼 수 있을 것인지에 대한 문제다. 앞서 스마트폰과 바이오테크를 비교한 것처럼 이번에는 IT 기업과 의료기기 생산기업을

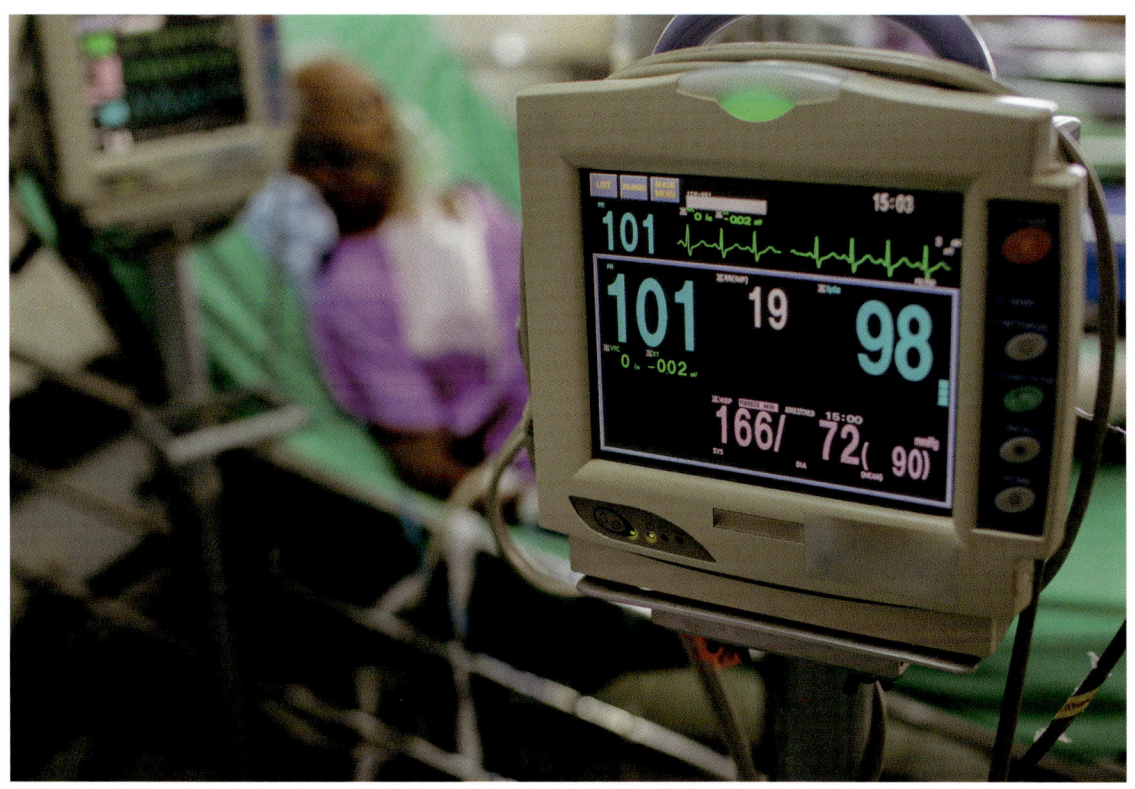

환자의 상태를 보여주는 환자감시장치는 오류 없이 환자의 상태를 정확하게 보여주는 것이 제일 중요하다.

비교해보자.

A라는 IT 기업이 있다. 연매출 1,500억 원, 순이익 100억 원 정도의 우량 기업이다. 주력은 LED 디스플레이 패널 생산에 들어가는 부품이다. 생산한 부품 대부분을 대기업에 납품한다. 그런데 A기업으로부터 부품을 납품받는 대기업이 LED 디스플레이 패널 가격을 내리기로 했다. 경쟁 패널 업체가 가격을 내린 것이다. 가격 경쟁은 늘 있는 일이라 대기업은 A기업과 6개월 단위로 납품가를 조정한다. 그리고 조정할 때마다 2~3% 정도 납품가도 내려간다.

대기업이 자기가 해야 할 경쟁을 협력업체 납품가 후려치기로 대신하려는 꼼수일 가능성이 있다. 그러나 시장 상황을 살펴본 것처럼 납품가 후려치기의 원인이 비도적덕 갑질 경영 때문만은 아니다. LED 디스플레이 패널 생산에 필요한 부품을 생산하는 기업은 여럿이다. 비슷비슷한 여러 기업들이 서로 경쟁한다. 일반적으로 경쟁 지점은 성능을 높이거나, 가격을 낮추는 곳에서 형성된다. LED 디스플레이 패널이라는 제품에서도 가격 경쟁이 일어나듯, 부품 공급 산업에서도 속도감 넘치는 치열한 가격 경쟁을 피할 수 없다. 대기업이 새로운 제품을 시장에 내놓을 때마다 적합한 부품을 공급할 수 있는 기술력과 더불어, 계속된 가격 경쟁에서 살아남아야 하는 능력도 필요하다. 지속

첨단 IT 기업

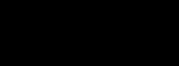

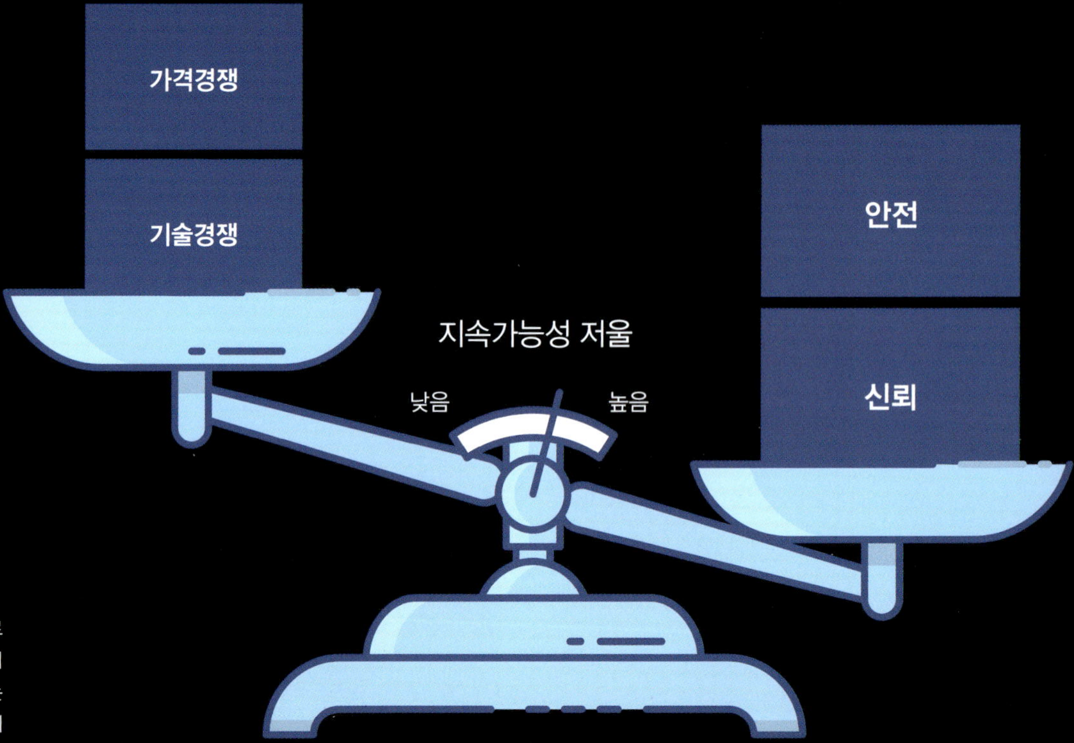

첨단 BIO 기업

IT와 바이오 모두 첨단 과학 영역을 바탕으로 하는 산업이다. 차이가 있다면 IT 분야 소비자보다 바이오 분야 소비자가 보수적이라는 점이다. 바이오 분야의 대표적인 소비자는 의료인데, 생명이 걸린 문제 앞에서 안전과 신뢰에 더 무게를 둘 수밖에 없고, 보수적인 선택을 하는 것이 당연하다. 이는 산업의 지속 가능성을 담보해주는 요소이기도 하다.

가능성의 문제다.

B기업은 환자감시장치patient monitor를 만들어 판매한다. 연매출은 250억 원, 순이익은 20억 원 정도다. A에 비하면 규모는 작다. 환자감시장치는 수술실이나 병실에서 환자에게 부착해 혈압, 맥박, 호흡 등의 생체 신호를 측정해 의료진에게 보여주는 장치다. 전 세계적으로 보건의료체계가 발전함에 따라 수요가 늘어나고 있다. 그런데 B기업은 20년째 같은 환자감시장치를 만들어 팔고 있다. 판매가격도 20년 동안 크게 변하지 않았다.

이렇게 될 수 있는 이유는 간단하다. 환자감시장치가 사람의 생명을 다루는 물건이기 때문이다. 어떤 환자감시장치를 살 것인지는 의사가 결정한다. 의사는 매우 보수적인 소비자다. 아름다운 디스플레이나 예쁜 디자인, 저렴한 가격에는 관심이 없다. 의사는 환자감시장치가 오작동하지 않고 정확하게 환자의 상태를 보여주기를 기대한다. B가 만드는 환자감시장치는 해당 기준을 충족하는 인증을 통과했고, 무려 20년 동안 의료 현장에서 문제없이 사용되고 있다. 환자의 상태를 알려주는 수치를 몇 개 더 보여주고, 전체적인 디자인이 예쁜데, 가격도 10% 정도 싼 물건은 '20년 무사고'를 이기기 어렵다.

A와 B는 모두 첨단 기술을 바탕으로 한 기업이지만 시장의 성격이 다르다. A가 속한 시장은 가격을 내리려는 경쟁이 치열하다. B가 속한 시장은 사람의 생명을 다루기 때문에 보수적이다. 한 번 인증을 받고, 이후 사용 중 사고가 없으면, 웬만해서는 망하기 힘든 구조다. 지속가능성이 높다.

지속가능성을 보여주는 대표적인 예가 아스피린™Aspirin™이다. 아스피린™은 독일 제약기업 바이엘BAYER이 1897년에 해열진통제로 개발했다. 1897년으로 시간을 거슬러 올라가면, 아스피린™은 당시의 첨단 신약이었다. 그런데 2019년인 지금도 아스피린™은 대표적인 해열진통제로 약국에서 팔리고 있으며, 바이엘을 대표하는 제품이다. 100년 넘는 시간 동안 여러 해열진통제가 개발되었지만, 100년 전에 개발된 아스피린™이 아직도 사용된다. 바이오 의약품 산업은 가장 진보적인 연구를 바탕으로 상품을 만들지만, 가장 보수적인 소비자로 이루어진 시장이다. 한 번 제대로 개발하면 계속 갈 수 있는, 지속가능성이 높다.

성장 가능성

고대 로마제국 시민들이 납에 중독되어 있었다는 이야기가 있다. 로마 문명은 납을 여러 용도로 활용했는데, 상수도를 만들 때도 납을 많이 사용했다고 한다. 자연스럽게 로마 시민들은 납이 들어 있는 물을 오랫동안 마셨고, 한 번 몸속으로 들어오면 잘 배출되지 않는 중금속인 납이 몸에 쌓였을 것이다. 많은 로마 시민들이 납에 중독되었을 것이라는 이야기는 개연성이 있다. 성급한 누군가는 납 중독과 로마의 멸망을 연결하기도 한다. 하지만 이 이야기의 핵심은, 당대 최고의 문명을 이룩했던 로마 사람들도 모르는 것이 더 많았다는 점이다.

로마 시민들의 사례는 우리에게도 적용된다. 우리가 하고 있는 행동 가운데는 미래의 과학자들이 보았을 때 어처구니없는 것들이 많을 것이다. 현재의 지식은 매우 미완성인 상태다. 현대 의학과 생명과학도 마찬가지다. 현대 의학과 생명과학에서 권위를 걷어내면, 질병의 치료법이 무엇인지 아는 경우가 드물고, 질병의 원인을 아는 경우도 많지 않다. 상수도관을 만들 때 납을 쓰던 로마 사람들처럼, 우리도 병을 악화하는 행동을 치료법으로 잘못 알면서 치료를 받거나, 이게 병인지 무엇인지도 모른 채 앓고 있는 것들이 많을 것이다.

나는 생명과학 가운데 미생물을 전공했다. 미생물을 연구하는 사람들의 꿈은 새로운 미생물을 찾아내는 것이다. 연구자들이 탐험가처럼 미생물을 찾아다니는 이유는, 우리가 아직 모르는 미생물이 많지만 이를 찾아내는 기술이 발전하지 않았기 때문이다.

연못에서 물을 한 컵 떠왔다면 그 안에는 수많은 미생물이 있을 것이다. 여기서 한 가지 미생물을 골라 이 녀석만 배양할 수 있다면, 이 과정을 반복해 새로운 미생물을 찾아낼 수 있다. 간단하게 설명할 수 있는 과정임에도, 아직 이 과정을 완벽하게 수행할 수 있는 기술이 인류에게는 없다. 심지어 미생물 가운데는 산소가 없는 곳에서 살거나, pH 값이 매우 높거나 낮은 곳에서 사는 녀석들도 있다. 이런 경우에는 더 높은 수준의 분리·배양기술이 필요하지만, 현대 미생물학은 아직 완벽한 기술을 찾아내지 못하고 있다. 마이크로바이옴 산업의 발전으로 미생물 분리배양 기술이 많이 발전했지만 학자들이 지금까지 찾아낸 미생물의 종류는 전체 미생물의 5~10% 정도일 것으로 추정한다. 물론 추정일 뿐이며 비율이 더 낮을 수도 있다. 미생물학보다 몇십 배, 몇천 배 많은 연구비를 쓰는 현대 의학은 어떨까?

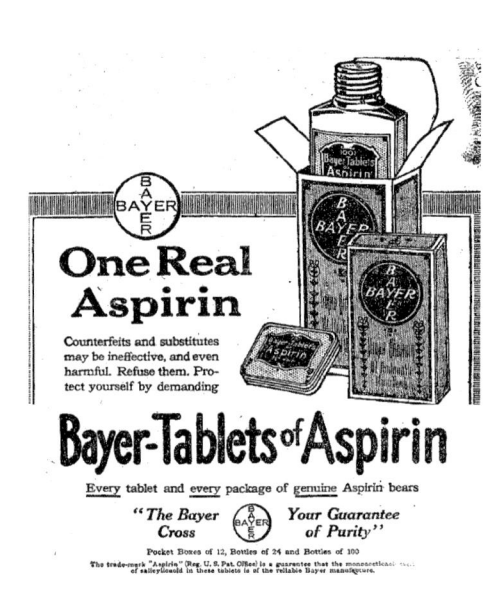

아스피린™의 수명

"단 하나의 진짜 아스피린™. 모조 의약품과 대체 의약품은 효과적이지 않고, 오히려 해로울 수 있습니다. 그들을 멀리하세요. 위험으로부터 자신을 보호하세요."

1917년 2월 19일자 『뉴욕타임즈』에 실린 아스피린™ 광고다. 100여 년 전 아스피린™은 해열진통제로 개발되었고, 지금도 널리 쓰이는 해열진통제다.

워낙 오랫동안 사용하다보니 아스피린™이 심혈관 질환 예방 등 다른 효과가 있다는 것이 계속 밝혀지고 있다. 새로운 용도로 사용할 수 있는 길이 열리면서, 아스피린™의 판매 수명은 더 길어질 것이다. 막 개발이 되었을 때는 예상하지 못한 효과다. 오랫동안 시장에서 살아남으면서 얻은, 지속가능성이 준 보너스 트랙이다.

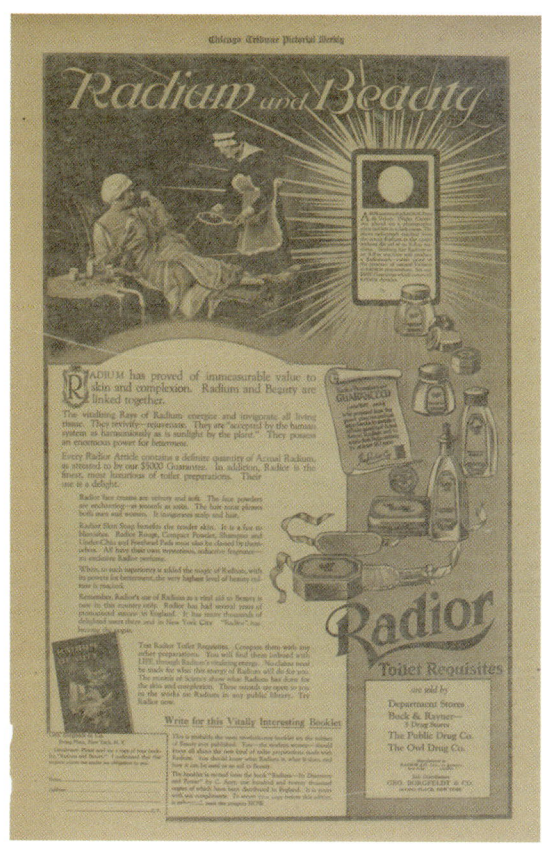

1900년대 초 라듐(Ra) 화장품 광고. 이 당시 사람들은 라듐의 위험성을 몰랐다. 방사성 물질인 라듐은 어둠 속에서도 빛을 내는 성질이 있어 밤에 시계를 볼 수 있도록 시계바늘에 칠하는 페인트로 사용되었다. 그런데 라듐이 빛을 내는 성질이 있으니, 얼굴에 바르면 생기 있게 보일 수 있을 것이라며 화장품에 사용한 것이다. 라듐의 위험성은 1930년대가 되어서야 알려졌고 사용이 금지되었다.

부부는 함께 서울 근교로 주말여행을 계획했다. 가을철이라 등산하면서 밤도 줍는 코스를 골랐다. 여행을 가기로 한 일요일 아침, 침대에서 눈을 뜬 남편은 몸이 이상하다는 것을 느꼈다. 천장이 엄청난 속도로 빙글빙글 도는 것 같았다. 몸을 일으켰더니 이번에는 방바닥과 천장이 계속 뒤집어지는 것 같았다. 어지럼증에 놀라고 있는데, 30분 정도 지나니 구토를 시작했다. 그렇게 시작한 구토가 2시간가량 계속 되었고, 깜짝 놀란 아내는 구급차를 불러 남편과 응급실로 향했다. 이런 저런 검사를 하고 엑스레이를 찍으러 판 위에 올라갔는데 거기에서도 구토가 끊이지 않았다. 이후로도 몇 시간을 토하다 보니 나중에는 토사물 없이 멀건 물만 나왔다.

그런데 계속된 구토에 심한 어지럼증으로 괴로워하고 있던 와중에, 저녁 무렵이 되자 갑자기 씻은 듯이 증상이 없어졌다. 여행가기 싫은 남편이 꾀병을 부렸다는 의심을 살 수 있는 충분한 상황이었지만, 의심할 수 없을 정도로 증상은 심했다. 당황스러운 상황에도 응급실 의사들은 '잘 모르겠다'라고 답할 뿐이었다. 이후 비슷한 상황이 몇 차례 더 있었고, 그때마다 응급실을 찾았지만 마땅한 답을 들을 수 없었다. 그러던 와중에 어떤 응급실 레지던트가 남편에게 이비인후과에 가서 검사를 받아보라고 조언했다. 이비인후과를 찾은 남편은 메니에르 신드롬 Meniere syndrome을 진단받았다. 20여 년 전, 내가 갓 결혼한 새신랑이었을 때 일이다.

메니에르 신드롬은 환자가 심한 어지러움을 느끼고, 귀가 울리며, 심한 경우 청력이 줄어들기도 하는 질환이다. 일상생활을 하기 힘들 정도로 증상이 나빠지기도 하지만 약은 없다. 다만 증상을 몇 차례 겪다보면 환자만 느낄 수 있는 몇 가지 신체적 신호가 있다. 나 역시 증상이 나타나기 전 느껴지는 징후로 어지럼증에 대비한다. 일상생활에 문제는 없지만, 치료 방법이 있다면 서둘러 치료하고 싶다.

메니에르 신드롬은 우리 몸에서 균형을 잡는 전정기관에, 무슨 이유인지는 알 수 없으나 문제가 생기면 발생하는 것으로 알려져 있다. 전정기관이 멀쩡하게 작동하려면 소듐(Na)과 포타슘(K)의 이온 균형이 중요하다. 아직 정확한 원인을 알 수 없지만, 염분을 많이 섭취하는 등의 여러 이유로 이온 균형이 무너지면 메니에르 신드롬이 발생한다고 보고 있다.

메니에르 신드롬을 앓고 있는 환자는 인구 1,000명에 12명 정도로 제법 많지만, 원인도 모르고 약도 없다. '신드롬'이라는 말 자체가, 원인은 모르고 증상만 있는 상태를 뜻한다. 유명한 질환도 마찬가지인 경우가 많다. 대표적으로 알츠하이머 병이 있다. 알츠하이머 병 역시 치료법도 진단방법도 없으며, 아직 정확한 원인도 모른다. 뇌 속에 아밀로이드 베타 단백질이 쌓이는 것과 알츠하이머 병 사이에 관계가 있다는 정도가 알려져 있다. 한국 바이오테크 가운데 혈액에서 아밀로이드 베타 단백질의 농도를 측정해 알츠하이머 병 진단법을 연구하는 것으로 주목받는 곳이 있다. 뒤집어 보면 이 바이오테크가 주목받는 이유는 많은 사람들이 고통 받는 질병임에도 진단조차 쉽지 않기 때문이다.

현대 의학이나 생명과학이 미완성 상태라는 것은 바이오 산업에서 보면 반가운(?) 소식이다. 앞으로 찾아낼 수 있는 치료법이 더 많고, 발견할 수 있는 질병은 더 늘어날 것이다. 즉 치료제를 개발할 기회가 많아질 것이기 때문이다.

2장. WHAT & HOW

용어

"…개발 과정에서 카이네이즈 테스트kinase test

병을 발견한 프로스퍼 메니에르(Prosper Meniere, 1799-1862)의 이름을 따 '메니에르 신드롬'이라고 부른다. 증상으로는 난청, 현기증, 이명 등이 있으며 이 때문에 환자는 고통을 호소한다.

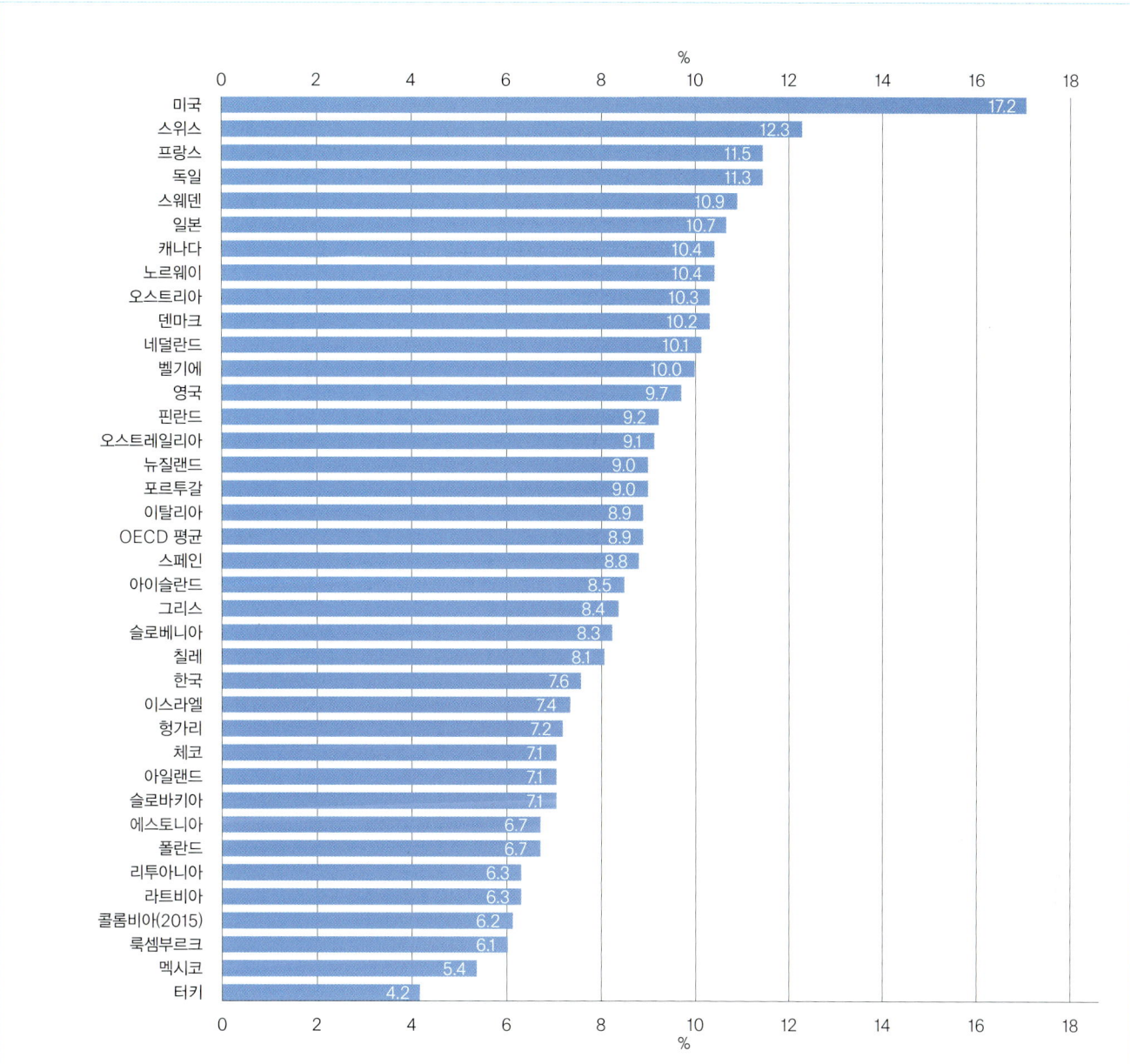

도대체 약값으로 얼마를 쓰나

2017년 기준, OECD가 작성한 회원국의 GDP 의료비 지출 비중을 보자(위). 의료비 지출 비중이 가장 큰 것은 미국으로 GDP 대비 17.2%에 이른다. 한국은 GDP 대비 7.6%로 OECD 평균보다 낮다. 한국이 미국와 유럽의 경로를 겪는다고 가정하면 한국 의료시장에는 성장할 공간이 충분히 남아 있다.

빠르게 진행되고 있는 고령화도 한국 의료시장이 성장할 것을 예측하게 해준다. 연령대별 연간 의료비 지출 비중을 보면 30대를 기준으로 60대는 2배, 70대는 3배 많은 의료비를 지출한다. 고령 인구의 증가는 시장 규모의 성장을 뜻한다. 중앙치매센터가 발표한 《2018 중앙치매센터 연차보고서》에 따르면, 2017년에 708만 명이던 노인 인구는 2060년에 1,845만 명에 이를 것이라고 한다.

> **CMC**
>
> Chemistry/Manufacturing/Control의 약자. 의약품의 원료와 완제품을 만드는 공정을 개발하고, 이를 안정적으로 운영하는 것이 핵심이다. 신약개발 과정에서 임상시험은 매우 중요하다. 따라서 많은 시간과 노력을 임상시험에 배치한다. 그런데 임상시험을 성공적으로 진행하려면 임상시험에 사용할 약물을 안정적으로 공급하는 CMC 전략이 필요하다. CMC 전략을 잘 짜면, 신약이 개발되어 판매가 될 때, 생산공정 최적화 방법에 대한 데이터도 부수적으로 얻을 수 있다.
>
> CMC의 주요 내용은 API 구조 분석, API 합성 방법 개발, 분석 방법 개발, 안정성 시험, 대량생산공정 확보, 안전 정보 확보 등이다. cGMP 시설이 부족한 한국이나, 외국이라고 하더라도 소규모 바이오벤처는 임상시험에 필요한 CMC를 CMO에 의뢰하는 경우가 많다. 그런데 CMC 문제로 임상시험이 예상보다 길어지게 되면, 전체 개발 과정에 영향을 주게 된다. 신약개발 초기부터 CMC에 대해 고려하고 준비하는 것은 중요하다.

를 하였으며, NOAEL_{no observed adverse effect level}과 hERG_{human ether-à-go-go-related gene} 결과를 보여주었습니다. CMC는 현재까지 큰 문제가 없어 보입니다.…"

신약개발 프로젝트를 프리젠테이션하고 있는 상황이다. 후보물질의 효능_{efficacy}과 독성_{toxicity}에 대해 다양한 결과를 들어 설명하고 있다. 그런데 전공자인 나조차도 처음에 느끼는 감정은 '당황스럽다'이다. 도대체 무슨 말을 하고 있는지 하나하나 뜯어보자.

카이네이즈 테스트는 질병의 원인 관계가 있거나 치료와 관계가 있을 것으로 예상되는 카이네이즈(인산화효소)에 대한 특이도를 확인하여 독성에 대한 1차 결과를 얻는 테스트다. 신약개발 연구자는 후보물질이 여러 카이네이즈 가운데 하나만을 저해하기를 원한다. 후보물질이 여러 카이네이즈와 반응하고 또 저해한다는 것은 부작용의 위험이 커질 수 있다는 뜻이기 때문이다.

NOAEL은 의약품 독성시험에서 유해한 영향을 미치지 않는 최대 투여량 시험이다. 프리젠테이션 발표자는 독성의 정도를 보고하고 있다. hERG는 약물을 투여했을 때 심장에 독성이 생기는지 여부를 알아보는 시험이다.

CMC 이야기는 두 가지 내용이 압축되어 있다. 신약이 될 수 있을 것이라 연구하고 있는 물질을 찾거나 만들면 임상시험을 해야 한다. 그런데 임상시험을 하려면 신약 후보인 물질을 꽤 많이 만들어야 한다. 실험실에서 만들어내는 양으로는 임상시험을 할 수 없으니 충분한 양을 만들어줄 기업에 맡겨야 하는데, 기업을 찾고 위탁하는 부분에서 아직 문제가 없다는 뜻이다.

신약개발과 관련된 이야기를 들을 때 느끼는 어려움의 대부분은 이런 암호화된 대화 때문일 것이다. 전문용어야 공부하면 된다지만 업계 관계자들이 서로 잘난 척하려고 만들지 않았을까 의심되는 줄임말 앞에서는 대책이 없다. 통일된 개념어 번역이 되어 있지도 않은 상황에서, 전문가들의 줄임말 경쟁이 빚어내는 당황스러운 경우를 몇 개만 살펴보자.

실제 약효를 나타내는 약물을 뜻하는 API는 Active Pharmaceutical Ingredient의 약자다. 그런데 IT 업계에서 API는 Applicational Programming Interface를 줄여서 부르는 말이다. 앱을 개발할 때 유용하게 사용하는 오픈소스 API도 마찬가지다.

바이오 업계에서 주로 쓰는 말 가운데 MOA라는 것이 있다. Mechanism of Action을 줄인 것으로 매우 자주 쓰인다. MOA라는 단어를 처음 만난 바이오 비전공자가 용기를 내어 구글에서 검색하면, 한때 뉴질랜드에 살았지만 지금은 멸종한 새가 나온다. 모아moa 새다. 모아 새는 키가 3m에 이르는 거대한 새였다는 생물학적 사실을 알게 되지만, 바이오 업계에서 쓰는 MOA가 Mechanism of Action이라는 비밀과는 거리는 한층 더 멀어진다. 이때 IT 업계 관계자는 당황하고 있는 바이오 비전공자에게 귀속말을 한다. 'MOA는 Massive Online Analysis의 줄임말입니다.'

제약 분야에서 많이 쓰는 Chemistry/Manufacturing/Control을 줄인 CMC가 IT 업계에서는 Computer Mediated Communication이 되고, 바이오 신약개발에 중요한 단계인 Proof of Concept을 줄인 POC는 한솥밥을 먹는 입장인 헬스케어 분야에서 Point of Care의 줄임말로 쓰인다. IT 업계에서 화두인 Battery Management System을 줄이면 BMS다. 그래서 바이오 업계에서 글로벌 제약기업 BMSBristol-Myers Squibb의 신약개발 소식을 이야기하면, IT 업계 사람들은 당황한다.

다소 전문적 내용이 담긴 개념어뿐만 아니라, 아주 기초적인 용어도 제각각이다. 부피의 단위로 밀리리터ml가 있다. 그런데 바이오 관련 학회에 가면 밀리리터를 '엠엘'이라고 읽는 경우를 자주 볼 수 있다. 바이오 산업은 환자와 관계 있는 산업이니 의학, 약학과 떼려야 뗄 수 없다. 그래서 의학, 약학 학회에도 참여할 기회가 많은데 여기서는 밀리미터가 아니라 cc라는 단위로 사용한다.

바이오 산업계와 학계에서만 쓰는 용어가 날로 늘어가고 그에 따라 줄임말도 늘어나는 만큼, 투자할 물질과 기술을 검토하기보다 신조어 따라가는 것이 더 벅찰 때가 있다. 나는 종종 기술심사위원회 등에 평가위원으로 참여하는데, 성격이 급한 발표자가 프리젠테이션에 속도를 내기 시작하면 못 알아들을 때가 있다.

전문용어+줄임말의 홍수에도 이유는 있다. 지금 이 순간에도, 수없이 많은 연구실에서, 전 세계 과학자들의 연구가 한창이다. 발표되는 새로운 과학적 사실들의 양이 많고, 이를 공유하는 데 시간이 많이 걸린다. 폭발적으로 늘어나는 지식의 양은 전문용어의 증가를 빚어내고, 발전의 속도를 따라잡기 위해 줄임말이 습관이 된다. 기술심사위원회 자리도 마찬가지다. 발표되는 여러 기술들, 약물과 기술을 팔기 위한 프리젠테이션 자리에서 심사위원과 바이어가 내어주는 시간은 짧을 수밖에 없다. 머리를 붙이고 꼬리까지 다듬어서 말할 여유가 없으니, 전문용어와 줄임말부터 튀어나온다.

그렇다고 용어만 붙잡고 시간을 보낼 수도 없는 일이다. 이 책에서는 가급적 처음 나오는 용어는 해설한 다음 줄임말 표기를 사용할 예정이다. 바이오 산업의 가치를 평가하려는 독자들도 불편하고 어색하겠지만, 서둘러 전문용어와 줄임말의 홍수에 빠질 것을 추천한다.

바이오 업계에서 사용되는 줄임말 예시

줄임말	원말	한글 이름
AE	Adverse Effect	약물 부작용
cGMP	Current Good Manufacturing Practice	미국 우수 제조·관리기준
CMO	Contract Manufacturing Organizations	의약품 위탁 생산기관
CRO	Contract Research Organizations	위탁 연구 전문기관
EMA	European Medicines Agency	유럽 의약품기구
ETC	Ethical drug	전문의약품
FDA	Food and Drug Adminstration	미국 식품의약국
GCP	Good Clinical Practice	임상시험 관리기준
GLP	Good Laboratory Practice	비임상시험 관리기준
ICH	International Conference on Harmonisation	국제 의약품 규제조화 위원회
IND	Investigational New Drug Application	임상시험 허가신청
MSSO	Maintenance and Support Services Organization	국제의약용어 유지·관리 서비스 기구
NDA	New Drug Application	신약허가신청
ORR	Objective Response Rate	객관적 반응률
OS	Overall Survival	전체생존기간
OTC	Over-the-counter drug	일반의약품
PD	Pharmacodynamics	약력학적 연구
PFS	Progression-free Survival	무진행생존기간
PIC/S	Pharmaceutical Inspection Co-operation Scheme	의약품 실사 상호협력기구
PK	Pharmacokinetics	약동학적 연구
PMS	Post-Market Surveillance	시판 후 안전성 조사
POC	Proof of Concept	개념증명
TTP	Time to Tumor Progression	종양진행까지 걸리는 시간
TPP	Target Product Profile	목표로 하는 약물의 특성

바이오 업계에서 BMS는 면역항암제 옵디보®를 개발한 Bristol-Myers Squibb이지만, IT 업계에서 BMS는 Battery Management System으로 통한다.

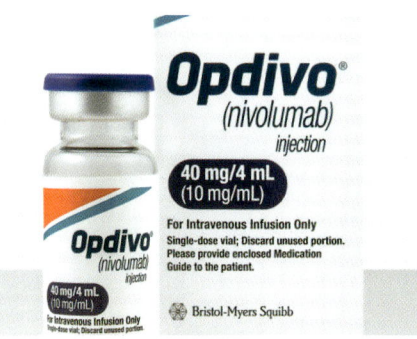

미충족 의료 수요(Unmet Medical Needs)

미충족 의료 수요라는 말을 정직하게 풀어쓰면 '환자의 절박함'이다. 지인 가운데 한 명은 갑작스러운 피로감을 느껴 병원에서 혈액 검사를 받았다. 이튿날 해외 출장을 가기 위해 공항으로 차를 몰고 있었는데 병원에서 전화가 왔다. A형 간염 진단이 나왔으니 빨리 차를 돌려 병원으로 오라는 것이었다. 지인은 비행기가 조금 있다 출발하니, 출장에서 돌아와 병원에 가면 안 되겠냐고 물었다. 그러자 전화를 건 담당 간호사가 다급하게 이야기를 이어갔다. '지금 비행기를 타면 외국에서 죽을지도 모릅니다.'

A형 간염은 대표적인 선진국형 질병이다. 보건의료 환경이 좋지 않은 개발도상국과 저개발국에는 A형 간염 환자가 적다. 개발도상국과 저개발국에서는 아마도 꽤 많은 환자가 어릴 때 A형 간염으로 이미 사망했고, 면역을 갖춘 경우만 살아남아 성인이 되었기 때문에 환자가 적을 수 있다. 보건의료 환경이 좋고, 감염 예방에 적극적인 선진국에서는 어릴 때 A형 간염에 대한 면역이 생길 기회가 적다. 면역 없이 성인이 되었는데, 갑자기 발병하면 손써볼 시간 없이 사망한다.

A형 간염의 증상은 B형 간염과 비슷하다. 피로와 무기력증으로 환자가 이상을 느껴 병원을 찾아 검사를 받는다. 검사 결과 A형 간염 진단이 나오면 바로 입원해야 한다. 대부분 진단 이후 한 달 안에 사망하는 급성 질환이기 때문이다. 차를 병원으로 돌렸던 지인은 의사에게 앞으로 2주가 고비라는 말을 들었다. 약이 없기 때문이다. 환자가 스스로 A형 간염을 이겨내면 살고, 그렇지 못하면 2주 안에 사망한다. 사실상 사형선고다. 다행스럽

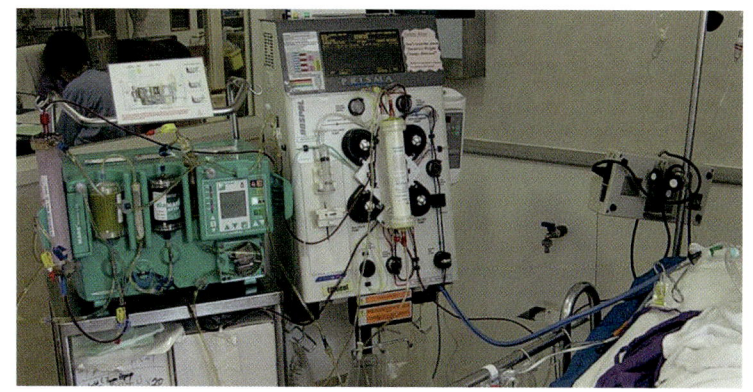

인공 간 시스템을 이용해 간 기능에 이상이 있는 환자 혈액에서 독성물질을 걸러내고 있다.

게도 지인은 A형 간염을 이겨냈다.

이런 이유로 A형 간염은 미충족 의료 수요가 높은 질병, 즉 환자 입장에서 절박한 질병이다. 진단 후 한 달 고비를 넘기기 어렵고, 곧바로 입원해야 하는 조건이라면 사실상 사고사를 선고받은 셈이다. 사고로 생을 마감하고 싶은 사람은 없으니 치료제에 대한 수요는 간절하다. 제약기업들은 A형 치료제를 개발하기 위해 노력하며, 의료기기를 만드는 기업들도 치료에 도움을 주는 인공 간을 만들기 위해 노력 중이다. 환자의 간이 한 달을 버티는 동안 몸 밖에 붙여줄 기계로 된 인공 간을 개발하려는 것이다. 몸속 혈액을 인공 간으로 보내 독성물질을 걸러내면 환자의 간은 온전히 치유에만 힘쓸 수 있다는 아이디어다.

미충족 의료 수요가 죽음에 이르는 병에만 있는 것은 아니다. 생활 수준이 높아지면서 삶의 질과 관련된 미충족 의료 수요도 함께 높아진다. 대표적으로 발기부전 치료제, 탈모 치료제, 비만 치료제 등이 있다. 라이프 스타일 드러그 life style drug 라고 부르는 이런 종류의 약은 죽고 사는 문제는

아니다. 그러나 환자들은 치료제를 절박하게 원하는 경우가 많다.

내가 처음 들어간 회사에서 맡았던 첫 번째 프로젝트는 탈모 치료제였다. 머리털이 빠지면 머리에서 열 손실이 많이 일어나 위험하다. 특히 노인들은 겨울에 반드시 모자를 써야 한다. 여름에도 화상을 입을 수 있어 모자를 늘 챙겨야 한다. 위험하고 불편한 것은 물론이고 머리털이 상징하는 젊고 건강한 이미지 때문에, 탈모에서 벗어나고 싶어 하는 환자가 늘어나고 있다. 이는 미충족 의료 수요가 늘어나고 있다는 뜻이다.

전 세계적으로 탈모 치료제로 허가받은 약은 아직까지 두 가지가 전부다. 미녹시딜minoxidil은 두피 혈관을 확장해준다. 혈관이 확장되면 머리털이 많이 자랄 수 있게 영양분과 산소가 많이 공급될 것이라는 아이디어를 바탕으로 만들었다. 미녹시딜은 원래 심장질환 치료제로 개발되었다. 개발 과정에서 부작용으로 털이 나는 것이 보고되었고, 이를 탈모 치료제로 응용했다. 미녹시딜은 부작용을 줄이기 위해 두피에 직접 바르는 국소 처방이 원칙이다.

미녹시딜과 더불어 판매가 허가된 탈모 치료제는 프로페시아®Propecia®, 성분명: finasteride다. 프로페시아®는 남성호르몬 억제제다. 남성호르몬 과다 발현은 탈모의 원인 가운데 하나로 알려져 있다. 남성호르몬 발현이 많은 사람의 특징으로 머리털은 부족하고 가슴이나 팔과 다리에 털이 많은 것이 있다. 프로페시아®는 남성호르몬의 과다 발현을 억제해 탈모를 막는 컨셉이다. 프로페시아®를 처방받아 남성호르몬을 억제하면 탈모가 멈추고 심지어 다시 나는 경우도 있다. 단 남성호르몬 과다 발현이 탈모의 원인이기 때문에, 다른 원인으로 탈모가 생긴 환자에게는 효과가 없다. 전체 탈모 환자 가운데 30% 정도에게만 효과가 있는 것으로 알려져 있다.

미녹시딜과 프로페시아®의 탈모를 막아내는 효과가 아주 탁월하지는 않지만, 두 제품은 꾸준히 팔려나간다. 머리털이 있는 삶을 원하는 소비자들의 절박함이 만든 미충족 의료 수요 때문이다.

탈모와 비슷한 미충족 의료 수요로 비만이 있다. 비만 표준 치료는 생활방식 변화 유도life style change, 체중 감소제weight-loss drug 투여, 외과적 수술surgeries의 세 가지 방향으로 이루어진다. 외과적 수

미충족 의료 수요는 '치료제를 이 가격에 살 수 있는 사람이 얼마나 있을까?'의 문제다. '질병에 걸린 환자가 얼마나 많은가?'와는 다르다.

미충족 의료 수요
Unmet Medical Needs

치명적인 질병

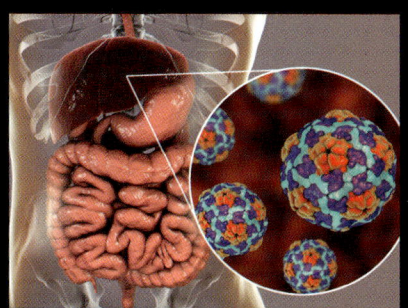

A형 간염 바이러스의 3D 랜더링. A형 간염 바이러스에 감염되면 급성으로 진행된다. 열이 나고, 구역질을 하거나 구토를 하며, 황달이 나타나는 등 다른 급성 간염과 증상이 비슷하다. 예방 백신은 있으나 치료제는 없어, 전격성 간염으로 진행되면 환자가 사망하기도 한다.

라이프 스타일 드러그

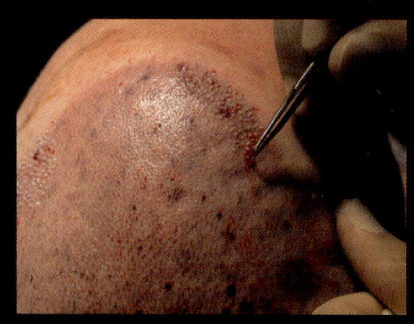

탈모 환자가 모발 이식 수술을 받고 있다. 삶의 질을 높이고 싶어하는 환자의 의지는 강하다. 환자의 건강에 치명적이거나 생명이 걸린 문제가 아니라고 하더라도, 삶의 질을 높여주는 라이프 스타일 드러그를 찾는 환자는 늘어나고 있다.

희귀병

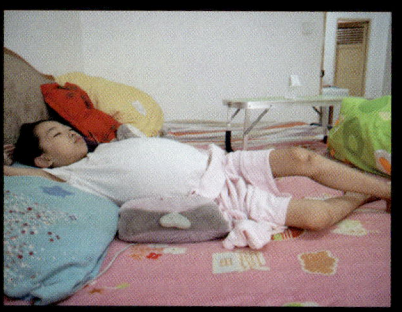

중국 안후이 성에 살고 있는 장 보한은 고셔 병(Gaucher's disease)을 앓고 있다. 고셔 병은 리소좀 대사에 문제가 생겨 발생하는 희귀 유전성 질환이다. 면역세포 가운데 대식세포는 몸속에서 세균이나 바이러스 등을 분해한다. 이는 대식세포 안에 있는 리소좀에서 주로 일어나는데, 고셔 병에 걸린 환자에게는 리소좀에 문제가 있다. 분해하지 못하니 계속 쌓여 대식세포가 비정상적으로 커지며, 이것이 비장 등에 쌓여 배가 불룩하게 나온다.

고셔 병은 리소좀 안에 있는 글루코세레브로시다제(glucocerebrosidase)라는 효소가 부족하기 때문에 생기므로, 다른 효소를 추가해 대체하는 치료법을 쓴다. 세레자임®(Cerezyme®, 성분명: imiglucerase) 효소로 치료제를 만들지만 주사제 한 병에 수백만 원에 이르는 등 매우 비싸다.

환자의 절박함

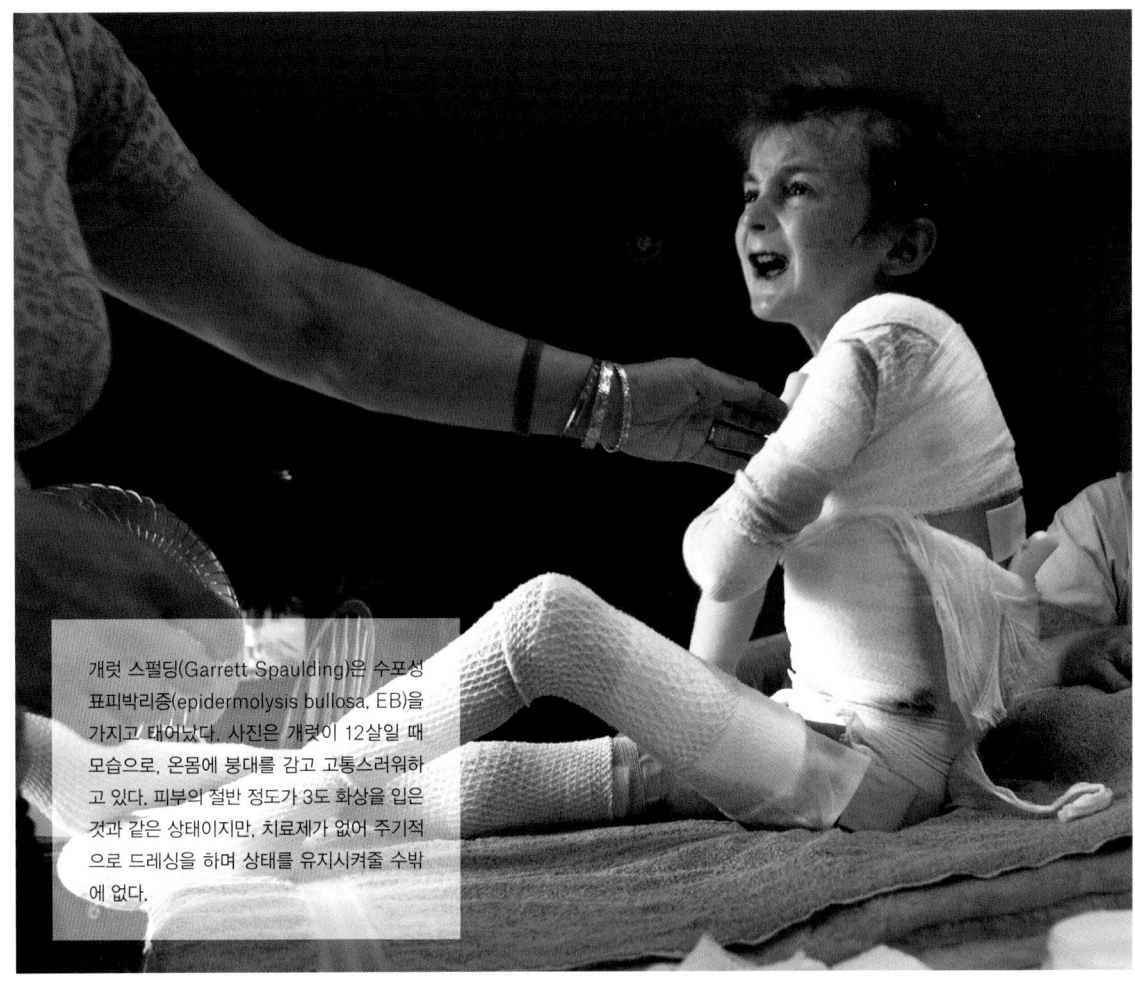

개럿 스펄딩(Garrett Spaulding)은 수포성 표피박리증(epidermolysis bullosa, EB)을 가지고 태어났다. 사진은 개럿이 12살일 때 모습으로, 온몸에 붕대를 감고 고통스러워하고 있다. 피부의 절반 정도가 3도 화상을 입은 것과 같은 상태이지만, 치료제가 없어 주기적으로 드레싱을 하며 상태를 유지시켜줄 수밖에 없다.

술은 너무 심각한 비만인 경우에 제한적으로 사용한다. 생활방식 변화 유도가 정답(?)에 가깝지만 쉽지 않은 일이다. 결국 체중 감소제가 미충족 의료 수요로 발생한다.

전 세계적으로 가장 많이 팔리는 체중 감소제인 제니칼^{TM} Xenical^{TM}의 주요 성분은 올리스타트 orlistat다. 올리스타트는 지방이 몸에 흡수되는 것을 저해한다. 비만에는 효과가 있지만, 먹었는데 흡수되지 않은 지방은 배출되어야 한다. 예상하지 못했던 일들이 벌어지는데, 방귀에 지방에 섞여 나와 속옷이 더럽혀지기도 하고, 대변을 보면 기름이 둥둥 떠 있기도 한다. 그리 쾌적한 상황은 아니다. 지방 흡수를 저해하는 메커니즘이 아닌 경우는 항우울제와 같은 신경정신 질환 치료제를 응용한 것들이다. 시장에 잠깐 나왔다가 곧 퇴출되거나, 경고문 삽입 등 조건부 허가를 받아 판매된다. 쾌적하고, 안전하고, 효과적인 비만 치료제는 미충족 의료 수요가 높은 분야다.

비만에 미충족 의료 수요가 있으니, 제약기업들은 비만 치료제 신약개발에 뛰어든다. 예를 들어 백색 지방white adipose tissue을 갈색 지방brown adipose tissue으로 바꾸는 신약을 개발하기도 한다. 백색 지방은 에너지 저장용이고, 갈색 지방은 체온을 유지하는 등 몸에 열을 내는 것이 목표다. 몸에 쌓여 있는 백색 지방을 갈색 지방으로 바꿀 수 있다면, 몸에 열이 좀 나겠지만 살이 빠지는 효과가 나타날 것이다. 개발만 된다면 비만 분야 미충족 의료 수요를 충족시킬 것이다.

미용 목적의 비만과 탈모 치료는 생명이 걸린 문제는 아니지만 해결하고 싶어 하는 수요가 있다. 죽고 사는 문제가 아니지만, 미충족 의료 수요의 관점에서 검토할 가치가 있다. 그럼에도 역시 대표적인 미충족 의료 수요는 암이다. 암에 대한 미충족 의료 수요는 계속 늘어날 것이다. 암은 '운이 좋으면 피할 수도 있는 병'의 자리를 잃어가고 있다. 기대수명이 길어짐에 따라, 우리는 어떤 종류의 암이든 한 번은 만날 것이다.

의학이 발달함에 따라 암의 종류를 점점 더 다양하게 구분할 수 있게 되고, 환자의 상태도 점점 세분화되고 있다. 이는 여러 형태의 항암제라는 미충족 의료 수요를 만든다. 먹는 약, 주사제, 피부에 붙이는 패치, 심지어 몸속에 아예 약을 심어버리는 등 약의 제형이 다양해진다. 이 역시 생명이 연장되느냐 멈추느냐의 길목에서, 조금 더 쾌적한 치료와 삶의 질을 높이고 싶어 하는 환자의 절박함이 바탕이 된다. 미충족 의료 수요다.

미충족 의료 수요에 접근함에 있어, 환자 수가 아닌 환자의 절박함을 기준으로 해야 시장성을 정확하게 확인할 수 있다. 극단적인 예로 희귀질환 치료제가 있다. 희귀질환인 수포성 표피 박리증Epidermolysis Bullosa, 이하 EB은 피부를 만드는 데 관여하는 특정 유전자가 선천적으로 없는 질병이다. 외부 감염의 1차 장벽 역할을 하는 피부 형성이 부족해지는데, 환자는 태어나면서부터 감염으로 고통을 받는다. 환자는 어린 나이에 사망하며, 미국과 유럽 등 선진국에서는 3만 여 명, 한국에서는 200여 명의 환자가 있는 것으로 알려져 있다.

EB는 앓고 있는 환자의 수가 적으니, 치료제 신약을 개발해도 수요가 적을 것이라 생각하기 쉽다. 그러나 이는 미충족 의료 수요, 즉 환자의 절박함을 계산하지 못한 판단이다.

EB 환자는 외부 감염을 막아주는 피부 형성이 부족하므로 전신에 붕대를 감아줘야 한다. 전신에 감은 붕대는 주기적으로 갈아주어야 하는데, 전신 붕대 교체만 1년에 3천만 원 이상의 비용이 들어가는 치료다. 비용도 문제지만 전신에 붕대를 감고 있어야 하는 환자와 가족의 고통, 이런 고통스러운 치료를 받아도 성인이 되기 전에 대부분 사망이 예상되는 상황은 큰 미충족 의료 수요를 만든다.

미충족 의료 수요라는 개념이 아닌 일반적인 시장의 관점에서 바라보면 EB 치료제를 개발할 이유를 설명하기 어렵다. 소비자의 수가 적어 개발해도 많은 양이 팔리지 않을 것인데, 많은 연구개발비를 투자해야 할 이유가 없어 보인다.

그러나 이것은 시장을 반만 들여다본 결과다. 미충족 의료 수요, 즉 환자의 절박한 입장에서는 다른 풍경이 펼쳐진다. 병을 앓고 있는 사람의 수가 적다고 해서, 치료에 대한 절박함이 덜 하지 않다. 게다가 대부분의 희귀병 환자는 생명을 위독하게 만드는 치료나, 죽을 때까지 비싸고 고통스러운 치료를 받아야 하는 경우가 많다. 환자가 지

출할 수 있는 비용은 절박함에 비례해서 올라갈 것이다. EB 환자와 건강보험이 부담해야 하는 3천만 원의 전신 붕대 교체 비용은, 치료제만 개발된다면 약값으로 바뀔 수 있다. 환자 숫자가 적은 문제를 미충족 의료 수요가 상쇄할 수 있다.

기술적 우위와 사업 모델

신약개발에서 미충족 의료 수요는 중요하지만, 늘이거나 줄이기는 어렵다. 과학과 기술이 발전해 모르던 것을 알게 되고, 생활 수준이 높아져 전에 없던 수요가 생길 수는 있지만, 이는 시장 참여자들에게 똑같이 주어지는 상수다.

경쟁이 일어나는 지점은 변수, 즉 '연구자와 기업이 얼마나 탁월한 기술을 가지고 있는가'다. 물론 기술적 우위가 있다고 해서 모든 문제가 해결되는 것은 아니다. 이는 사업 모델business model의 문제일 수 있다.

대부분의 기술 개발자는 자기 기술의 경쟁력을 강조한다. 그러나 기술적 경쟁력보다는 미충족 의료 수요를 정확하게 판단하고, 이를 충족할 수 있는 의약품을 효율적으로 개발하려는 전략이 중요하다. 특히 투자 여부와 규모를 판단할 때는 개발 전략을 중요하게 검토해야 한다. 사업 모델을 중심에 놓고 타깃, 동물모델, 임상시험, 바이오마커 등을 점검해야 한다.

타깃은 치료제를 개발하려는 질병의 특정 메커니즘을 찾아내고 결정하는 문제다. 어떤 타깃이냐에 따라 치료 효과가 달라지고 부작용이 달라진다. 즉 한 가지 질병에도 여러 타깃이 등장할 수 있다. 타깃의 종류가 여러 가지이니 옥석을 가려야 한다. 이런 경우 '경쟁 약물이 있는지'로 검토해볼 수 있다. 기술적으로는 탁월한 것 같은데 경쟁 약물이나 신약 후보물질이 없다면, 투자에 앞서 다시 한 번 살펴봐야 한다. 다른 연구자나 기업들이 해당 타깃을 목표로 하지 않고 있다는 뜻일 수 있기 때문이다. 물론 완전히 혁신적인 신약이

영화 〈혹성탈출: 진화의 시작〉의 침팬지 주인공 시저. 시저는 손상된 뇌의 기능을 강화하는 알츠하이머 병 치료제 연구의 실험 대상인 동물모델이었다. 뇌 기능을 강화하는 물질을 투여받은 시저는 인간에 버금가는 지능과 인간을 능가하는 지혜를 가지게 된다.

나올 수도 있겠지만, 성공 확률이 다른 약물에 비해 더 낮을 것이다.

기술적 우위를 검토할 때 다음으로 살펴볼 것은 동물모델이다. 어떤 물질이 신약이 되려면 질병을 치료하는 효능이 있어야 하고, 환자를 위험한 상황으로 몰아넣는 독성이 없어야 한다. 효능과 독성은 동물실험을 거쳐 우선 검증한다. 그런데 사람과 동물은 다르다. 따라서 사람이 걸린 병을 동물에게 걸리게 만들기 어려웠고, 동물을 병에 걸리게 한다고 해도 사람에게 효과와 독성이 있는지 정확하게 평가하기 어렵다는 문제가 있었다. 지금은 동물모델 분야의 발달로 이런 어려움이 어느 정도는 해소되었지만, 동물실험으로 검증 모델을 만드는 일이 여전히 쉽지만은 않다.

예를 들어 알츠하이머 병, 파킨슨 병 같은 중추신경계central nervous system, CNS 질환은 노인이 늘어남에 따라 환자 수도 함께 늘어난다. 치료제 개발에 대한 제약기업들의 관심이 높지만, 적당한 동물모델을 찾지 못해 신약개발에 어려움을 겪고 있다. 이런 이유로 중추신경계 질환 치료제를 개발하는 글로벌 제약기업 가운데는 좋은 동물모델을 가진 바이오테크나 연구기관과 공동 연구를 진행하기도 한다. 특정 동물모델을 가진 바이오테크나 연구기관과의 협업은 해당 바이오테크나 연구기관의 '평판reputation'을 도입해 기술적 우위를 증명하려는 전략이다.

기술적 우위를 검토할 때는 임상 가능성도 확인해야 한다. 패혈증sepsis은 감염 후 며칠 만에 환자가 사망하는 급성질환이다. 나이가 들수록 면역력이 떨어지게 마련인데, 면역력이 떨어지만 패혈증에 걸릴 위험도 늘어나는 것으로 알려져 있다. 한국을 비롯해 노인 인구가 늘어나는 곳에서는 패혈증 환자가 늘어나고 있으며, 글로벌 제약기업과 바이오테크를 비롯한 여러 기업이 패혈증 치료제

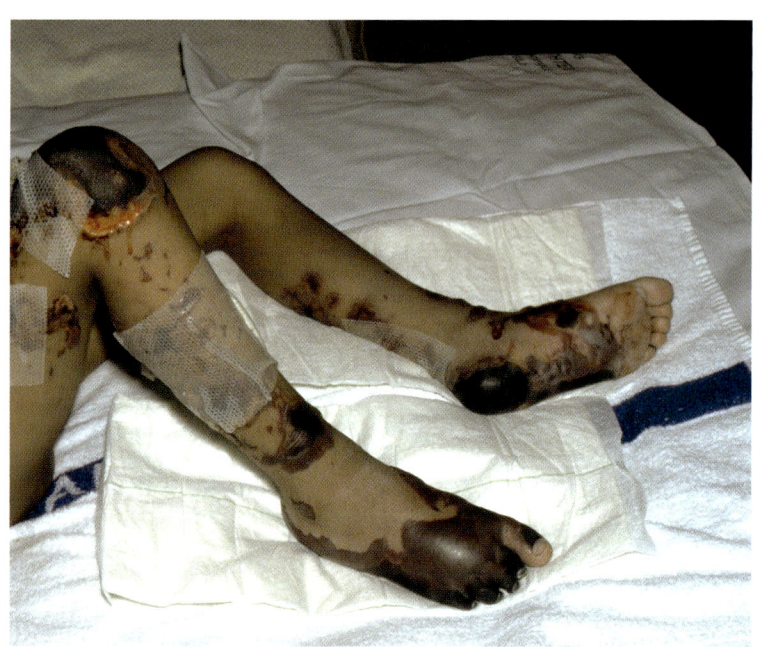

수막구균 패혈증(Meningococcal septicaemia)은 수막구균(*Neisseria meningitidis*)에 감염되어 발생한다. 수막구균 패혈증 환자에게는 다발성 장기부전이 빠르게 진행될 수 있다.

개발에 관심을 갖는다.

패혈증 치료 과정은 복잡하다. 패혈증 의심 환자가 발생하면, 의료진은 고단위 복합 항생제를 집중 투여한다. 패혈증 초기에 이런 항생제 투여 치료를 받으면 생존 확률이 다소 높아지지만, 감염 후 시간이 조금만 지나도 효과가 낮아져 의료진은 긴장한다.

치료제가 간절한 질병이니 패혈증 신약을 개발하기로 한 기업이 있다. 연구 끝에 타깃을 찾았고, 동물실험도 거쳤다. 이제 실제 환자에게 임상시험을 해야 하는 단계다. 그런데 쉽지 않다. 일단 임상시험에 참여할 환자를 구하기 어렵다. 임상시험에 사용할 약을 가지고 병원에 갔을 때는 이미 환자가 사망했을 가능성이 높다.

임상시험에 참여할 환자를 찾아도 시험할 기회를 얻기 힘들다. 환자에게 시간이 부족하기 때문에, 패혈증 진단이 내려지면 기존에 사용하던 항생제 등을 처방받는다.

문제는 더 있다. 임상시험 약을 환자에게 함께 투여해볼 수 있는 기회를 얻었다고 해보자. 다행스럽게도 환자가 살아났다면 임상시험으로 투여한 약 때문에 살아났는지 기존 항생제 때문에 살아났는지 알기 어렵다. 그렇다고 환자에게 임상시험용 신약부터 투여할 수도 없는 일이다. 효과가 높을 수도 있지만, 아예 없을 수도 있다. 어쩌면 더 위험할지 모른다. 이런 임상시험용 신약으로 위험한 패혈증 감염 환자 치료에 도전할 것인가? 아니면 효과가 낮지만 그래도 오랜 기간 환자를 살려본 경험이 있는 기존 약을 처방할 것인가? 의료진과 환자의 결정이 쉽지 않다.

패혈증에서는 임상을 할 수 없어 신약개발이

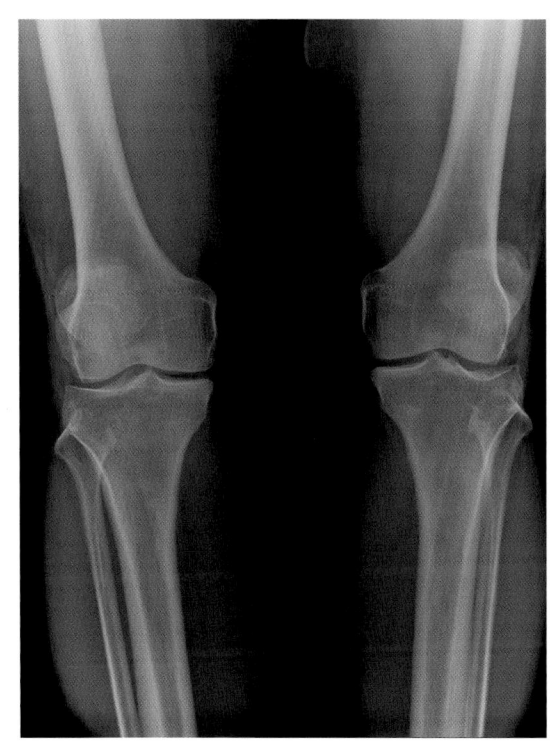

관절염 환자의 X선 사진. 무릎 관절의 연골이 염증으로 손상돼 좁아진 것을 볼 수 있다. 퇴행성 관절염 치료제는 프로스타글란딘(prostaglandin) 생성에 관여하는 사이클로옥시저네이즈-2(cyclooxygenase-2, COX-2)를 억제해 염증 반응이 일어나지 않도록 한다.

어렵다면, 관절염에서는 임상을 너무 많이 해야 하기 때문에 어렵다. 퇴행성 질환들은 완치보다는 증상 완화로 신약개발에 접근하는 경우가 많다. 퇴행성 관절염도 마찬가지여서, 진단을 받으면 환자는 사망하는 날까지 약을 먹게 된다. 그런데 진단 기술이 발달하면서 병을 빨리 찾아 치료 시기를 앞당기고 싶어 하는 쪽으로 환자들의 요구가 높아지는 한편, 기대수명은 계속 늘어난다. 약을 전보다 더 빨리 먹기 시작해 더 오래 먹는 것이다.

문제는 이렇게 약을 오래 먹으면 전에는 몰랐던 약의 부작용이 나타날 수 있다는 점이다. 예를 들어 통증 완화에 효과가 있는 아스피린™도 퇴행성 관절염 환자에게 처방되는데, 아스피린™을 오랫동안 먹으면 위장관계와 심혈관계에 부작용이 나타난다.

통증 완화에 효과가 있는 퇴행성 관절염 치료제는 통증과 염증 발생에 관여하는 프로스타글란딘prostaglandin이라는 물질의 생성을 제어하는 것이 핵심이다. 프로스타글란딘 생성에는 사이클로옥시저네이즈-2cyclooxygenase - 2, 이하 COX-2라는 효소가 관여한다. COX-2 효소는 COX-1과 동종효소, 즉 같은 일을 하지만 작용하는 곳이 다른 형제 효소다. COX-1은 위장을 보호하는 역할을 한다. 퇴행성 관절염 환자에게 통증을 줄여주려면 COX-2는 줄이고, COX-1은 줄이지 않아서 위장 장애가 일어나지 않게 해야 한다. 대부분의 퇴행성 관절염 치료제는 여기에 집중한다.

퇴행성 관절염 환자에게 통증을 줄여주는 진통제로 머크Merck는 바이옥스®Vioxx®, 성분명: rofecoxib를, 화이자pfizer는 벡스트라®Bextra®, 성분명: valdecoxi를 개발해 시장에 내놓았다. 1999년에 시장에 나온 바이옥스®는 2003년 25억 달러의 매출을 올렸고, 2001년 시장에 나온 벡스트라®는 2004년 13억 달러의 매출을 기록했다. 두 치료제 모두 COX-1은 저해하지 않으면서 COX-2를 저해하는 방식으로 디자인되었다. 그러나 환자들에게 처방하는 기간이 늘어나면서 임상시험에서 예상하지 못했던 부작용이 나타나기 시작했다. 바이옥스®는 심장질환 부작용, 벡스트라®는 심장질환, 피부질환 등 다양한 부작용이 보고되었고 두 치료제 모두 시장에서 퇴출당했다.

바이옥스®와 벡스트라® 사례를 거치면서 규제당국은 좀더 광범위하고 장기간에 걸친 임상시험 기준을 세웠다. 예를 들어 이전까지는 1,000명을 대상으로 1년 동안 임상시험을 했을 때 1~2명에게 부작용이 나타나면 통과되었던 것이, 10,000명을 대상으로 3년 동안 임상시험을 해서 1~2명 정도에게서만 부작용이 나타났을 때 판매허가를 받는 것으로 바뀌었다. 물론 퇴행성 관절염 임상시험에 참여할 수 있는 환자의 수가 충분(?)하므로 변화된 기준을 따를 수밖에 없다.

이는 신약개발 기업 입장에서는 큰 위기다. 10,000명 이상 환자를 대상으로 하는 임상3상은 웬만한 글로벌 제약기업에게도 위험한 도전이다. 임상시험에서 실패한다면 글로벌 제약기업이라도 재무적으로 타격이 크다. 부작용을 잡아내기 위한 임상시험 기간과 규모의 증가, 이에 따른 비용 증가가 사실상 새로운 퇴행성 관절염 치료제 개발을 막고 있는 장애물이 되었다.

타깃, 동물모델, 임상시험의 문제를 해결할 수 있는 방법으로 '바이오마커'가 주목받는다. 바이오마커는 '어떤 특징을 가진 환자에게 어떤 치료제를 처방했을 때 효과가 있을 것인지를 확인하는 표지 기술'이다. 현대 의학과 생명과학은 질병과 환자를 점점 더 세밀하게 구분하려고 한다. 질병을 분자 수준에서 연구하면서, 각각의 특징을 구분할 수 있게 되어 가능해진 일이다. 환자도 마찬가지다. 유전자 분석 기술이 발달해, 10만 원 정도면 몇 시간 안에 한 사람의 유전자 서열 전체를 확인할 수 있다. 질병과 관계된 특정 유전자를 찾아내어 치료에 적용할 수 있다는 기대가 가능해졌다.

이런 기술적 진보를 이용해 어떤 치료제에 효과를 보이는 특징적인 질병과 특징적인 환자를 찾아낼 수 있다는 바이오마커 개념이 중요해졌다. 만약 질병과 환자의 분류, 타깃 선정, 동물모델 설계, 임상시험 대상 환자 선정까지 바이오마커를 적용할 수 있다면 더 빠르게 개발한, 더 안전하고 효과적인 신약을 만날 수 있을 것이다.

바이오마커는 임상시험 비용을 줄이는 데도 도움이 된다. 임상3상은 많은 환자를 대상으로 신약의 약효를 확인하는 단계다. 그런데 같은 질병을 앓고 있어도 환자들은 모두 같지 않다. 개발한 신약이 잘 듣는 환자가 있고 잘 듣지 않는 환자가 있다면, 그리고 그 둘을 구분할 수 있다면 임상시험 비용을 줄이는 것은 물론이고 효과가 있는 환자에게만 처방해 불필요한 치료비도 줄일 수 있을 것이다. 바이오마커가 밸류에이션에 미치는 중요성은 점점 커지고 있다.

경영진

아이디어, 기술, 타깃, 새로운 물질 등은 신약개발을 시작할 수 있는 계기다. 경영진은 이런 계기로 바이오벤처를 시작해 바이오테크, 제약기업의 순서로 성장시키며 실제 의료 현장에서 환자를 치료할 수 있는 신약을 만들 수 있게 해준다.

경영진에서는 경영진과 초기 주주의 구성이 중요하다. 한국에서 신약개발은 약 20여 년 전에 시작했다. 크리스탈지노믹스, 바이로메드, 바이오니아 등의 기업들이 케미컬 의약품 신약, 유전자 치료제 등의 분야에서 신약개발에 도전했다. 이 당시 기업 경영진은 대부분 화학을 전공한 사람들이었다. 의약품의 주류가 저분자 화합물 small mol-

프랑스에 살고 있는 실비(Sylvie) 씨는 유방암에 걸려 유방 절제술을 받았다. 그는 유방 재건술을 받지 않기로 한 아마존(The Amazon) 회원이기도 하다. 유방암은 재발률이 높은 암으로, 재발될 것을 예상하고 유방 절제술을 실시하기도 한다. 그런데 HER2 수용체와 같은 유방암 재발 인자가 있다는 것을 알게 된 후, HER2 수용체를 바이오마커로 활용할 수 있게 되었다.

---

ecule을 합성하는 케미컬 의약품이었고, 화학 지식을 가진 사람들이 신약개발에 나서는 것이 이상하지 않았다.

그러나 20년 동안 연구개발에 뛰어들었지만, 이렇다 할 신약을 만들 수는 없었다. 약이 사람 몸에 들어가서 어떤 일을 일으킬 것인지에 대한 생명과학적인 배경 없이 만들어진다면, 아무리 기막힌 화학물질이라고 해도 치료제로 쓸 수 없다. 한편 환자의 병과 매일 싸우고 있는 의료 현장의 상황은 또 다른 문제다. 환자에게 매일 약을 투여하고 반응과 효과를 살펴야 하는 현장, 그 과정에서 환자가 살기도 죽기도 하는 현장에 대한 이해도 신약개발에 필수적이다.

여러 단계를 거쳐야 하고, 복합적인 상황이 이어지는 신약개발 과정에서, 여러 배경의 전문성을 가진 경영진은 '있으면 좋은 것'이 아니라 '없으면 안 되는 것'이었다. 훌륭한 화학자와 화학공학자가 없어서 20년 동안 신약이 안 나온 것이 아니라, 보통의 생명과학자와 임상의가 함께 하지 않았기 때문에 신약이 나오기 어려웠던 것이다.

그러나 현실적으로 이 모든 구색을 갖춘 경영진을 구성하는 것은 글로벌 제약기업이 아니고서는 불가능하다. 따라서 핵심 주주를 여러 분야 전문가로 구성하거나, 여러 분야 전문가와 협업할 수 있는 네트워크를 만드는 것이 필요하다. 즉 경영진과 주주 구성, 협업 파트너의 다양성은 바이오테크의 밸류에이션에 있어 중요한 요소다.

신약개발, 특히 바이오 신약개발 과정에 필요한 분야가 다양해짐에 따라 이런 역할들만 수행하는 기업들도 있다. 임상시험 수탁기업contract research organization, 이하 CRO이 대표적이다. 신약개발 전 과정을 크게 셋으로 나눈다면 연구, 개발, 임상이다. 여기서 연구와 개발을 실험실에서 연구자가 주도한다면, 임상은 병원에서 의사가 주도한다. 많은 바이오테크가 연구자 중심으로 구성되는 것을 생각하면, 임상시험을 전문적으로 진행해주는 사업 모델은 필수적이다. 그런데 CRO 기업과의 협업을 단순 아웃소싱으로 보는 경향이 있다. 예를 들어 '그건 잘 모르겠으니 CRO에 맡겨!'와 같은 식이다.

문제는 다른 사람에게 일을 부탁할 때, 그 일에 대해 잘 알면서 부탁하는 것과 모르면서 부탁하는 것은 일의 결과를 다르게 만든다는 점이다. 실력 있는 CRO라고 해도 파트너인 신약개발 바이오테크와 어떤 수준에서 협의하고 소통하는지에 따라 결과물의 품질이 달라진다.

좋은 CRO라면 신약개발 바이오테크가 요청한 것들을 검토해, 좀더 효과적인 임상시험 결과를 낼 수 있는 방법을 제시할 것이다. 바이오테크가 CRO의 제안을 검토하고 자신들의 신약 후보물질의 특성을 고려한 수정 의견을 내는 등, 높은 수준의 협업으로 임상시험 디자인을 조정해나갈 수 있다면 원하는 임상시험 결과를 얻어낼 확률이 좀더 높아질 것이다.

그런데 CRO가 무슨 말을 하는지 바이오테크에서 알아듣지 못한다면? 원하는 임상시험 결과와 거리가 멀어질 확률이 높다. 다양한 전문가와의 협업, 소통은 바이오테크 경영진이 맡아야 할 핵심 과업이며, 이를 수행할 수 있는 능력이 경영진에 필요한 핵심 역량이다. 물론 밸류에이션에서 중요한 위치를 차지한다.

너무 당연한 이야기로 들릴 수 있겠지만 경영진의 평판이나 도덕성도 중요하게 검토해야 할 것들이다. 과학자의 데이터가 왜곡되거나 조작된 채 발표되는 일이 종종 있다. 과학자가 연구를 할 때 제일 먼저 하는 일은 머릿속으로 연구 전략을 짜는 것이다. A라는 가설을 세우고 1단계 실험에서 A´ 데이터를 확인한 다음, 이것을 바탕으로 2단계에서 A" 데이터를 확인하면, A가 A"라는 가설을 증명할 것이라 설계도를 그린다. 물론 과학사(史)에서는 원래 의도했던 것과 다른 실험 결과가 나타나 완전히 혁신적인 발견을 해내는 사례가 극적으로 소개되기도 한다. 그러나 대부분의 경우 과학자들은 의도한 실험이 의도한 결과를 내는 것을 바라며, 의도했던 결과를 위해 실험 계획을 바탕으로 연구한다.

세상에 마음먹은 대로 되는 일은 많지 않다. 과학자도 예외일 수 없으니 머릿속으로 생각했던 시나리오대로 실험 결과가 나오는 경우는 드물다. 그러나 생각했던 것과 완전히 다른 결과가 나온다기보다는, 실험을 열 번 했는데 기대했던 결과가 한 번 나오고 예상 밖의 결과가 아홉 번 나오는 식이다.

문제는 완벽하게 통제되는 실험은 없다는 점이다. 원했던 결과가 딱 한 번 우연히 나왔을 수 있지만, 아홉 번의 실험이 잘못된 것일 수도 있다. 어느 성격 급한 과학자가 예상했던 한 번의 결과를 바탕으로 다음 단계로 넘어간다면 어떻게 될까? 어려운 문제다. 그런데 여기에 투자가 들어간다면? 문제는 더욱 어려워진다. 어떤 CSO chief scientific officer가 문제가 있는 논문을 발표했던 것이 뒤늦게 밝혀져 기업 내부에서 문제가 되고 결국 바이오테크가 문을 닫기도 했다.

우연한 한 번의 성공에서 약이 나오기도 하고, 아홉 번 성공했지만 한 번의 실패로 좌절하기도 하는 것이 신약개발의 특성이다. 그럼에도 가치를 평가하고 검증하는 일을 지나칠 수는 없다. 이럴 때는 가장 고전적인 방법이 정답이다. 경영진과 연구진의 평판을 묻고, 그들이 했던 프로젝트를 추적하는 탐정이 될 필요가 있다.

테라노스(Theranos)의 창업자 엘리자베스 앤 홈스(Elizabeth Anne Holmes)가 알리바바의 창업자 마윈, 클린턴 전 미국 대통령과 나란히 앉아 있다. 홈스는 45억 달러의 테라노스 주식을 보유해, 세계에서 제일 부유한 자수성가형 여성 CEO였다.

테라노스와 홈스가 개발한 '에디슨(Edison)' 진단 키트는 250여 종의 질병을 한 방울의 혈액으로 진단할 수 있는 것으로 소개되었다. 그러나 실제 에디슨이 진단할 수 있는 질병은 16종이었으며, 정밀도도 떨어졌다. 홈스는 이 사실을 알고 있었지만 사람들을 현혹했고, 에디슨에 대한 진실은 결국 밝혀졌다. 결국 테라노스의 주식은 0원이 됐다.

특집 1_딜레마를 돌파하는 법

2000년대 초까지만 해도 한국에 신약개발 경험이 있는 사람은 거의 없었다. 대신 한두 가지 분야에서 전문성을 가진 사람들이 신약을 만들어보겠다고 기업을 만들었다. 의기투합은 있었으나 개발 경험이 없었는데, 개발 경험이라는 것이 필요하다는 생각도 하지 못할 때였다. 초창기의 이런 경향성에 대한 반성으로 한국에서는 지금도 밸류에이션을 볼 때 개발 경험을 중요하게 따진다.

그러나 2019년 현재 기준으로 보면 한국에서 새로 생기는 바이오벤처나 연구개발에 뛰어든 바이오테크에는 대부분 개발 경험이 있는 사람들이 자리를 잡고 있다. 화학이나 생명과학을 전공하고 대형 제약기업에서 신약개발 프로젝트에 참여한 경험이 있는 인력으로 경영진과 연구진이 구성된다. 여기에 합성이라든지, 물질 탐색(스크리닝)이라든지 하는 세부적인 전문가들도 결합한다. 비임상시험과 임상시험을 대비해 의사들과 미리 협업 조건을 맺고 시작하기도 하며 의료 현장에 있는 의사가 직접 회사를 만들기도 한다. 한국에 있는 바이오벤처, 바이오테크라면 이 정도는 평균적으로 갖추어야 하는 기본이 되었다.

이제 이렇게 눈에 보이는 스펙만으로 밸류에이션을 매기기 어려워졌다. 바이오벤처와 바이오

변화한 코스닥 시가총액 상위 20개 기업 (단위: 원) 2009년과 2019년 코스닥 시가총액 상위 20위 기업을 비교해 보면, 한국 경제의 성장에 따른 시가총액 규모 상승과 바이오 제약기업의 약진을 확인할 수 있다.

	2009년 4월 1일 기준		2019년 4월 1일 기준	
1	셀트리온(068270)	1조 7,578억	셀트리온헬스케어(091990)	9조 3,871억
2	서울반도체(046890)	1조 6,768억	CJ ENM(035760)	5조 36억
3	태웅(044490)	1조 3,902억	신라젠(215600)	4조 5,524억
4	메가스터디(072870)	1조 3,118억	바이로메드(084990)	4조 3,863억
5	SK브로드밴드(033630)	1조 1,939억	포스코케미칼(003670)	3조 5,442억
6	키움증권(039490)	9,729억	메디톡스(086900)	3조 3,763억
7	동서(026960)	8,016억	에이치엘비(028300)	3조 1,427억
8	소디프신소재(036490)	6,929억	스튜디오드래곤(253450)	2조 5,218억
9	태광(023160)	6,400억	펄어비스(263750)	2조 1,762억
10	디오스텍(085660)	6,392억	셀트리온제약(068760)	1조 9,042억
11	CJ홈쇼핑(035760)	6,074억	SK머티리얼즈(036490)	1조 8,363억
12	평산(089480)	5,906억	제넥신(095700)	1조 6,989억
13	코미팜(041960)	5,240억	휴젤(145020)	1조 6,853억
14	성광벤드(014620)	4,976억	파라다이스(034230)	1조 6,551억
15	포스데이타(022100)	4,664억	에스에프에이(056190)	1조 5,763억
16	현진소재(053660)	4,652억	에이비엘바이오(298380)	1조 4,859억
17	네오위즈게임즈(095660)	4,519억	코오롱티슈진(950160)	1조 4,735억
18	동국산업(005160)	4,225억	컴투스(078340)	1조 3,471억
19	에스에프에이(056190)	4,072억	코미팜(041960)	1조 3,356억
20	엘앤에프(066970)	3,891억	아난티(025980)	1조 3,171억

테크의 인적 자원 라인업, 기술력, 아이디어를 외국 기업의 그것들과 같은 기준으로 볼 수는 없겠지만, '버금가는 정도는 되었다'라고 말해도 충분한 단계에 이르렀기 때문이다. 그러나 이것은 밸류에이션을 따질 때 핵심적인 부분이 아니다. 바이오벤처와 바이오테크는 기업이기에 '성장 가능성'을 가늠해야 한다. 비즈니스를 성장시킬 수 있는 조건을 갖추고 있는지의 문제는, 밸류에이션에서 핵심이다.

성장에서 중요한 것이 네트워크다. 첫 번째 네트워크는 '모르는 것이 나왔을 때 물어볼 사람'이다. 답해줄 사람이 있는 것과 없는 것은 하늘과 땅 차이며, 성공과 실패의 차이다. 네트워크의 첫 번째 의미를 이렇게 풀었는데, 업계에서는 과학자문위원회scientific advisory board, 이하 SAB라고 부른다.

최근 SAB를 회사 안에 갖춘 바이오테크의 예를 보자. 생명과학과 화학 등의 분야에서 기초 연구를 하는 사람들이 2명이 있다. 적응증과 관련된 전문의 2명도 함께 하고 있다. 전임상시험과 임상시험에 대해 조언할 사람들이다. 글로벌 제약기업에서 연구와 사업개발을 했던 구성원도 있다. 연구와 개발이 진행됨에 따라 글로벌 제약기업에 기술이전을 주도할 사람들이다. 아직 SAB에는 없지만 개발 단계가 높아지면서 CMC 전문가가 필요하고 허가나 인증 등 규제 당국과의 업무를 조율할 전문가도 합류해야 한다.

SAB를 구성하는 것도 이제는 모두가 하는, 기본적인 일로 분류된다. 웬만한 바이오테크, 바이오벤처 가운데 SAB 없는 곳은 없다. 그래서 어떤 SAB가 실제 도움이 될 것인지 옥석을 가리는 것이 밸류에이션에서 중요하다.

SAB는 그 자체로 모순이다. 뛰어난 능력이 있는 자문위원을 모시면 꼭 필요한 자문을 충분히 받을 수 있다. 그런데 능력이 뛰어난 자문위원에게는 돈을 많이 줘야 한다. 막 생겨난 바이오벤처나 바이오테크에서 쉽지 않다. 저명한 자문위원 한 명에게 자문을 한 번 받으려면 1,000만 원 안팎의 비용이 필요하다. 이제 막 간판을 단 바이오벤처라면 적지 않은 부담이다. 그러나 이제 막 간판을 단 바이오벤처에서는 이런 양질의 자문을 여러 차례 받는 것이 꼭 필요하다. 딜레마가 있지만, 딜레마가 있는 곳에 밸류에이션도 있다.

문제를 풀기 위해 경영진은 스톡옵션을 생각할 수 있다. 전 세계적으로 권위를 인정받는 저명한 자문위원에게 자문을 받기 위해 지금 가지고 있는 자원은 없지만, 연구하고 있는 아이디어가 성공하면 성과를 나누겠다고 제안한다. 연구개발 아이디어가 괜찮고, 잘 하면 성공할 수 있을 것 같다는 판단이 든다면, 자문위원은 스톡옵션을 받고 자문 계약에 사인할 것이다. 그리고 그의 판단이 들어가 있는 사인은, 그 자체로 밸류에이션이 될 것이다.

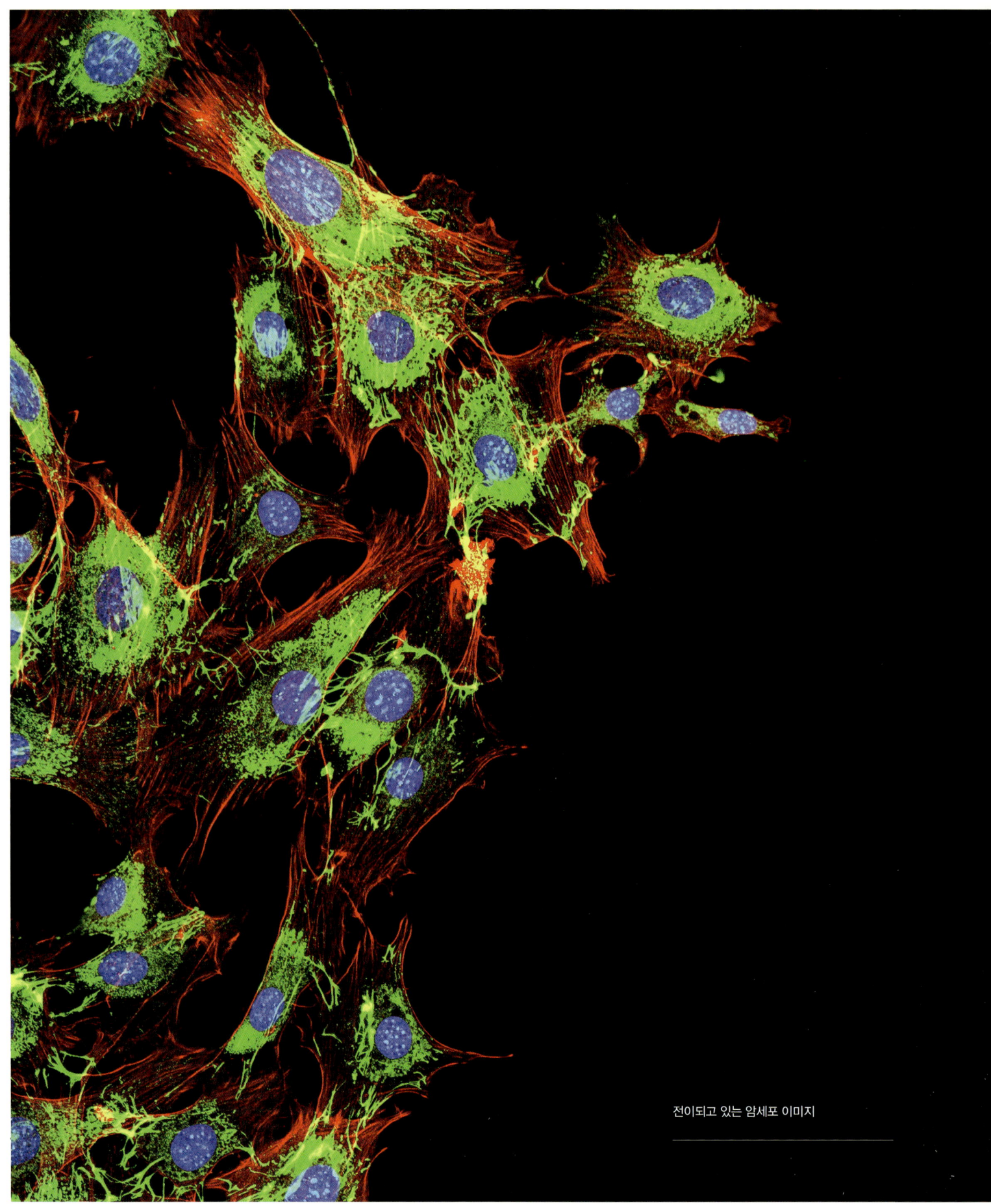

전이되고 있는 암세포 이미지

적은 양의 혈액으로 여러 종류 암을 진단하는 기술을 개발하고 있는 미국 바이오테크 그레일(Grail)의 조직도

경영진

한스 비숍	CEO	현 사나 바이오테크놀로지 이사회 의장
		애질런트 테크놀로지, 라이엘 이뮤노파마 이사
알렉스 애러버니스	과학기술경영자 / R&D 총괄	그레일 설립자, 전 일루미나 R&D 선임 이사
가우탐 콜루	고객만족경영자	전 일루미나 글로벌 시장 개발 담당 부사장
		나테라 마케팅·의료 업무·사업 개발 담당 부사장
조슈아 오프먼	의료총책임 / 대외협력	현 셀 BT 이사회 멤버, 전 암젠 수석 부사장
마리사 송	법무자문 / 기업비서	현 장애인 권리 법률 센터 이사, 전 길리어드 사이언스 기업 법률 담당 부사장
매튜 영	최고운영책임자 / 최고재무관리자	전 재즈 파마슈티컬 부사장 겸 최고재무관리자

이사회

캐서린 프리드먼	의장	독립 금융 컨설턴트, 현 알타바(전 야후), 라디우스 헬스, 라이엘 이뮤노파마 이사
제프 후버	부의장	현 일렉트로닉 아츠(EA), 익스플로래토리움 이사
		전 구글 X 재직, 전 일루미나 이사
할 배런		현 글락소 스미스클라인 R&D 사장
		전 칼리코 R&D 사장, 제네테크 수석 부사장 겸 최고 의료 책임자
한스 비숍		위와 동일
민 추이		더청 캐피털 전무이사
		현 아큐라젠, 아리아젠, 아모(ARMO) 바이오사이언스, 카디오메드, 에핌앱 바이오 테퓨틱스, 게냅시스, GeneMDx, 케타이 메디컬, 레비타스, SINOMED 이사
케이 포스터		현 보스턴 컨설팅 그룹 선임 고문
메이킨 호		현 치밍 벤처 파트너스, 현 홍콩 증권 거래소 생명 공학 자문 패널, 피브로젠, 애지오 파머슈티컬스, 파렉셀 인터내셔널 코퍼레이션, 아론 다이아몬드 에이즈 연구 센터, 단백질 혁명 연구소 이사
리처드 클라우스너		현 주노 테라퓨틱스 이사, 위스도 회장, 현 마인드스트롱 회장, AnchorDx 이사, 현 영국 암 연구소의 Grand Challenges in Cancer 프로그램 담당
로버트 넬슨		현 ARCH 벤처 파트너스 전무이사, 애지오 파마슈티컬스, 데나리 테라퓨틱스, 세이지 테라퓨틱스, 아리베일, 시로스 파마슈티컬스 이사, 후아 메디슨 이사회 의장
빌 래스테터		현 뉴로크라인 바이오사이언스, 페이트 테라퓨틱스의 이사회 의장, 굴루스, 칼텍, Daré 이사, 리링크 파트너스, 일루미나 벤쳐스 고문

SAB(Scientific Advisory Board)

티머시 R.처치	미네소타 대학 공중보건대학 환경보건과학부 교수
크리스티나 커티스	스탠포드대학 의학대학 의학(종양학)·유전학 조교수, 전 스탠포드 대학 암 연구소 분자 종양위원회 공동 이사
제프 딘	현 ACM(미국 국립 공학·과학기술 학회) 멤버
윌리엄 N.헤이트	현 존슨 앤 존슨의 해외 총괄
리처드 클라우스너	위와 동일
데니스 로	현 리카싱 보건학 연구단 이사, 홍콩대학 리카싱 의약부 의학 교수, 홍콩 중국 대학(CUHK) 화학 병리학 교수
찰스 스완턴	현 영국 암 연구소(CRUK) 수석 임상 연구원

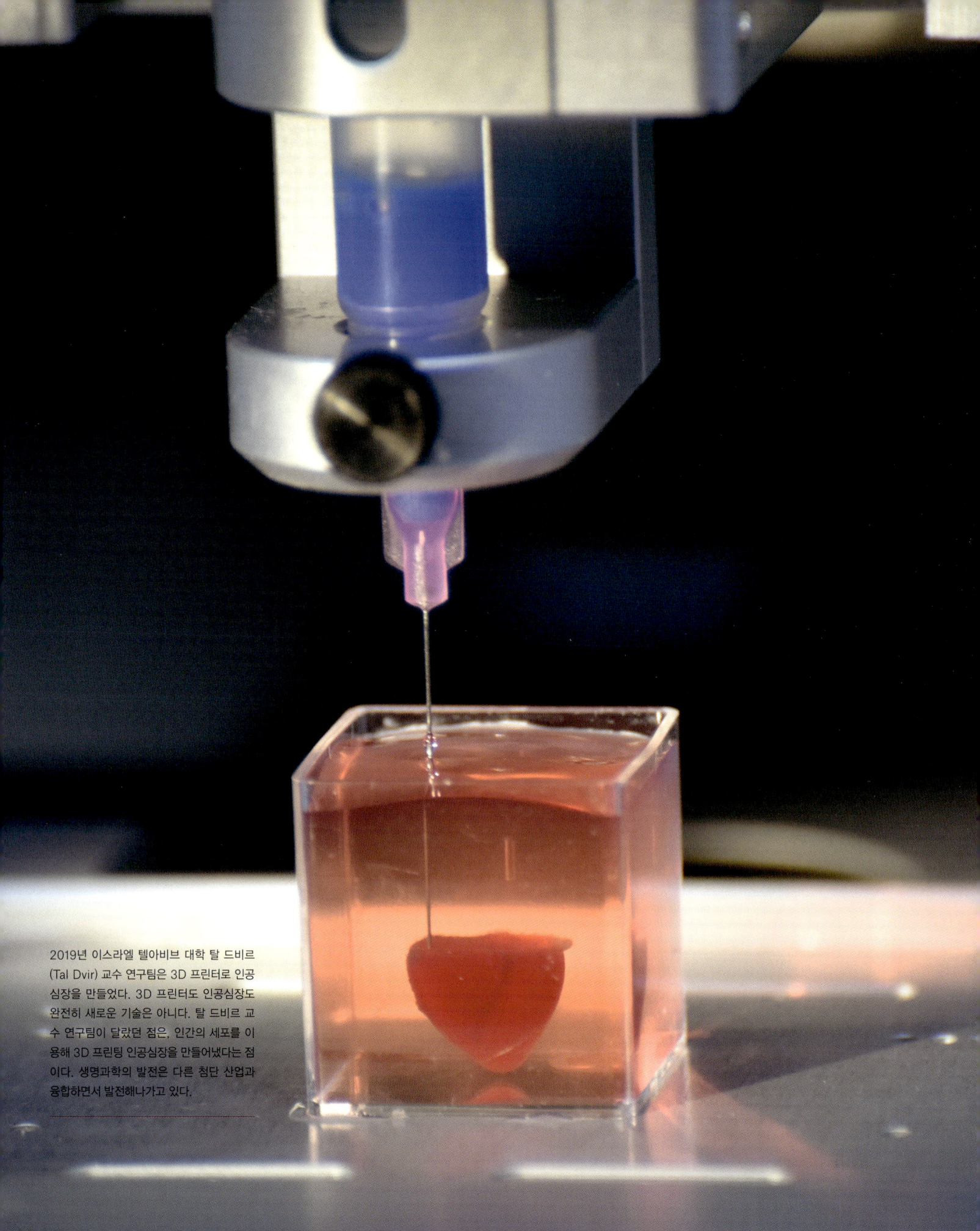

2019년 이스라엘 텔아비브 대학 탈 드비르(Tal Dvir) 교수 연구팀은 3D 프린터로 인공심장을 만들었다. 3D 프린터도 인공심장도 완전히 새로운 기술은 아니다. 탈 드비르 교수 연구팀이 달랐던 점은, 인간의 세포를 이용해 3D 프린팅 인공심장을 만들어냈다는 점이다. 생명과학의 발전은 다른 첨단 산업과 융합하면서 발전해나가고 있다.

ABOUT BIO INDUSTRY

바이오 산업이란

3장. 산업으로서의 생물학

바이오 산업의 기초는 생물학biology이다. 학교에서 배운 생물학 가운데 먼저 떠오르는 것은 '분류학'이다. 분류학이라는 말이 어렵다면, 무조건 외워야만 했던 '종속과목강문계'라고 보면 된다. 분류학은 생물을 계통별로 분류하는 방법에 대한 중요한 학문이고, 그래서 초·중·고에서 배우지만, 안타깝게도 산업적인 중요도는 낮다.

바이오 산업은 현대 생물학을 바탕으로 하는데, 현대 생물학은 전통적인 학문 분류 기준을 따르면 화학에 가깝다. 생물체의 DNA를 화학적 방법으로 다룰 수 있게 되면서 현대 생물학이 시작했다고 볼 수 있기 때문이다. 그런 이유로 현대 생물학 연구실은 화학 연구실에서 볼 법한 플라스크나 비커 등의 실험도구들로 채워져 있다. 바이오 산업을 깊게 이해하려면 화학에서 출발해 현대 생물학에 도착하는 것이 좋다.

미야자키 하야오宮崎駿 1941~ 감독의 1978년 작 애니메이션 〈미래소년 코난未来少年コナン〉의 배경은 2008년이다. 지금이 2020년이므로, 미야자키 하야오의 예측대로라면 〈미래소년 코난〉은 이미 10년 전 이야기다. 다행스럽게도 애니메이션에서처럼 인류가 전쟁으로 괴멸되지는 않았다. 물론 미야자키 하야오의 예측이 아직 실현되지 않은 것일 수도 있다. 〈미래소년 코난〉에 나오는 '빵공장'이 아직 현실화되지 않은 것을 보면, 인류를 파멸시킬 만한 전쟁도 아직 오지 않은 것뿐인지 모를 일이다.

빵공장은 현대 바이오 산업이 도달하려는 이상적 모델이다. 〈미래소년 코난〉에 나오는 빵공장에서는 빵을 만든다. 그러나 밭에서 수확한 밀로 빵을 만들지 않는다. 빵공장에서는 물과 이산화탄소를 이용하여 탄수화물을 합성해 빵을 '제

미국의 바이오푸드 벤처인 '저스트'(JUst)의 전신인 '햄튼 크릭 푸드'(Hampton Creek Food)가 만든 마요네즈 '저스트 마요'(Just Mayo). 햄튼 크릭 푸드는 식물의 단백질로 인조 달걀인 '비욘드 에그'(Beyond Egg)를 개발했다. 저스트 마요는 비욘드 에그를 가지고 만든 마요네즈다. 〈미래소년 코난〉에 나오는 '빵공장'이라는 컨셉이 어느 정도는 현실이 되어가고 있다.

작'한다. 현대 생물학에서 말하는 드 노보 합성de novo synthesis이다. 드 노보는 '새로운 것으로부터'라는 라틴어다. 우리말로 풀면 '새로운 것으로부터 합성'한다는 뜻으로, 미야자키 하야오가 상상했던 빵공장에서는 식물의 힘을 빌리지 않고 새로운 방법으로 탄수화물을 합성해 빵을 만든다.

아마도 빵공장에서는 생물학적 방법으로 탄수화물을 합성하고 있을 것이다. 탄수화물을 합성할 수 있다면 단백질도 합성할 수 있을 것이다. 합성한 달걀이나 배양한 고기는 연구가 거의 마무리되어 이제는 일반 판매를 준비하고 있다고 한다. 단백질로 구성된 바이오 의약품도 공장에서 만드는데, 미야자키 하야오의 작명법을 따르면 '약공장'인 셈이다. 현대 생물학에 기초한 바이오 산업의 비전은 '공장'이다.

그린(green) 바이오

바이오 산업은 그린green 바이오, 화이트white 바이오, 레드red 바이오로 구분한다. 그린 바이오는 녹색으로 연상해볼 수 있듯이 '농업'이다.

앤디 워홀Andy Warhol, 1928~1987의 〈캠벨 수프 통조림Campbell's Soup Can 연작〉으로도 유명한 '캠벨'은 연간 8억 달러어치의 가공 식료품을 판매하는 대기업이다. 캠벨 제품 가운데는 앤디 워홀의 작품에도 나오는 토마토 통조림이 있다.

캠벨의 토마토 통조림을 구매하는 소비자들은 모순적인 태도를 지닌다. 비록 가공된 것이지만 토마토를 먹어 건강을 챙기고 싶다. 기왕에 산 토마토 통조림에 설탕이 들어가 있는 것을 꺼린다. 그런데 막상 통조림을 열고 접시에 담으니 단맛이 나는 토마토가 또 땡긴다. 설탕은 싫지만 단맛을 내는 토마토 통조림을 원하는 소비자 앞에서, 캠벨은 그린 바이오를 선택한다. 교접이나 유전자 조작으로 당도가 높은 토마토 품종을 만들어버리는 것이다.

그린 바이오는 단맛이 강한 토마토 만들기에서 멈추지 않는다. 소규모 시설 재배로 토마토를 기르는 한국에서는 사람이 직접 토마토를 수확한다. 밭에서 토마토 가운데 익은 것을 눈으로 확인

Bio Industry
바이오 산업

Green Biotechnology
그린 바이오

White Biotechnology
화이트 바이오

Healthcare Industry
헬스케어 산업

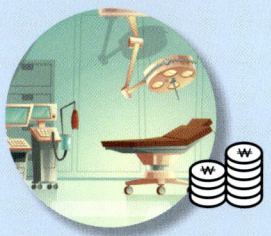

Medical Device
의료기기

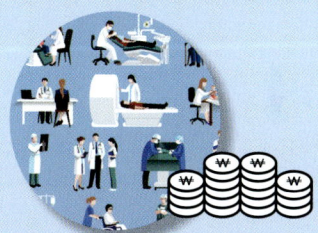

Medical Service
의료 서비스

Red Biotechnology
레드 바이오

Proof of Concept

세포치료제

단백질 의약품

항체 의약품

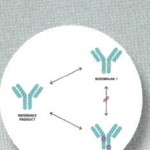
바이오시밀러

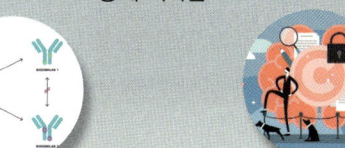
지적재산권

바이오 신약개발

바이오 산업은 농업 분야의 그린 바이오, 생물 공정 분야의 화이트 바이오, 의약품 분야의 레드 바이오로 나눈다. 기득권이 강한 그린, 화이트 바이오와 달리, 레드 바이오는 신규 진입의 가능성이 좀더 높다.

> 생물자원의 산업적인 가치는 아직 모른다.
> 그럼에도 제국주의 시대부터 생물자원의 유출은 흔했다.
> 지키려는 노력이 필요하다.

하고 하나씩 손으로 딴다. 그러나 넓은 땅에서 기계로 농사를 짓는 미국에서는 이렇게 할 수 없다. 토마토가 순차적으로 익어서는 곤란하며, 동시에 모든 토마토가 익어 한 번에 기계로 수확해야 한다. 역시 그린 바이오가 들어간다. 같은 시기에 모든 토마토가 익는 품종을 만드는 것이다.

그린 바이오는 유통에도 참여한다. 토마토를 수확했으면 가공 공장으로 옮겨야 한다. 만약 토마토 껍질이 물렁물렁하다면 이동 과정에서 손상되어 버리는 토마토가 많을 것이다. 그린 바이오는 토마토 껍질까지 단단하게 바꾼다. 현재 소비자가 시장에서 구입하는 대부분의 농업 생산물은 그린 바이오의 작품이다.

산업의 크기나 발전 가능성을 보면 그린 바이오의 미래는 밝다. 그러나 그 밝음이 모두에게 따뜻함을 주는 것은 아니다. 새롭게 진입해 가치를 창출할 수 있는 분야로서 농업과 그린 바이오는, 기득권이 매우 강하다. 신생 기업의 다양한 접근이나 시도가 구조적으로 어려운 상황이다. 전 세계적인 농업 기반 회사들 몇몇이 그린 바이오를

몬산토(Monsanto)는 1900년대 초반 화학 제품 생산 기업으로 출발했다. 베트남 전쟁에서 미군이 사용한 고엽제인 에이전트 오렌지(Agent Orange)도 몬산토의 제품이다.

현재 몬산토는 유전자 변형 작물에 집중하고 있다. 전 세계적으로 종자의 특허를 사들여, 농작물의 품종을 개량하고 새 품종의 농작물에 쓸 농약까지 묶어서 개발한다. 그린 바이오 시장은 몬산토처럼 이미 전 세계적인 규모의 대기업이 지배하고 있는 실정이다.

바탕으로 한 혁신을 과점할 수 있다는 뜻이다. 예를 들어 유전자 변형 작물의 90% 이상은 몬산토가 특허를 가지고 있다. 혁신적인 기술로 진입하기에는 소수의 거대 기업들이 이미 너무 지배적이다. 한국의 종자 회사들도 대부분 외국계 대형 종사 회사에 인수되었다.

화이트(white) 바이오

화이트 바이오는 검은 연기가 나오지 않는 깨끗한 공장, 환경에 도움이 되는 바이오 산업을 뜻한다. 미야자키 하야오의 빵공장도 화이트 바이오의 한 종류가 될 수 있다. 즉 '화이트'라는 표현은 다소 문학적(?)인 것으로, 정확하게는 '바이오 테크놀로지를 활용한 공정 혁신으로 생산성을 높이는 것'이 목표다. 물론 생산공정 효율화로 자원의 사용을 줄일 수 있다면, 친환경이나 화이트 같은 이름표가 아깝지 않다.

폴리아크릴아마이드Polyacrylamide, $(C_3H_5NO)_n$는 방수 도료, 접착제, 하수 처리제 등에 사용되는 화학 물질이다. 산업적으로 쓸모가 많은 물질인데, 화학물질이지만 대부분 생물 공정으로 만든다. 이유는 화학 공장에서 폴리아크릴아마이드를 만드는 것보다, 효소를 이용해 생물학적 방법으로 만드는 것이 더 싸기 때문이다. 폴리아크릴아마이드처럼 화학 물질을 화학 공장보다 생물 공장에서 싸게 만드는 일은, 아직까지는 독특한 사례지만 성

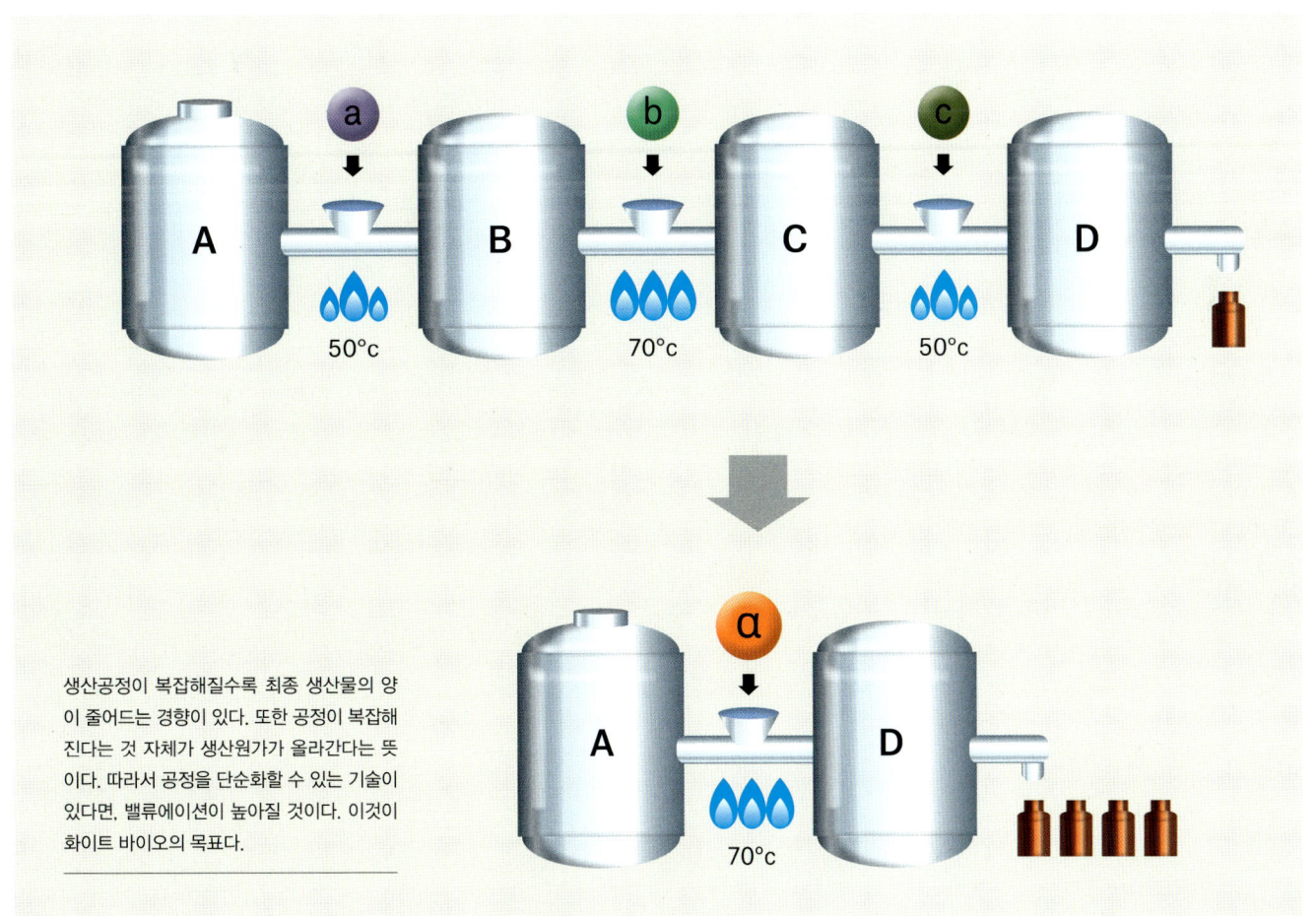

생산공정이 복잡해질수록 최종 생산물의 양이 줄어드는 경향이 있다. 또한 공정이 복잡해진다는 것 자체가 생산원가가 올라간다는 뜻이다. 따라서 공정을 단순화할 수 있는 기술이 있다면, 밸류에이션이 높아질 것이다. 이것이 화이트 바이오의 목표다.

장 잠재력이 높다. 이런 이유로 지금은 일반 화학제품보다는 가격이 비싼 의약품 분야에서 화이트 바이오가 주로 적용된다. 한국의 대표적인 화이트 바이오 기업인 아미코젠Amicogen을 보자.

아미코젠은 항생제 생산공정을 화이트 바이오로 설계한다. 만약 항생제 완제품을 만드는 데 A, B, C, D의 네 단계가 필요하다고 하자. A단계 산물에 a효소를 반응시키면 B단계로, 다시 B단계 산물에 b효소를 반응시키면 C단계로 넘어간다. C단계에서 c효소를 반응시키면 마지막으로 D단계에서 완제품이 나온다.

모든 단계를 거치려면 a, b, c 세 가지 효소가 필요하다. 여기에는 '수율收率, yield'이라는 개념이 들어가는데, 한 단계에서 다음 단계로 이동할 때 손실되지 않고 남는 비율을 뜻한다. 수율이 50%라면 A단계에 100만큼의 원료를 넣었을 때, B단계에서는 50이 남을 것이다. C단계가 되면 25, 마지막 D단계에서 12.5만큼의 완제품이 나온다.

한편 각각의 공정에는 저마다 다른 조건이 필요하다. a효소는 50℃에서 가장 잘 반응하고, b효소는 70℃에서 가장 잘 반응하는데, c효소는 다시 50℃에서 반응이 제일 좋다. 50℃에 온도를 맞췄다가, 70℃로 온도를 올려야 하지만, 다시 50℃로 온도를 내려줘야 한다. 골치 아픈 문제다.

그런데 만약 A단계에서 D단계로 한꺼번에 넘어가는 α효소를 만들어낸다면 어떻게 될까? 마찬가지로 수율이 50%라면 기존 방식에 비해 4배 많은 완제품을 생산할 수 있고, 공정의 수가 줄어듦에 따라 에너지 효율이 좋아질 것이다. 아미코젠은 이런 효소를 개발하는데, 이것을 화이트 바이오라고 부른다.

화이트 바이오의 미래도 그린 바이오와 비슷하다. 밝지만 모두에게 따뜻한 기운이 돌아가기는 어렵다. 화이트 바이오의 전제는 이미 만들고 있는 제품의 생산 효율성 향상이다. 즉 생산공정이 혁신의 대상이다. 시장에서 판매되고 있는 약은 이미 시장 가격이 형성되어 있고, 가격 경쟁력을 확보하려는 것이 화이트 바이오의 최종 목표다. 목표를 달성하려면 규모의 경제를 달성하기 위해 자본을 많이 투여하거나, 인건비가 싼 지역을 찾아 공장을 이전해야 한다. 가격 경쟁력이 핵심이므로, 한국에서 혁신이 일어난다 해도 결국 대자본에 밀릴 것이고 저임금을 찾아 떠날 운명이다.

레드(red) 바이오

그린 바이오는 거대 자본과 이미 주인이 있는 혁신 기술이 지배하는 시장, 화이트 바이오는 가격 경쟁력 시장이다. 그리고 현대 생물학을 바탕으로 바이오 신약을 만드는 레드 바이오는 신규 진입자에게 문이 아직 열려 있는 '독점 기술 시장'이다. 이는 현대 생물학이 여전히 완성되지 않았고, 아이디어와 기술에 대한 지적 재산권의 독점성이 법적으로 인정되기 때문에 가능한 일이다.

약을 케미컬 의약품과 바이오 의약품으로 나눈다면, 케미컬 의약품은 여러 물질을 화학적으로 합성한 약이다. 세상에 없던 화학 물질을 만들어내는 방법은 제법 많이 발전했다. 화학과나 화학공학과 교수와 그를 돕는 몇 명의 대학원생, 플라스크flask와 피펫pipette 정도의 단순한 실험도구가 갖추어진 실험실, 인터넷에서 구매할 수 있는 10가지 정도의 물질이 있다면, 교수와 대학원생들은 적어도 매년 100개 정도의 세상에 없던 화학물질

인슐린 메커니즘

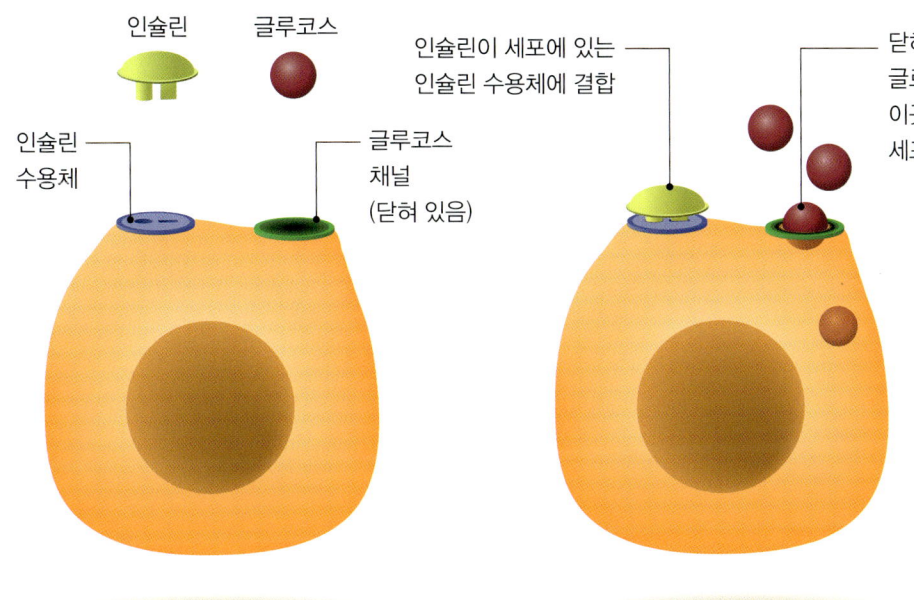

세포에 있는 인슐린 수용체에 인슐린 분자가 결합하면, 세포로 포도당(글루코스)이 들어오는 문(채널)이 열린다. 이렇게 되면 혈액 안에 있는 포도당이 세포로 들어가며, 세포는 영양분을 얻는다. 이렇게 혈액 안에 포도당의 농도가 낮아지는데, 이것이 혈당 수치가 낮아지는 것이다.

인슐린은 단백질로 췌장세포에서 만들어진다. 당뇨병은 췌장에서 인슐린이 충분히 만들어지지 않거나, 만들어진 인슐린이 각각의 세포에 반응하지 못하는 질병이다.

을 만들어낼 수 있다. 문제는 새롭게 만들어낸 화학 물질이 몸에 들어가 '약이 될지 독이 될지' 모른다는 점이다.

유기 화학을 연구하는 A교수가 연구실에서 세상에 없던 새로운 물질을 합성했다. 그는 이 물질이 B라는 질병에 효과가 있을지도 모른다고 생각했다. 그는 어떻게 이런 생각을 할 수 있을까?

보통 우리가 질병(disease)이라고 부르는 상황은 몸속 단백질에 이상이 생겼을 때다. 사람의 몸을 이루고 있는 약 30조 개의 세포는 저마다 다양한 단백질을 만들어낸다. 각각의 단백질은 우리 몸이 원활하게 작동할 수 있도록 각각 맡은 역할이 있다. 그런데 어떤 단백질이 생산되지 않거나, 잘못 생산되면 몸의 기능에 이상이 생긴다. 병이 나는 것이다.

만약 생산이 멈추었거나 필요한 양보다 적게 생산되는 단백질이 있다면, 그것을 몸 밖에서 만들어 환자에게 투여할 수 있을 것이다. 인슐린은 혈액 안의 당(糖)의 농도를 조절하는 단백질이다. 인슐린 분비에 문제가 생기면 혈당 수치가 높아진 상태가 오래 지속되는 당뇨병이 된다. 그러니 몸 안에서 인슐린 생성이 어려운 당뇨병 환자에게는, 몸 밖에서 만든 인슐린 단백질을 넣어주어 증상을 완화할 수 있다. 반대로 엉뚱한 단백질이 생겨나 병이 생겼다면 해당 단백질의 작동을 막는 물질을 몸속으로 넣어 치료할 수 있다. 케미컬 의약품은 이런 역할을 주로 한다. 몸속에서 만들어진 단백질은 저마다의 기능이 있다. 그런데 기능은 지나

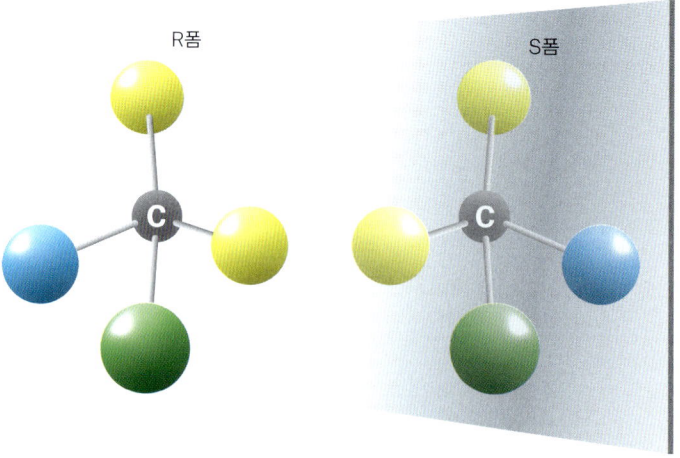

R폼 S폼

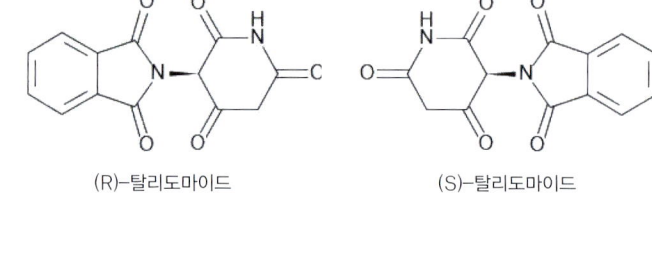

(R)-탈리도마이드   (S)-탈리도마이드

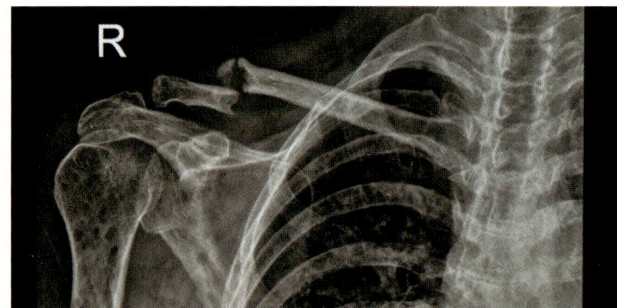

(R)-레날리도마이드   (S)-레날리도마이드

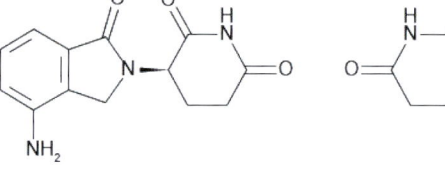

(맨 위) 케미컬 의약품을 화학적으로 합성하는 과정에서는 거울로 비친 것과 같은 대칭 관계를 보이는 광학 이성질체(enantiomer)가 만들어진다. 광학 이성질체는 비대칭 중심(chiral center)을 기준으로 R폼과 S폼으로 구분한다. 거울에 비친 모습이지만, 구조가 다른 물질은 다른 효과를 나타낸다.

예를 들어 수면제로 개발되었으나 입덧 치료제로도 쓰인 (가운데) 탈리도마이드(thalidomide)는 태아에 기형을 유발시켰다. 광학 이성질체 중 R폼은 입덧에 진정효과를 보였지만, S폼은 태아에 영향을 주어 기형을 유발한 것이다. 입덧 치료제로 광범위하게 처방되다 보니 피해자 수도 많다. 독일 출신인 마티아스 베르크(Matthias Berg) 씨 역시 그의 어머니가 임신 기간 동안 탈리도마이드를 복용했고, 기형을 가진 채 태어났다.

그러나 탈리도마이드는 다시 주목받고 있다. 혈액암의 한 종류인 다발성 골수종에 걸리면 뼈가 쉽게 부러지는 등의 증상이 나타나기도 한다(맨 아래). 그런데 탈리도마이드를 개량한 레날리도마이드(lenalidomide)가 다발성 골수종에 효과가 있는 것으로 확인되었다. 레날리노마이드는 임산부를 제외한 다발성 골수종 환자에 사용되고 있다.

쳐서도 안 되고 모자라서도 안 된다. 균형 있게 조절할 필요가 있는데, 이 역할도 보통 다른 단백질이 맡는다.

단백질은 저마다 모양이 다른데, 각 단백질에 딱 맞는 모습을 하고 있는 조절 단백질을 만나 결합하면 기능이 활성화되거나 억제된다. 따라서 조절 단백질이 부족하거나 넘치면 단백질 기능 이상으로 질병이 생길 수 있다. 모자란 인슐린 단백질을 환자에게 넣어주어 병의 증상을 완화해주는 것처럼, 병이 생긴 환자 몸 안에 질병을 일으킨 단백질의 기능을 활성화하거나 멈추게 할 수 있는 조절 기능을 하는 물질을 넣는 것이다. 보통 이런 물질을 '약'이라고 부른다.

케미컬 의약품의 합성 과정에서 화학적으로 의약품을 합성하게 되면 종종 광학 이성질체enantiomer가 만들어진다. 광학 이성질체는 동일한 화학식을 가지고 있으나 광학적으로는 다른 특성을 갖는 두 분자를 말하며, 두 분자가 거울에 비친 것처럼 대칭을 이루는 경우를 이르는 말이다.

화학적 합성은 광학 이성질체가 만들어지는 비대칭 중심chiral center이 있는 경우 R폼과 S폼이 절반씩 섞인 라세미 화합물racemate 형태로 만들어진다. 과거에는 R폼과 S폼이 같은 역할을 하는 것으로 생각했다. 그러나 한쪽이 약효성 있는 물질인 경우 반대쪽은 약효가 없거나 심지어는 독성을 보이는 경우도 있다.

화학적 방법으로 합성하는 대표적인 케미컬 의약품인 아스피린™의 분자량은 약 180g/mol(줄여서 '달톤')이다. 1몰은 약 6.0221415×10^{23}개의 입자로 구성되며, 아스피린™ 입자 6.0221415×10^{23}개가 모이면 무게가 약 180g이 된다. 그런데 아스피린이 180달톤이라면, 효소는 (종류에 따라 크기가 제각각이기는 하나 대략) 15,000달톤 이상이다.

이렇게 크기가 작은 화학 합성물은 단백질의 여러 분위에 잘 결합할 수 있다. 만약 R폼이 어떤 단백질의 특정 부위에 결합해 약효를 낸다면 R폼과 화학식이 같은 S폼도 같은 단백질의 다른 곳에 결합하거나 심지어는 다른 단백질에 결합해 원하지 않는 작용을 할 수 있다. 약효와 독성을 한꺼번에 보일 가능성이 있다. 그러나 화학적인 방법으로 R폼과 S폼을 분리해서 합성하는 방법은 거의 없는 것으로 알려져 있다.

레드 바이오가 중요한 이유는 화학 합성 방식으로 약을 만들지 않기 때문이다. 생물학적 공정으로 합성을 하면, 즉 효소를 사용해 합성하면 R폼과 S폼 중 원하는 물질만 만들어낼 수 있다.

가능성

바이오 의약품은 좋은 약이지만 설계와 제작이 모두 어렵다. 아직까지 현대 생물학은 몸속 단백질의 기능 대부분을 알지 못한다. 케미컬 의약품은 적당한 화학 합성물을 만들어 환자에게 투여했을 때, 부작용 대비 효과가 좋으면 약으로 쓸 수 있다. 그러나 바이오 의약품은 해당 메커니즘을 정확하게 알고 생산해야 한다.

생산도 문제다. 화학 물질은 합성 방법을 개발하고, 공정화 과정에서 수율을 관리하면 대량으로 생산할 수 있다. 그러나 바이오 의약품은 대부분 덩치가 크기 때문에 화학적으로 합성하기 어렵다. 따라서 특정 세포의 유전자를 조작하고 배양해, 해당 세포가 단백질을 생산하게 만들고, 이를 다시 분리 정제하는 과정을 거친다.

당뇨병 환자에게 투여하는 인슐린은 대장균에서 만들어낸다. 인슐린을 생산하는 유전자를 조작한 대장균을 반응기바이오리액터 bio-reactor라는 커다란 통에서 배양한다. 대장균은 한 시간에 몇 번씩 분열하니 커다란 통을 대장균으로 가득 채우는 시간은 오래 걸리지 않는다. 이제 대장균이 열심히 생산해내는 인슐린을 분리·정제해서 환자에게 투여할 만큼 병에 담는다.

대장균은 연구가 많이 된 미생물 가운데 하나다. 유전자 조작이 쉬운 것은 물론, 싸고 빠르게 대량 배양이 가능하다. 이런 이유로 바이오 의약품 생산에 활용도가 높을 것이라 기대했지만, 실제 대장균에서 만들어낼 수 있는 바이오 의약품은 그리 많지 않았다.

대부분의 단백질은, 정확하게 기능을 발휘하려면 단백질 합성 이후에 변환 과정을 거쳐야 한다. 그 과정 가운데는 당糖이 사슬 모양으로 단백질에 붙는 과정도 있다. 단백질인 바이오 의약품도 환자 몸에서 기능하려면 단백질 표면에 특정한 당이 사슬 모양으로 붙어 있어야 한다. 이를 '번역 후 변형'post translational modification이라 부른다. 원핵생물인 대장균에서 일어나는 당의 연결과 진핵생물

중국 햄스터(Chinese hamster, *Cricetulus griseus*)의 난소에서 유래한 CHO세포(Chinese Hamster Ovarian Cell)가 바이오 의약품 생산에 이용되면서, 기존의 대장균 세포 이용 공법의 단점인 당 사슬 연결 과정을 해결할 수 있게 됐다.

CHO세포를 이용한 당 사슬 연결과정 추가로 바이오 의약품이 환자의 몸 안에서 작용할 수 있는 데 성공했지만, CHO세포를 배양하는 바이오리액터가 대장균과 같은 박테리아에 노출되어 오염되면 그 안에 있는 모든 세포를 폐기해야 하는 단점이 남아 있다.

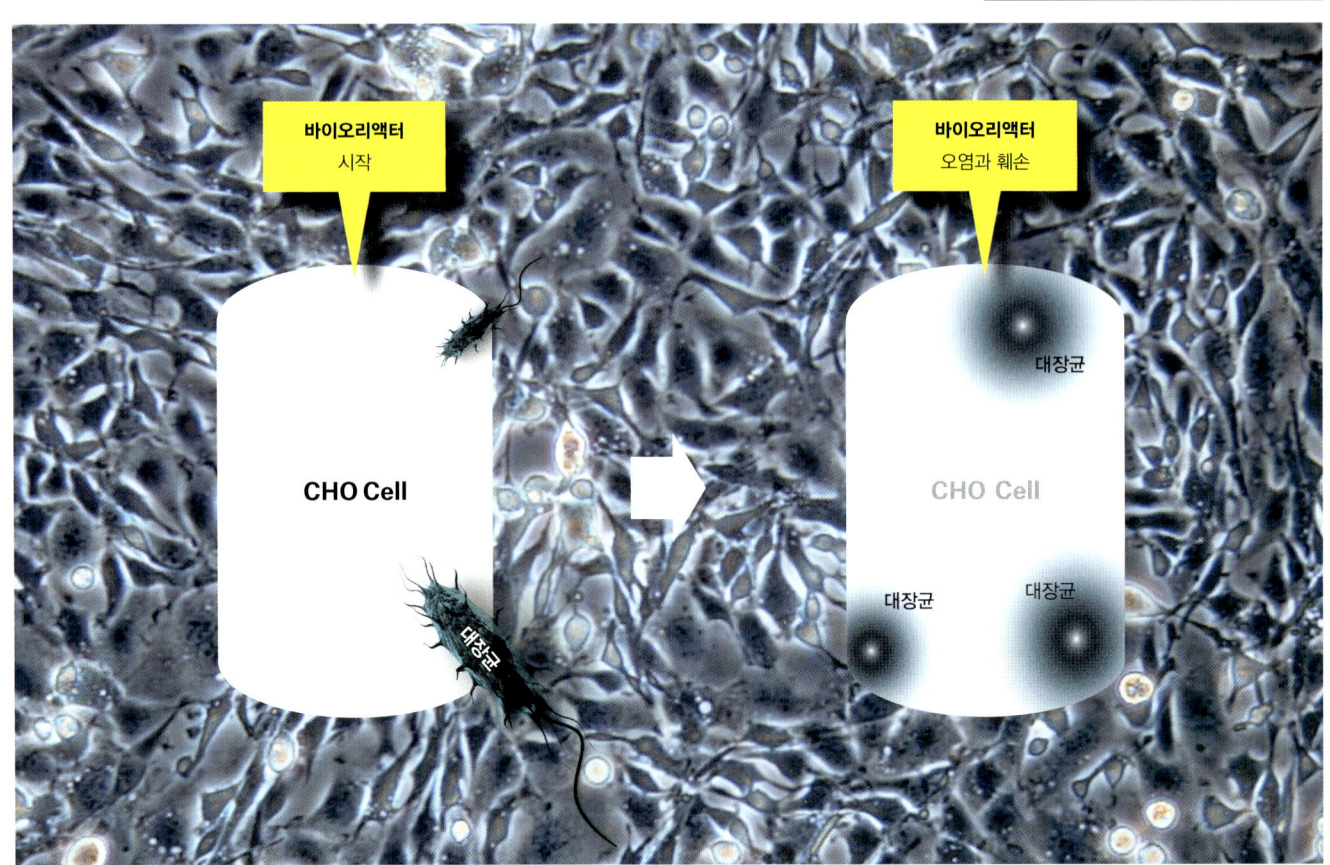

세포에서 일어나는 당의 연결이 다른데, 대부분의 바이오 의약품은 진핵생물 세포에서 일어나는 당 사슬 연결 과정이 필요하다.

필요하면 찾아내거나 만들어내는 것이 사람이다. 연구자들은 바이오 의약품 생산에 대장균 대신 햄스터 난소에서 유래한 세포Chinese Hamster Ovarian Cell, 이하 CHO세포를 비롯한 다양한 바이오 의약품 생산용 세포주를 개발했다.

CHO세포는 쥐에서 유래한 진핵생물 세포라 당 사슬 문제를 해결할 수 있다. 또한 CHO세포는 암세포와 비슷해, 스스로 죽지 않는 세포다. 대부분의 세포는 몇 차례 분열하면 죽는데, CHO세포는 그렇지 않다. 관리를 잘 하면 죽지 않고 계속 단백질을 만들어낼 수 있다.

여러 모로 유용하지만 단점도 있다. CHO세포는 배양 기간이 길다. 최소한 15,000리터 이상 되는 바이오리액터를 채울 수 있을 만큼 배양해야, 실질적으로 의약품을 생산할 수 있다. 이 기간만 대략 6주 정도 걸린다. 대장균과 비교하면 대략 10배 정도 오래 걸린다. 배양 과정에서 필요로 하는 영양분도 대장균에 비해 100배 이상 많이 들어간다.

덕분에 CHO세포를 이용한 바이오 의약품 생산 과정에는 여러 문제가 생긴다. 충분한 영양분을 넣어 놓은 CHO세포 배양 바이오리액터에 자칫 대장균이나 다른 종의 박테리아가 들어가면, CHO세포를 키우기 위해 가득 채워놓은 영양분을 활용해 대장균과 박테리아가 먼저 증식한다. CHO세포가 자라기 전에 대장균이나 박테리아가 바이오리액터를 가득 채운다.

바이오 의약품은 설계와 생산이 모두 매우 어

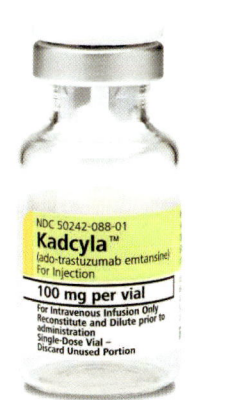
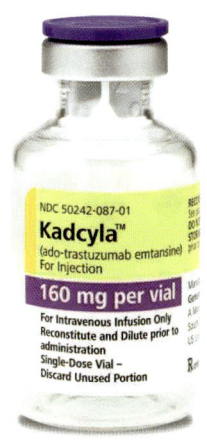

캐싸일라®(Kadcyla®, 성분명: trastuzumab emtansine)는 항체인 트라스투주맙과 화학물질인 엠탄신을 결합한 물질을 성분으로 하는 항체 약물 복합체다.

트라스투주맙은 HER2 종양성장인자를 표적해서 공격하는 항체로 유방암 환자에게 처방한다. 엠탄신은 세포분열을 막는 물질로, 암세포가 빠르게 세포분열을 하는 것을 막아 암을 치료하는 것을 목표로 한다. 단 암세포와 정상세포를 구분하지 못하므로 정상세포의 세포분열도 막아 항암 치료 부작용을 불러온다.

캐싸일라와 같은 ADC는 두 가지 장점만을 결합했다. 항체가 정확하게 암세포를 찾아가, 독성이 높은 약물로 암세포만 공격한다.

렵다. 현재 생물학의 발전 수준으로는 치료제로 만들기 원하는 모든 바이오 의약품을 설계하고 제작할 수 없다. 그러나 이 이야기를 뒤집어 보면 레드 바이오가 기회의 땅이라는 말이기도 하다. 전 세계적인 제약기업의 거대한 연구실과 한국의 어느 생물학과 교수의 작은 연구실 모두, 현재까지 밝혀진 비슷한 수준의 과학적 성과만을 이용할 수 있다. 심지어 생물학은 알고 있는 것보다 모르는 것이 더 많다. 여전히 새로운 발견들이 이루어지고 있으니, 작은 발견 하나 새로운 지식 하나가 해

결할 수 있는 문제가 많다. 레드 바이오 시장은 아직까지는 열려 있다.

4장. 특징

독점 시장

레드 바이오 시장은 아이디어·기술에 대한 지적재산권을 바탕으로 하는 독점 시장이다. 항체 약물 복합체antibody drug conjugate, 이하 ADC로 레드 바이오 시장의 성격을 살펴보자.

바이오 의약품 가운데 항체 의약품은 항체抗體, antibody가 가진 특징을 이용한다. 사람 몸 밖에서 몸 안으로 들어온 병원균이나 바이러스, 몸 안에서 생겨난 것이라고 하더라도 암세포처럼 돌연변이를 일으킨 세포 등은 모두 건강에 치명적일 확률이 높은 항원抗原, antigen이다. 사람의 면역 체계는 이렇게 위험할지도 모르는 항원을 없애는 메커니즘이 있다. 항원을 발견하면 항원을 무력화시킬 수 있는 항체를 만들어낸다.

항원의 종류는 매우 다양한데, 이렇게 다양한 항원을 상대하려면 항체도 다양해야 한다. 또한 항원 아닌 우리 몸에 필요한 조직, 물질, 세포에 항체가 결합하면 안 되므로, 특정 항체는 특정 항원에만 결합하는 특이성specificity도 있다. 항체의 이런 특징은, 항체가 다양한 질병을 콕 찍어 치료할 수 있는 좋은 의약품이 될 수 있음을 보여준다. 항체 의약품은 바이오 의약품에서 중요한 위치에 있다.

ADC는 항체의 특징을 이용해 조금 더 효과적인 암 치료제를 만들 수 있지 않을까 하는 생각에서 시작했다. 케미컬 의약품은 독성이 높아 암세포를 없앨 수 있다. 장점이 있지만 단점도 있다. 케미컬 의약품은 특이성이 낮다. 막무가내여서 암세포뿐만 아니라 멀쩡한 세포도 함께 없앤다. 독한 항암제를 맞은 환자의 몸이 약해지는 부작용은 대부분 이런 이유에서 비롯한다.

그런데 특정 항체는 특정 항원에만 결합한다. 만약 암세포에 결합하는 항체를 만들고, 그 항체에 독한 케미컬 의약품을 붙여 환자 몸속에 주사한다면 어떻게 될까? 항체와 항체에 붙어 있는 케미컬 의약품은 몸속을 돌아다니다가 암세포를 만난다. 항체는 암세포에 결합하면서 독한 케미컬 의약품을 분리해 암세포를 공격한다. 암세포에서 폭탄을 터트리는 것이다. 다른 세포에서는 작동하지 않고 오직 암세포에서만 작동하니, 아주 독한 케미컬 의약품을 사용할 수 있다. 독성과 특이성을 모두 잡는 방법이며 '아이디어'다.

아이디어는 현실화될 필요가 있다. 없애고 싶은 암세포의 특징을 조사해 항체를 만든다. 그리고 암세포를 공격할 케미컬 의약품도 고른다.

문제는 두 물질의 결합과 분리를 조절하는 것이다. 케미컬 의약품이 신약개발 과정 중에 실패했다면 약효가 없어서가 아니라 독성이 너무 높아서일 가능성이 높다. 그런데 ADC 방식을 쓴다면 기존의 처방보다 훨씬 더 적은 양을 투여해도 된다. 꼭 필요한 곳에 꼭 필요한 만큼만 갈 수 있으니, 독한 약이 들어가도 엉뚱한 곳을 공격하지 않고 없애야 하는 부분만 효과적으로 공격할 것이다. 지능형 폭탄인 셈이다.

ADC가 효과를 거두려면 항체와 케미컬 의약품은 암세포를 만나기 전에 몸 안에서 분리되면

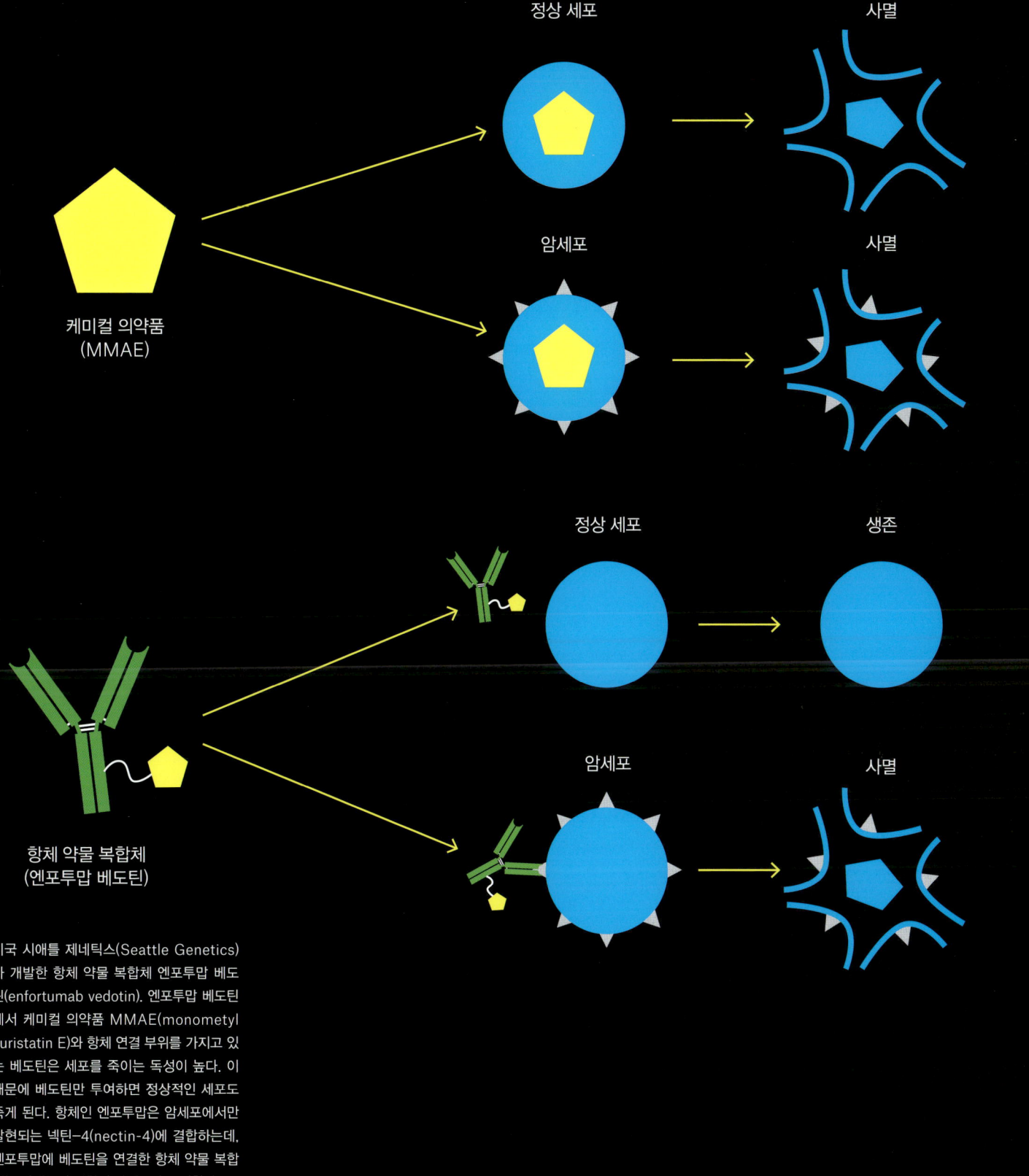

미국 시애틀 제네틱스(Seattle Genetics)가 개발한 항체 약물 복합체 엔포투맙 베도틴(enfortumab vedotin). 엔포투맙 베도틴에서 케미컬 의약품 MMAE(monometyl auristatin E)와 항체 연결 부위를 가지고 있는 베도틴은 세포를 죽이는 독성이 높다. 이 때문에 베도틴만 투여하면 정상적인 세포도 죽게 된다. 항체인 엔포투맙은 암세포에서만 발현되는 넥틴-4(nectin-4)에 결합하는데, 엔포투맙에 베도틴을 연결한 항체 약물 복합체는 암세포에 결합해 암세포만 공격한다.

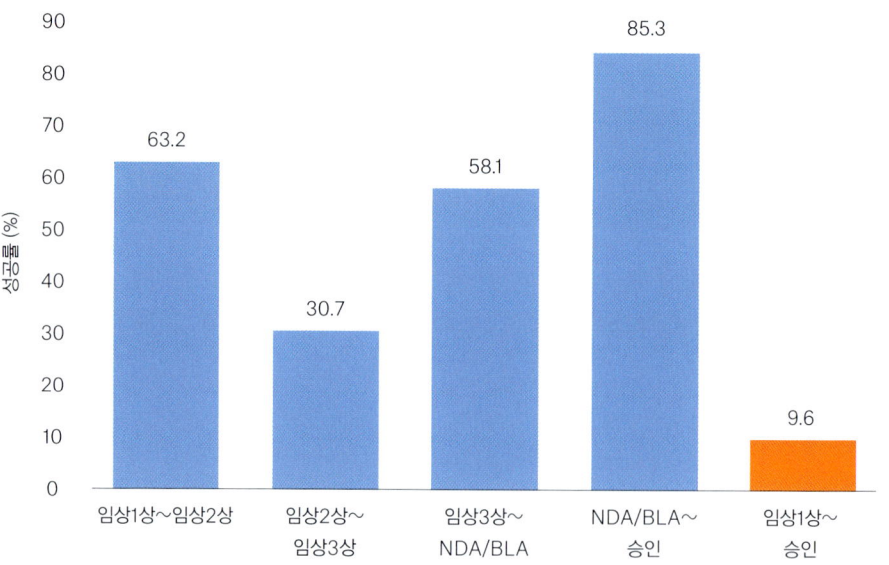

임상시험을 모두 통과해 규제 당국의 승인을 얻는 비율은 9.6% 정도다. 단 성공하게 된다면 독점적인 권리를 가질 수 있다. 지식 기반 독점 시장은 눈에 보이지 않는 지식에 투자하기 때문에 성공률이 낮지만, 눈에 보이지 않는 것에 투자했다는 점에 대한 보상도 크다.
출처: *Clinical Development Success Rates 2006-2015* (2016, Biotechnology Innovation Organization)

안 된다. 혹시라도 암세포를 만나기 전에 분리된다면, 독한 케미컬 의약품이 몸의 엉뚱한 곳을 공격할 것이다. 그리고 암세포를 만나면 두 물질은 반드시 분리되어 약효를 발휘해야 한다. 즉 두 물질을 결합하고 분리하는 링커linker를 무엇으로 어떻게 만들 것이냐가 핵심이다. 여기서부터는 '기술'이다.

ADC는 현재 1세대를 거쳐 2세대까지 진화했다. 1세대 ADC 기업인 시애틀 제네틱스Seatle genetics와 이뮤노젠Immunogen 등의 기업들은 2011년 FDA로부터 급성 골수성 백혈병을 치료하는 젬투주맙 오조가마이신gemtuzumab ozogamicin을 시작으로 전신성 퇴행성 대세포 림프종systemic anaplastic large cell lymphoma, ALCL으로 알려진 희귀 림프종 치료제의 판매허가를 받았다. 한국에서도 여러 바이오테크가 2세대 ADC 의약품을 개발하고 있다.

ADC에서 볼 수 있듯이 '어떤 아이디어인가'와 '그 아이디어를 구현할 기술은 무엇인가'에 밸류에이션의 초점이 맞추어진다. 항체는 이미 알려져 있던 지식이다. 케미컬 의약품, 현대 생물학, 환자가 병에 걸리는 원리, 이를 바탕으로 한 치료법 등도 이미 있는 지식이다. 그러나 이들을 하나로 묶어 특이성과 독성으로 문제를 해결한다는 아이디어는 새로운 것이다.

ADC라는 아이디어를, 막대한 연구비가 있어야 얻을 수 있는 것은 아니다. 링커를 찾아내고 적용하는 기술 역시 마찬가지다. 현대 생물학에서 사용하는 최신 연구 인프라는 전 세계적으로 평준화되어 있다. 더 비싼 장비, 더 새 장비가 없는 것은 아니나 기본 인프라의 수준은 비슷하다.

그래도 대규모의 자본과 인프라가 필요하다면, 아이디어를 시장에서 팔아 자본과 인프라를 가져올 수 있다. 중요한 것은 얼마나 독창적인 아이디어인지와 현실에 적용할 수 있는 고유한 기술을 갖추고 있는지다.

한편 법과 제도는 아이디어와 기술을 보호해

준다. 레드 바이오 산업, 바이오 의약품 산업의 밸류에이션은 지식을 바탕으로 한 독점성에 있고, 이 독점성은 연구실에서 연구자들이 매일 쫓고 있는, 아이디어와 기술에 있다.

바이오 의약품을 대표선수로 하는 제약 관련 산업에 대해서는 '앞으로 한국을 먹여 살릴 미래 먹거리'라는 긍정적인 입장과, 이와는 반대로 '투자처를 찾지 못한 유동자본 덕분에 생겨난 거품'이라는 부정적인 입장이 번갈아 나타나며 혼란을 주고 있다. 이 책은 어느 쪽 끝을 골라 선명한 입장을 정하는 것을 목표로 하지 않는다. 현재 시장에서 이야기되는 문제를 정리하고, 그 문제들 앞에서 어떻게 밸류에이션 포인트를 찾아낼 것인지가 목표다.

이 분야 산업에서 집중해야 할 것은 치료하려는 질병, 적용하는 과학적인 개념과 해당 개념의 연구 현황, 현장의 제약기업들의 관심도와 시장의 반응 등이 모두 다르다는 점이다. 물론 밸류에이션 포인트도 다르다. 따라서 중요한 것은 어느 한 쪽 입장에 서기 위해 사실을 다시 구성하는 것이 아니라, 현장에서 벌어지고 있는 일들을 검토해 그에 맞는 밸류에이션 포인트를 찾는 것이다.

조급하게, 과학에 근거하지 않는, 극단적인 입장은 바이오 의약품 산업의 성장과 그로 인한 혜택을 우리에게서 한 걸음 더 떼어놓을 것이다. 바이오 의약품 산업은 돈을 버는 투자이기 이전에 그동안 구할 수 없었던 생명을 구해내는 일이다. 얻을 수도 잃을 수도 있는 궁극적인 혜택은 돈이 아니라 사랑하는 사람의 생명이다.

분야와 포인트

바이오 의약품 분야를 몇 가지로 분류하고, 각 분야의 밸류에이션 포인트를 점검해보자. 분류와 밸류에이션 포인트는 다음과 같다.

POC proof of concept 전과 후의 밸류에이션, 단백질 의약품 protein drug과 가격 경쟁력, 유전자 치료제 gene therap와 전달, 세포치료제 및 면역항암제 cell therapy & immuno oncology의 생산공정, 항체 의약품 antibody medicine과 혁신, 바이오시밀러 biosimilar의 포트폴리오와 가격 경쟁력, 지적재산권 intellectual property rights과 지식 기반 독점 시장 메커니즘의 이해다.

POC의 밸류에이션은 바이오 의약품 개발에서 중요한 '과정'의 문제다. 바이오 의약품의 최종 산물은 세상에 없던 아이디어의 구현체다. 따라서 최초의 아이디어가 신약 후보물질을 찾는 것으로 넘어가고, 후보물질의 독성과 효능을 테스트하고, 정상인과 환자에게 적용해 확인하고, 마지막에 신약이 되어 세상에 나오는 모든 과정은 최초의 아이디어를 확인해가는 과정의 연속이다. 하늘 아래 완벽하게 새로운 것은 없고, 이미 쌓여 있는 지식에서 출발하는 것이 아이디어다. 따라서 각 단계의 아이디어가 특허를 침해하지 않는지, 기존 치료제와는 어떤 차별성을 가지는지 따져야 한다.

결정적으로는 해당 아이디어가 실제로 구현되는지를 증명하는 것이 중요하다. 단계가 올라갈 때마다 POC는 밸류에이션 지표가 되며, 실제 이를 바탕으로 투자가 이루어진다. POC 기반 밸류에이션은 수십 배에서 수백 배의 가치를 예측할 수 있게 도와준다.

인슐린은 대표적인 단백질 의약품이다. 단백질 의약품은 상대적으로 역사가 오래된 바이오 의약품이며, 바이오 의약품을 포함한 전체 의약품 시장에서 이미 중요한 위치에 올라 있다. 따라서 단백질 의약품에서의 밸류에이션 포인트는 가격 경쟁력이다. 더 저렴하게, 더 많이, 더 빠르게 환자에게 공급할 수 있느냐가 관건이다.

물론 가격 경쟁력이 단순하게 규모의 경제만으로 풀 수 있는 문제는 아니다. 단백질 의약품의 밸류에이션 역시 레드 바이오 산업의 고유한 특성, 즉 아이디어와 기술의 혁신 지점에서 찾을 수 있다.

유전자 치료제가 개발되기 전에는, 유전자 이상으로 생기는 병은 치료가 불가능했다. 유전자 치료제는 유전자 조작 기술로 질병을 일으키는 유전자를 제거하거나, 기능을 못하는 유전자를 대체해 환자를 치료한다.

우리 몸을 이루는 여러 다른 조직 세포에는 모두 같은 유전자가 들어 있다. 그런데 각각의 조직이 다른 이유는 유전자가 필요한 부위에서 필요한 만큼 기능하기 때문이다. 앞에서 예로 들었던 수포성 표피박리증EB은 환자에게 선천적으로 피부를 만드는 유전자가 없는 희귀 질병이다. 몸을 보호하는 피부가 만들어지지 않으니 환자는 유아기에 사망한다. 수포성 표피박리증의 원인이 유전자의 결핍이라면 환자를 치료하는 방법은 유전자를 이식해주면 괜찮아질 것이다. 모든 세포에 유전자가 있지만 피부에만 문제가 되니, 피부세포 유전자만 치료하면 된다. 즉 유전자 치료제에서의 밸류에이션 포인트는 '전달'이다.

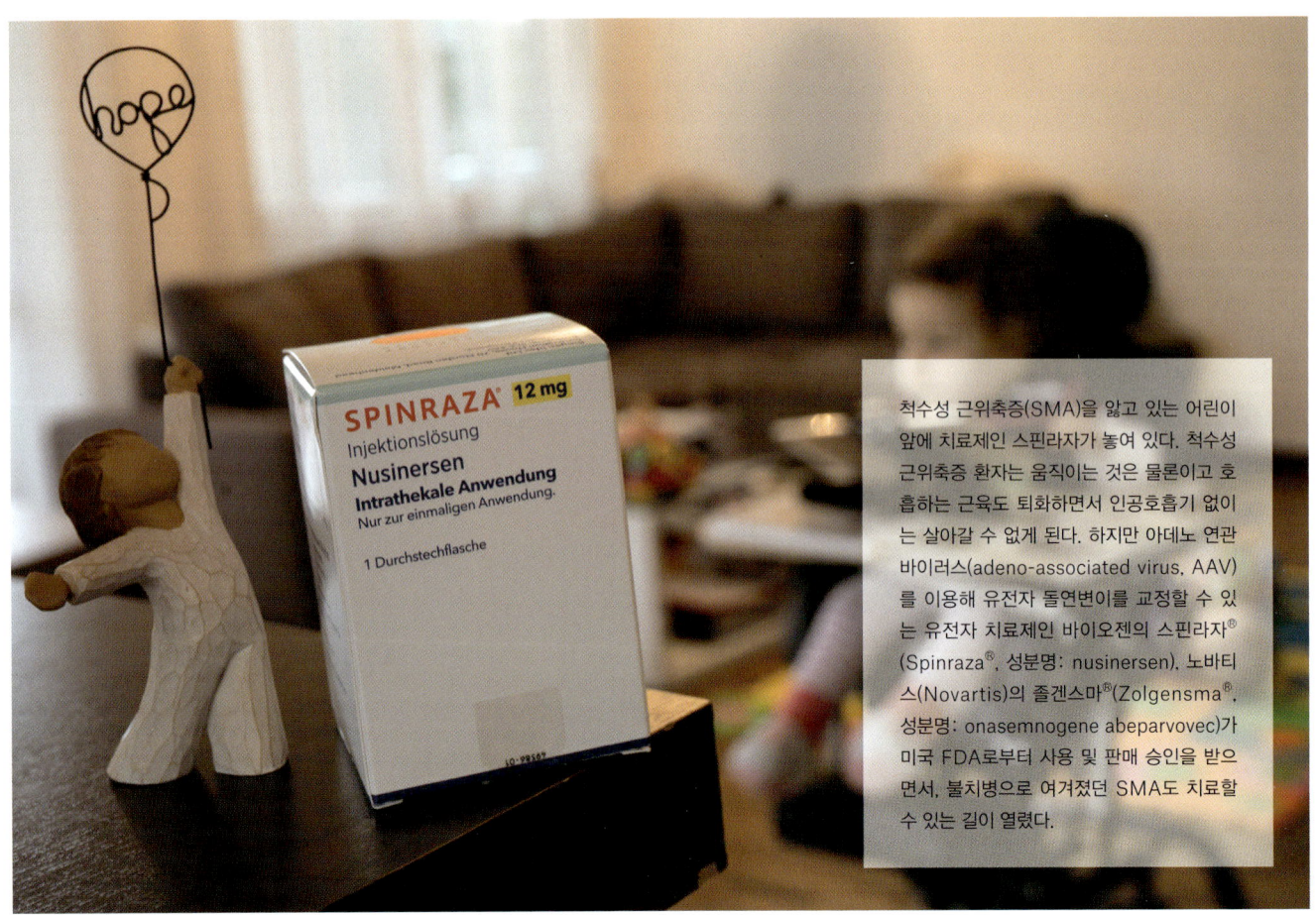

척수성 근위축증(SMA)을 앓고 있는 어린이 앞에 치료제인 스핀라자가 놓여 있다. 척수성 근위축증 환자는 움직이는 것은 물론이고 호흡하는 근육도 퇴화하면서 인공호흡기 없이는 살아갈 수 없게 된다. 하지만 아데노 연관 바이러스(adeno-associated virus, AAV)를 이용해 유전자 돌연변이를 교정할 수 있는 유전자 치료제인 바이오젠의 스핀라자®(Spinraza®, 성분명: nusinersen), 노바티스(Novartis)의 졸겐스마®(Zolgensma®, 성분명: onasemnogene abeparvovec)가 미국 FDA로부터 사용 및 판매 승인을 받으면서, 불치병으로 여겨졌던 SMA도 치료할 수 있는 길이 열렸다.

POC = 차별성과 증명 / 단백질 의약품 = 가격 경쟁력
유전자 치료제 = 치료할 곳에 전달이 되는가
세포치료제와 면역항암제 = 생산공정 혁신 / 항체 의약품 = 새로운 항체
바이오 시밀러 = 가격과 당국의 정책
지적재산권 = 지역별 법규

세포치료제와 면역항암제는 '암을 정말 고치는 약'으로 주목받는다. 생명과학계의 최첨단 연구는 세포치료제와 면역항암제를 상용화하는 쪽을 향하고 있다. 즉 아직 달성해야 할 것이 많은 미개척 분야라는 뜻이다.

임상에서 효능을 보여 치료 현장에서 사용되는 면역항암제는 약값만 수억 원이다. 암이 기적처럼 완치되기도 하지만 부작용으로 사망하는 경우도 있어 면역항암제는 말기 암의 최종 치료제로 처방된다.

이제 말기암 환자는 현실적인 고민에 빠진다. 완치될 수도 있지만, 효과가 없을 수도 있는 치료에 수억 원을 써야 한다. 100%가 아닌 치료에 수억 원을 지불하느니, 그 돈을 가족에게 유산으로 물려주거나 사회적으로 의미 있는 일에 쓰는 것이 더 합리적이지 않을까? 환자가 고민에 빠지는 일은 자연스럽다.

세포치료제와 면역항암제는 약의 원료를 환자 자신의 몸에서 분리해 만든다. 따라서 과정이 오래 걸리고 복잡하며 돈이 많이 든다. 적정 가격의 상용 치료제가 되려면, 감당할 수 있는 가격과 신속한 처방이 필요하다. 이를 위해 표준화된 생산 공정이 필요하지만, 지금의 세포치료제와 면역항암제 연구 수준으로는 어렵다.

자가면역질환과 같은 부작용을 막고, 환자 맞춤형이기 때문에 가능한 치료효과를 얻으려면 환자 자신의 세포를 뽑아서 치료제를 만들어야 한다. 문제는 대량생산을 할 수 없고, 제작 기간도 오래 걸려 치료 시기를 놓칠 수도 있으며, 가격이 비싸다. 즉 세포치료제와 면역항암제의 밸류에이션 포인트는 '생산공정을 혁신해 가격을 내리는 데' 있다.

항체 의약품에서의 핵심은 항체다. 몸속에서 일어나는 항원 항체 반응을 현대 생물학은 아직 다 알지 못한다. 그러나 항체 의약품에는 '특이성'이라는 바이오 의약품의 강력한 장점이 있다. 앞서 살펴본 ADC도 항체의 특이성에 도움을 얻는 치료제 개념이었다. 다양한 질병을 치료할 수 있는 항원 항체 메커니즘을 찾아내고, 치료제로 쓸 수 있는 새로운 항체를 얼마나 빠르고 다양하게 만들어낼 수 있는지가 밸류에이션 포인트다.

바이오시밀러는 케미컬 의약품의 제네릭과 같아 보이나 같지 않은, 다른 개념이다. 바이오 의약품의 원천기술을 가진 회사도 안정적인 품질의 바

이오 의약품을 대량으로 생산하는 것에 어려움을 겪는다. 그런 점에서 한국의 레드 바이오 산업을 주도하고 있는 바이오시밀러 기업들의 성과는 높은 평가를 받을 만하다.

바이오시밀러의 밸류에이션은 기존에 출시되어 있는 바이오 의약품의 특허 만료와 시장 가격을 따른다. 즉 가격 경쟁력에 밸류에이션 포인트가 형성된다.

그러나 바이오시밀러의 가격 경쟁력은 아이디어와 기술력에만 기대는 것은 아니다. 바이오시밀러 의약품의 가격은 판매하는 지역과 국가의 보건복지정책의 영향도 받는다. 이를 종합적으로 고려한 밸류에이션이 필요하다.

더불어 포트폴리오 역시 바이오시밀러의 밸류에이션 포인트를 형성한다. 특정 바이오 의약품을 생산하는 특정 제약기업이 있을 때, 소비자(의료기관)는 해당 제약기업과 별도 계약을 맺어야 했다. 물론 한 회사에서 다수의 바이오 의약품을 생산하지 않으니, 여러 기업과 여러 계약을 맺어야 했다.

그러나 바이오시밀러가 현실화되면서 이럴 필요가 없어졌다. 한 바이오시밀러 기업에서 여러 종류의 바이오 의약품을 공급할 수 있다면, 소비자는 저렴한 가격에 패키지로 구매할 수 있으며, 바이오시밀러 공급자는 대형 고객을 유치할 수 있다. 포트폴리오를 어떻게 구성하며 확장하는지가 바이오시밀러 업계의 새로운 밸류에이션 포인트가 되었다.

마지막으로 지적재산권과 지식 기반 독점 시장 메커니즘의 이해다. 바이오 산업은 크게 보면 헬스케어 산업에 포함된다. 전 세계적으로 1조 달러 규모의 헬스케어 산업은 레드 바이오 산업을 바탕으로 하는 신약개발 산업, 진단 및 의료기기

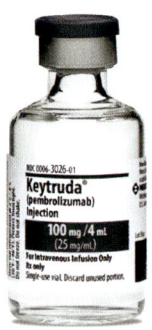

미국 39대 대통령 지미 카터(Jimmy Carter)는 2015년 피부암인 흑색종에 걸렸으며, 뇌까지 전이돼 시한부 판정을 받았다고 밝혔다. 이후 지미 카터는 머크(MSD)의 면역항암제 '키트루다®'를 투여받고 완치 판정을 받았다.

허가 · 특허 연계제도 도입 이전

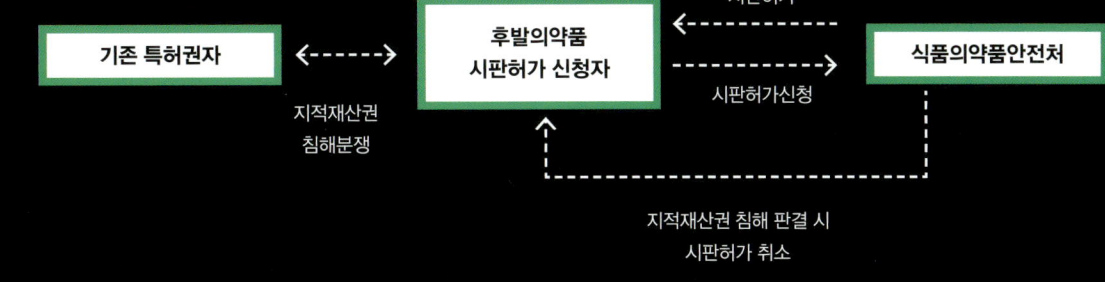

허가 · 특허 연계제도 도입 이후

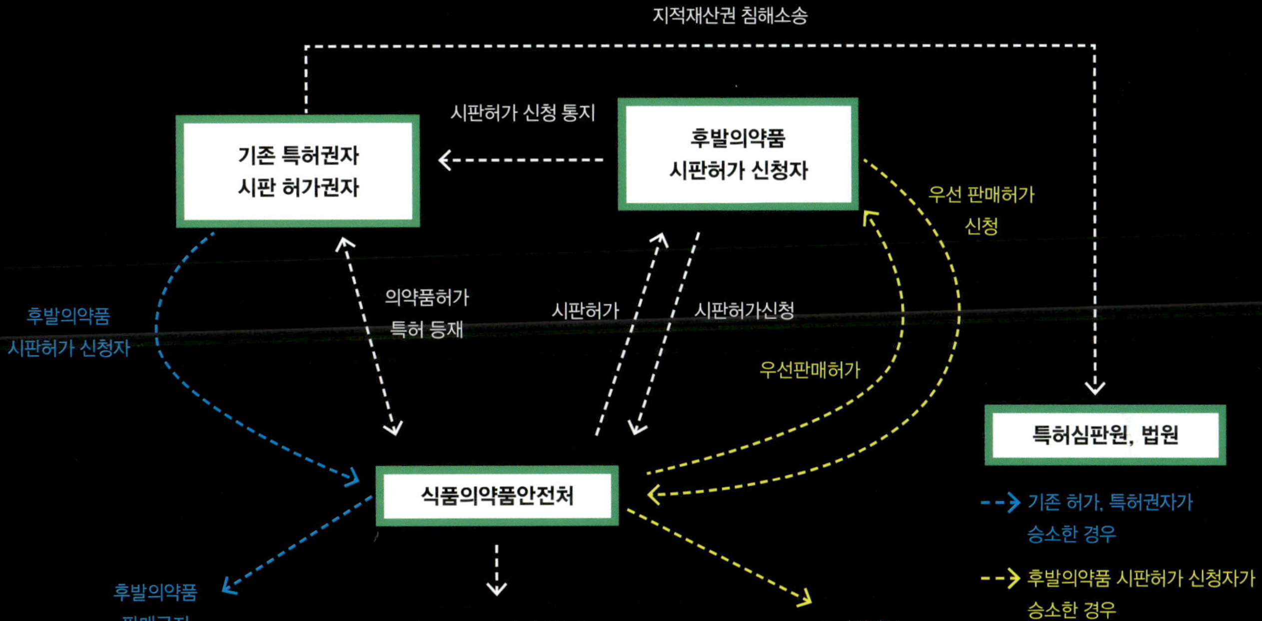

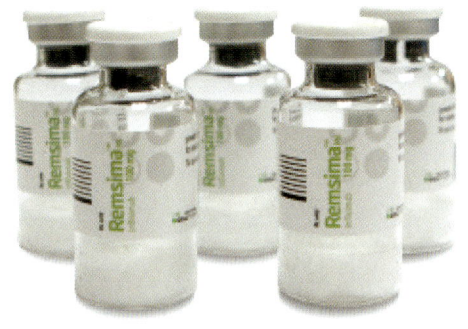 VS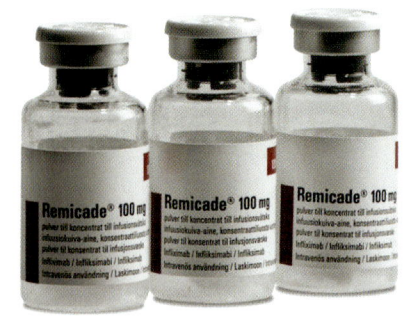

셀트리온의 램시마™(Remsima™)는 세계에서 첫 번째로 만들어진 단일클론항체 바이오시밀러다(왼쪽). 램시마의 오리지널 의약품은 얀센(Janssen)의 레미케이드®(Remicade®)다(오른쪽). 단일클론항체는 구조가 너무 복잡해 바이오시밀러로 만드는 것이 불가능하다고 여겨졌다. 불가능한 것이 가능해졌으므로, 셀트리온의 밸류에이션은 램시마의 성공으로 크게 올라갔다.

산업, 의료 서비스 산업으로 구분된다.

이 가운데 의료 서비스 산업의 비중이 80% 정도다. 그런데 의료 서비스 산업이 가장 규모가 크지만 진입은 쉽지 않다. 의료 서비스 산업은 각 나라의 의료 관련 규제에 따라 움직이는 로컬local 산업이기 때문이다. 아파서 병원에 갔는데 말이 통하지 않는 외국인 의사가 검진을 한다? 쉽지 않은 일이다.

의료 서비스 산업과 비교해 레드 바이오, 즉 바이오 의약품 산업은 전 세계 시장 점유가 가능하다. 2017년 기준 2,540억 달러 규모의 바이오 의약품 시장에서 FDA로 대변되는 북미 시장이 40%, CE와 EMA로 대변되는 유럽 시장이 20%, PMDA를 통과하면 진출할 수 있는 일본 시장이 10% 정도로 이 세 곳의 시장이 전체의 70%를 차지한다. 이들 시장은 지적 재산권을 강하게 보호한다. 따라서 각 시장의 지적 재산권 현황을 아는 것은 신약개발 산업 전체에서 중요한 밸류에이션 포인트다.

바이오 의약품 시장에서는 독점 메커니즘이 작동한다. 의약품은 특허가 풀리기 전까지 보호를 받는다. 제품의 판매 가격 역시 대부분 생산비 문제로부터 상대적으로 자유롭다. 따라서 공급자의 결정권이 크게 작용한다.

이는 한국이 그동안 성장하며 경험했던 제조업 바탕의 과점 시장과는 다르다. 제조업은 빠르게 비슷해지려고 노력하고, 서둘러 규모의 경제를 달성하면, 가격 경쟁력을 확보하면서 선두 그룹과 과점 시장을 형성할 수 있었다. 이렇게 빠르게 추격하는 것이 그동안 한국의 성장 전략이었다. 자동차, 반도체, 철강, 전자, 중화학 모두 같은 경로를 따랐다.

그러나 바이오 의약품은 느려도 다른 것이 중요하고, 규모의 경제가 아닌 아이디어와 기술의 혁신성이 중요하다. 연구자 10명이 모여 중추신경계질환central nervous system, CNS 치료제를 개발하는 비상장 기업의 시가총액이 10억 달러가 될 수 있는 것은 이런 이유에서다.

제조업을 바탕으로 하는 과점 시장에서는 눈에 보이는 것들을 보고 투자했다면, 지식 기반 독점 시장에서는 눈에 보이지 않는 것에 투자하는 것이 중요하다. 이와 같은 프레임의 전환이 없다면 바이오 의약품 산업은 마지막까지 거품이라 오해받을 것이며, 아직 열려 있는 기회가 빠르게 닫혀가는 것을 구경만 하면서 마무리될 것이다.

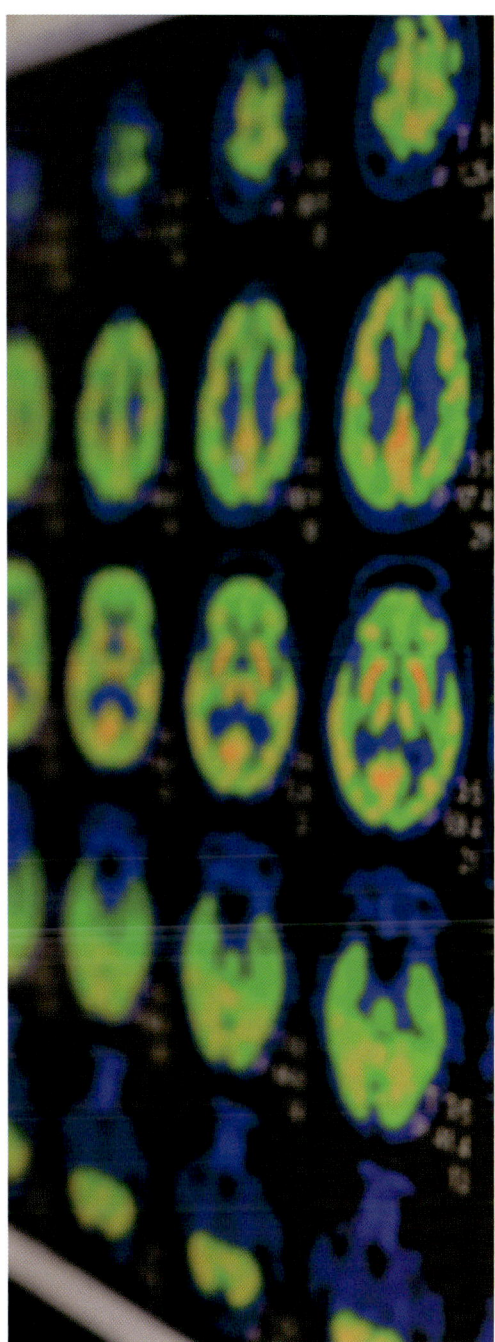

조선, 반도체, 석유화학, 자동차, 철강 등은 한국을 제조업 강국으로 이끈 산업이다. 한국은 이 분야 산업에서 추격 전략의 효과를 보았다. 그러나 바이오 산업에서는 추격 전략이 적절하지 않을 것이다. 지식 기반 독점 산업에서 따라가는 것은 의미가 없기 때문이다.

특집 2_한국에서 판매되고 있는 항체 의약품

성분명	제품명	제조/수입사	표적질환
아달리무맙	휴미라®	한국애브비	류마티스 관절염, 건선성 관절염, 축성 척추관절염, 크론병, 건선, 궤양성 대장염, 베체트 장염, 화농성 한선염, 포도막염
알렘투주맙	렘트라다®	사노피아벤티스코리아	다발성 경화증
아테졸리주맙	티쎈트릭®	한국로슈	요로상피암, 비소세포폐암
벨리무맙	벤리스타®	글락소스미스클라인	전신 홍반성 루푸스
베바시주맙	아바스틴®	한국로슈	직결장암, 유방암, 비소세포폐암, 신세포암, 교모세포종, 상피성 난소암, 난관암, 원발성 복막암, 자궁경부암
브렌툭시맙 베도틴	애드세트리스®	한국다케다제약	호지킨 림프종, 전신 역형성 대세포 림프종, 피부 T세포 림프종
세툭시맙	얼비툭스®	머크	직결장암, 두경부 편평세포암
다라투무맙	다잘렉스®	한국얀센	다발성 골수종
에쿨리주맙	솔리리스®	한독	발작성 야간 혈색소뇨증, 비정형 용혈성 요독 증후군, 전신 중증 근무력증
엘로투주맙	엠플리시티®	한국비엠에스제약	다발성 골수종
구셀쿠맙	트렘피어®	한국얀센	판상 건선
이브리투모맙 튜세탄	제바린 키트®	한국먼디파마	여포형 B세포 비호지킨 림프종
이노투주맙 오조가마이신	베스폰사®	한국화이자제약	전구 B세포 급성 림프모구성 백혈병
인플릭시맙	레미케이드®	한국얀센	크론병, 강직성 척추염, 궤양성 대장염, 류마티스성 관절염, 건선성 관절염, 판상 건선
	램시마™	셀트리온	크론병, 강직성 척추염, 궤양성 대장염, 류마티스성 관절염, 건선성 관절염, 판상 건선
	레마로체™	삼성바이오에피스	크론병, 강직성 척추염, 궤양성 대장염, 류마티스성 관절염, 건선성 관절염, 판상 건선
이필리무맙	여보이®	한국비엠에스제약	흑색종, 신세포암

성분명	제품명	제조/수입사	표적질환
익세키주맙	탈츠™	한국릴리	판상 건선, 건선성 관절염
메폴리주맙	누칼라®	글락소스미스클라인	호산구성 천식
나탈리주맙	티사브리®	한국에자이	다발성 경화증
니볼루맙	옵디보®	한국오노약품공업	흑색종, 비소세포폐암, 신세포암, 호지킨 림프종, 두경부 편평세포암, 요로상피세포암, 위 선암, 위식도 접합부 선암
오비누투주맙	가싸이바®	한국로슈	만성 림프구성 백혈병, 여포형 림프종
오파투무맙	아르제라®	한국노바티스	만성 림프구성 백혈병
올라라투맙	라트루보™	한국릴리	연조직 육종
펨브롤리주맙	키트루다®	한국엠에스디	흑색종, 비소세포폐암, 두경부 편평상피세포암, 호지킨 림프종, 요로상피암
퍼투주맙	퍼제타®	한국로슈	유방암, 조기 유방암
라무시루맙	사이람자®	한국릴리	위선암, 비소세포폐암, 대장암
레슬리주맙	싱케어®	한독테바	호산구성 천식
리툭시맙	맙테라®	한국로슈	여포형 B세포 비호지킨 림프종, 만성 림프구성 백혈병, 류마티스 관절염, 베게너육아종증, 현미경적 다발혈관염
	트룩시마®	셀트리온	여포형 B세포 비호지킨 림프종, 만성 림프구성 백혈병, 류마티스 관절염, 베게너육아종증, 현미경적 다발혈관염
세쿠키누맙	코센틱스®	한국노바티스	판상 건선, 건선성 관절염, 강직성 척추염
토실리주맙	악템라®	제이더블유중외제약	류마티스 관절염, 전신형 소아 특발성 관절염, 다관절형 소아 특발성 관절염
트라스투주맙	허셉틴®	한국로슈	유방암, 조기 유방암, 위암
	삼페넷®	삼성바이오에피스	유방암, 조기 유방암, 위암
트라스투주맙 엠탄신	캐싸일라®	한국로슈	유방암
우스테키누맙	스텔라라®	한국얀센	크론병

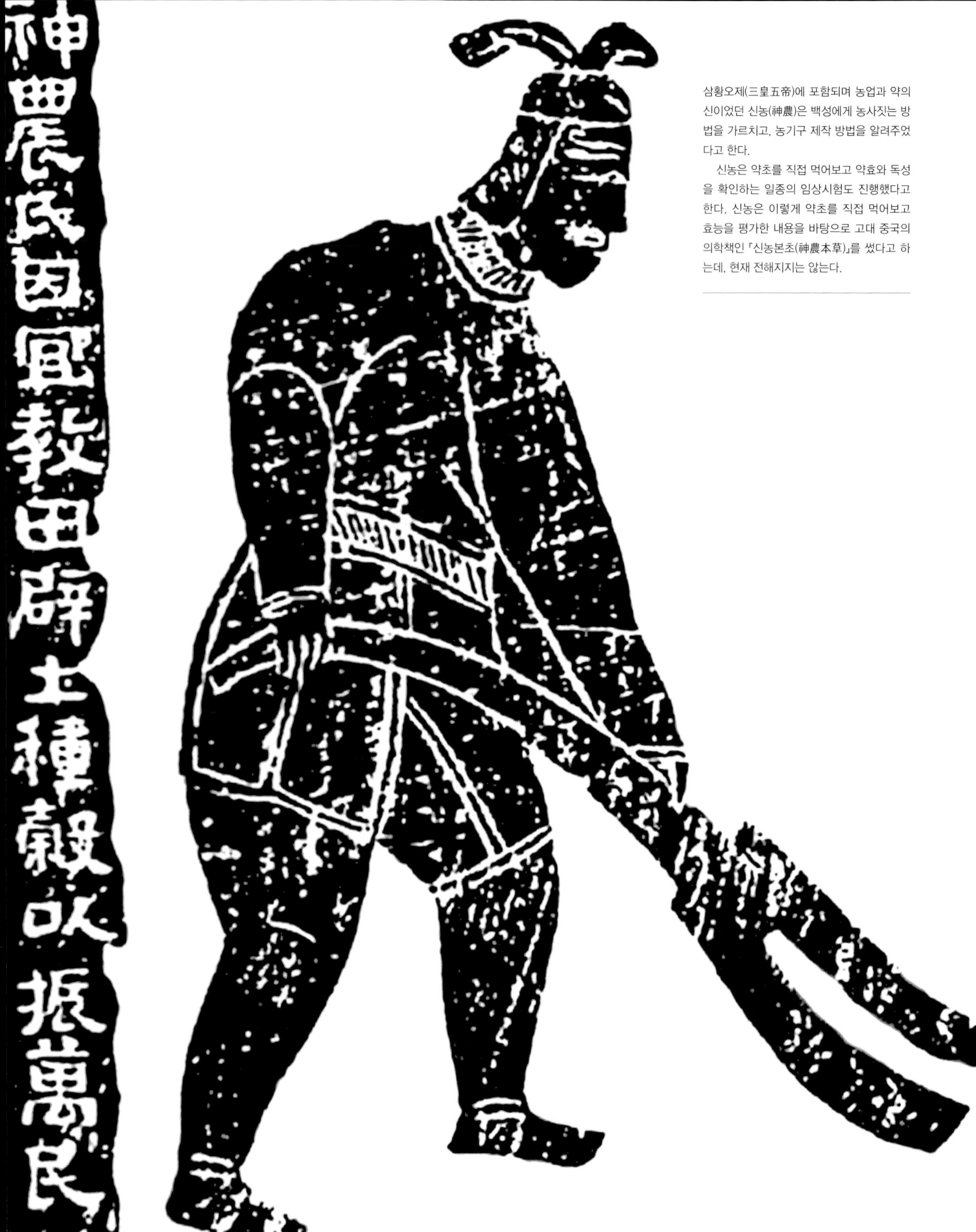

삼황오제(三皇五帝)에 포함되며 농업과 약의 신이었던 신농(神農)은 백성에게 농사짓는 방법을 가르치고, 농기구 제작 방법을 알려주었다고 한다.

신농은 약초를 직접 먹어보고 약효와 독성을 확인하는 일종의 임상시험도 진행했다고 한다. 신농은 이렇게 약초를 직접 먹어보고 효능을 평가한 내용을 바탕으로 고대 중국의 의학책인 『신농본초(神農本草)』를 썼다고 하는데, 현재 전해지지는 않는다.

VALUATION

밸류에이션

5장. 제논의 역설

오래전 사람들에게 약이란

지금으로부터 약 5,000년 전, 중국에는 신농神農이라는 '농업과 약의 신'이 있었다고 한다. 중국을 세웠다고 전해지는 세 명의 황皇과 다섯 명의 제帝를 삼황오제라 부르는데, 신농도 삼황오제에 들어간다.

신농은 차(茶)를 맨 처음 발견해 사람들에게 알렸다고 하며, 농기구를 발명해 더 많은 작물을 수확할 수 있게 했다고 한다. 신농은 약의 효능과 독성을 확인하는 임상시험을 몸소 실천했다고 할 수 있다. 중국 곳곳으로 사람을 보내 약초를 구해 오게 한 다음, 약초를 직접 먹어 약효와 독성을 확인했다고 한다. 일종의 임상시험을 바탕으로 약에 대한 책인 『신농본초神農本草』를 썼다고 하는데, 현재 전하지는 않는다.

역사학자들은 대체로 삼황오제를 신화로 본다. 그러나 신화였던 트로이나 미케네도 역사가 되었고 전설 속의 상商나라도 갑골문이 발견되면서 역사가 되었다. 신농을 신화로만 단정짓는 것은 성급한 결론인지도 모른다. 신농을 한 명의 인물이라기보다는 대를 이어 농업과 의학을 담당했던 전문가 씨족집단으로 보는 의견도 있어, 신농이 실제로 있었다는 주장에 힘을 실어주기도 한다.

신농의 약은 지금도 동양에서 중요한 위치를 차지한다. 중국에서는 중약中药, 한국에서는 한약韓藥이라 부르는 생약生藥이다. (명칭을 놓고 중약과 한약의 논쟁이 있지만, 편의상 이 책에서는 한약이라 부르겠다.) 한약은 동물, 식물, 광물 등을 원형 그대로 말리거나, 썰어서 약재로 만들고 이를 섞어 처방한다. 정제한 약재도 있지만, 기본적으로는 원형을 유지한다.

동양에서 약의 기원이 5,000년 전으로 올라간

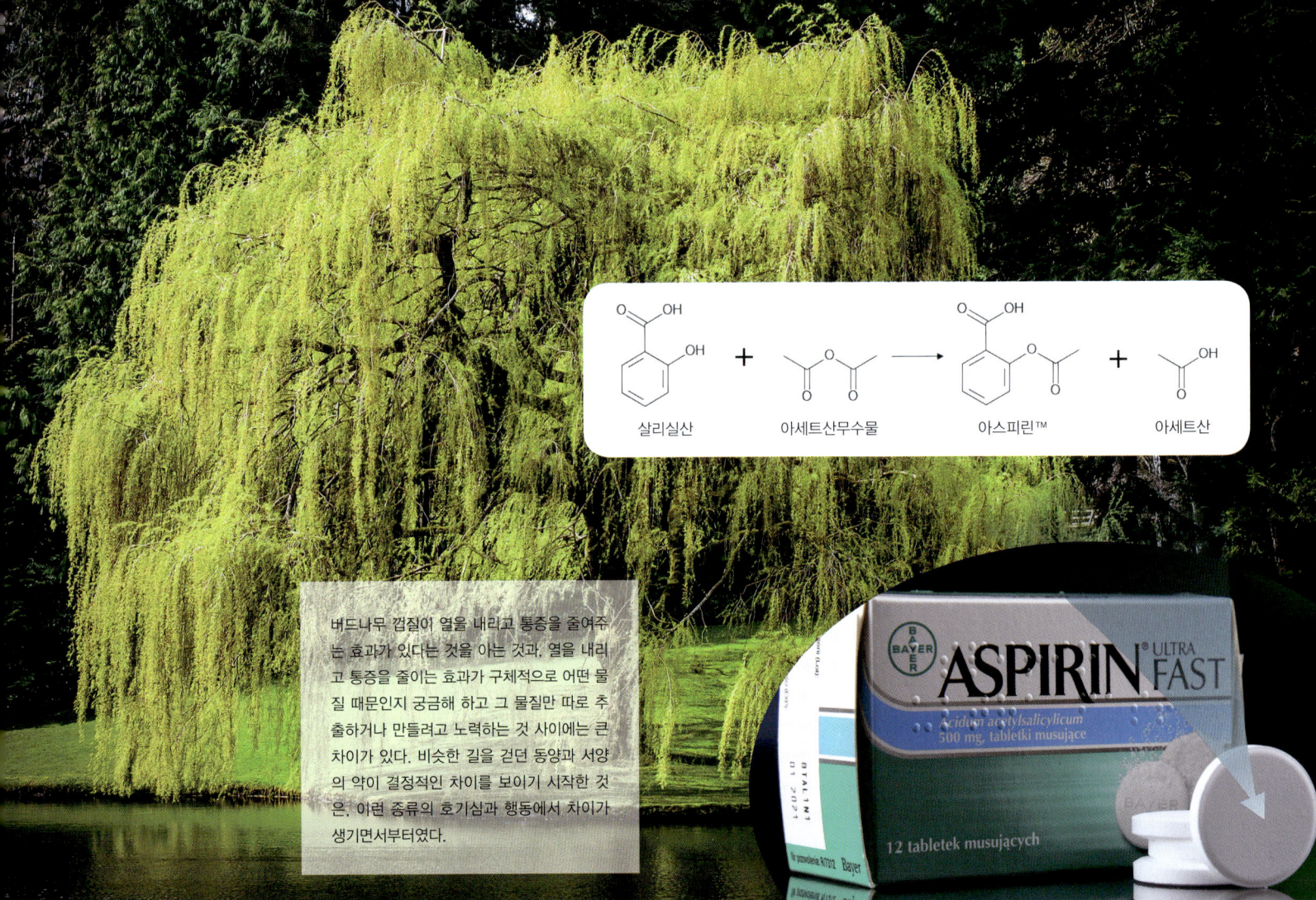

버드나무 껍질이 열을 내리고 통증을 줄여주는 효과가 있다는 것을 아는 것과, 열을 내리고 통증을 줄이는 효과가 구체적으로 어떤 물질 때문인지 궁금해 하고 그 물질만 따로 추출하거나 만들려고 노력하는 것 사이에는 큰 차이가 있다. 비슷한 길을 걷던 동양과 서양의 약이 결정적인 차이를 보이기 시작한 것은, 이런 종류의 호기심과 행동에서 차이가 생기면서부터였다.

것 못지않게, 서양에서도 약의 기원은 오래 되었다. 해열 진통제로 쓰고 있는 아스피린™에 대한 기록은 지금으로부터 3,500년 전으로 거슬러 올라간다. 고대 이집트의 파피루스에는 버드나무 껍질이 열을 내리고 고통을 줄여주는 효과가 있다고 기록되어 있다고 한다. 신농의 한약이나 파피루스에 적힌 버드나무 껍질은 근대 이전의 약이라는 점에서 큰 차이가 없다.

근대로 들어오면서 동양과 서양은 다른 길을 걷는데, 약도 마찬가지였다. 1829년 이탈리아의 화학자 라파엘 피리아 Raffaelle Piria는 버드나무 껍질에서 해열 진통 효과가 있는 살리실산 salicylic acid, $C_7H_6O_3$을 분리했다. 1897년 독일 화학 회사 바이엘 Bayer의 연구원이었던 펠릭스 호프만 Felix Hoffmann은 살리실산을 인공적으로 합성하는 방법을 찾아냈다. 1899년 3월 6일, 살리실산의 제조 특허가 등록되었고, 최초의 케미컬 합성 의약품 아스피린™이 탄생했다.

가루약이었던 아스피린™은 1914년에 알약 형태로 개량되었다. 복용 편의성을 높이고 복용량을 표준화하는 모델이었다. 이 역시 의약품 발전에 기여했다. 2020년 현재 바이엘은 전 세계 80여 개

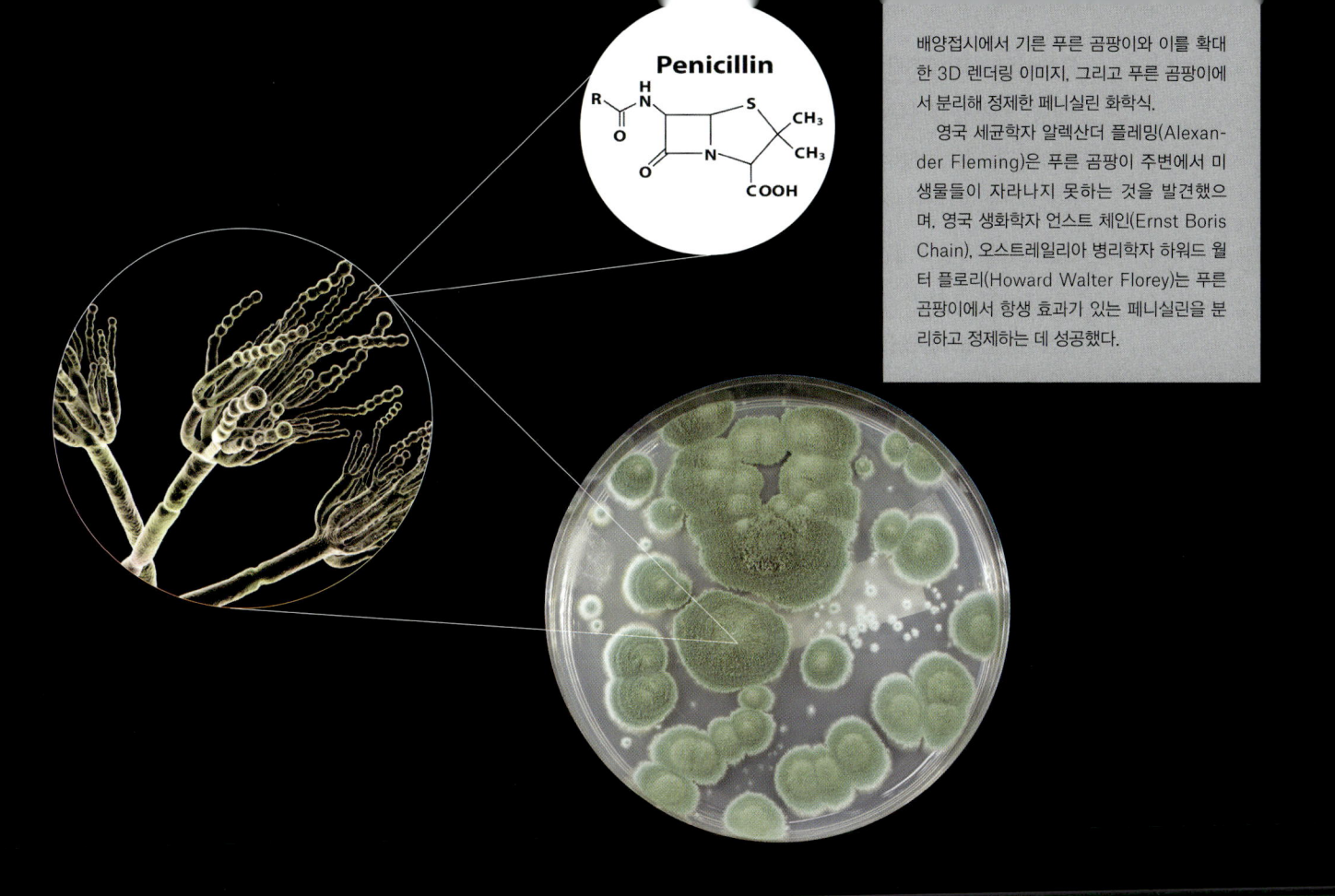

배양접시에서 기른 푸른 곰팡이와 이를 확대한 3D 렌더링 이미지, 그리고 푸른 곰팡이에서 분리해 정제한 페니실린 화학식.

영국 세균학자 알렉산더 플레밍(Alexander Fleming)은 푸른 곰팡이 주변에서 미생물들이 자라나지 못하는 것을 발견했으며, 영국 생화학자 언스트 체인(Ernst Boris Chain), 오스트레일리아 병리학자 하워드 월터 플로리(Howard Walter Florey)는 푸른 곰팡이에서 항생 효과가 있는 페니실린을 분리하고 정제하는 데 성공했다.

나라에서 아스피린™을 팔고 있는데, 생산량만 1년에 4만 톤이 넘는다고 한다.

왜 신약은 미국과 유럽에서만 주로 나오나

동양과 서양에서 약은 수천 년 동안 비슷했다. 그러나 서양에서 200년 정도 먼저 다른 컨셉을 찾아내면서 두 지역의 의약품 발전 과정은 다른 길을 걷는다. 이 200~300년의 차이가 현재 서양 여러 나라에서 활약하고 있는 글로벌 제약기업들이 탄생하게 된 계기였다.

서양이 찾아낸 컨셉은 '약효를 나타내는 물질만 순수하게 분리하자'는 생각과 그 물질을 '인공적으로 만들어보자'는 생각, 그리고 '타깃과 임상시험'이었다.

아스피린™이 역사적으로 오래 전부터 사용해 온 천연 물질에서 시작했다면, 페니실린은 전혀 다른 방식이었다. 영국 세균학자 알렉산더 플레밍 Alexander Fleming은 미생물 배양 실험을 하고 있었다. 1928년 플레밍은 미생물 배양 실험을 하던 중 배양액에 푸른 곰팡이(실제로는 녹색인데 왜 푸른 곰팡이라고 부르는지 아직 이유는 모르겠다. 그럼에도 혼동을 줄이기 위해 이 책에서는 푸른 곰팡이로 적는

1차 세계대전 당시 서부전선에 있던 미국 적십자 응급구조센터(왼쪽). 항생제가 없던 시절에는 열악한 위생환경으로 질병을 일으키는 병원균에 감염되어 사망할 확률이 높았다.

2차 세계대전 당시에 연합군 측에서 대량생산해 보관해둔 페니실린(오른쪽). 페니실린의 대량생산이 가능해지면서 다친 병사에게 병원균 감염을 방지하는 항생제 처방이 가능했다.

다.)가 핀 것을 보았다. 푸른 곰팡이 주변의 미생물들이 모두 죽은 것을 본 플레밍은 푸른 곰팡이에 미생물을 죽이는 무언가가 있는 것은 아닐까 생각했다. 플레밍은 연구를 더 진행했고, 푸른 곰팡이 배양액에서 세균의 생장을 억제하는 효과가 있는 물질을 찾았다. 페니실린penicillin, $R-C_9H_{11}N_2O_4S$이었다. 이야기는 이제부터가 본격적이다.

약효를 나타내는 물질을 찾았으니, 그 물질만 순수하게 분리하는 일에 도전하는 것으로 넘어갔다. 언스트 체인Ernst Boris Chain과 하워드 월터 플로리Howard Walter Florey는 푸른 곰팡이에서 항생 효과가 있는 물질을 분리해 정제하는 데 성공했다.

작업은 계속된다. 순수하게 분리했으니, 이것으로 병을 치료할 수 있는 약을 만들 수 있는지 확인하는 작업이다. 1941년 영국 옥스퍼드 대학에서 이 물질을 가지고 현대적 의미에서 최초라고 볼 수 있는 임상시험을 진행한다.

플로리가 처음으로 임상시험에 적용하려고 한 질병은 고름물집 모낭염sycosis barbae이라고 불리는 질병이었다. 얼굴 모낭에 미생물이 감염되고 상처가 생기는 질병이다. 임상시험 초반에는 항생제 생산 문제로 진행이 순조롭지 않았다. 그러나 플로리는 얼굴에 화상을 입은 환자의 미생물 감염 치료에 페니실린을 사용해보았고, 치료 효과가 좋은 것을 확인했다.

그런데 약으로 쓰기에는 생산량이 너무 적었다. 플로리를 비롯한 과학자들은 페니실린의 대량생산 방법을 연구했고, 화이자Pfizer 같은 미국의 기업들은 페니실린의 대량생산에 성공한다. 그리고 2차 세계대전이 발발하자 부상병을 치료하는 데 페니실린을 충분히 공급할 수 있었다.

페니실린은 여러 미생물 감염으로 인한 질병을 치료할 수 있었는데, 특히 포도상구균Staphylococcus 감염에 효과적이었다. 포도상구균은 사람의 피부에 있다. 평소에는 문제가 되지 않지만, 상처가 생겨 감염이 되면 사람을 죽일 수도 있는 무서운

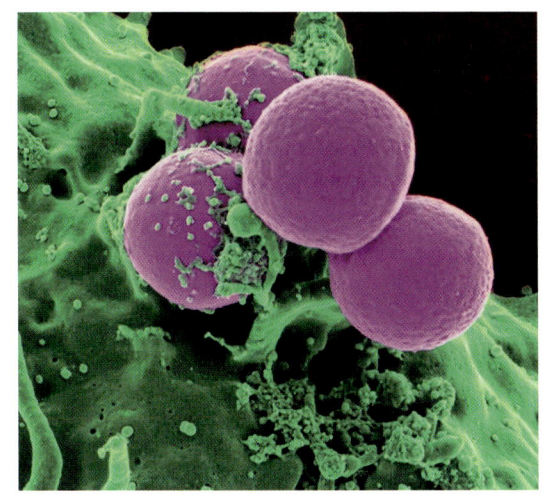
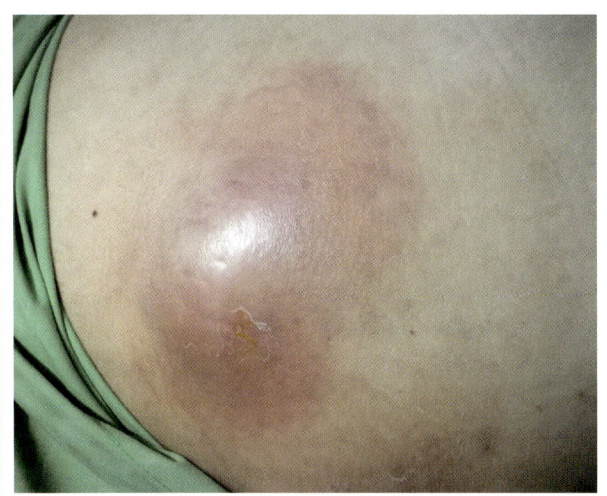

포도상구균이 피부에 있는 모습을 구성한 3D 렌더링(왼쪽). 포도상구균은 평소에 피부에 머물다가, 상처 부위로 감염되면 치명적인 문제를 일으킬 수 있다(오른쪽).

미생물이다. 전쟁에서 부상을 입었을 때 포도상구균에 감염된 군인에게 페니실린을 처방했는데, 2차 세계대전 연합군 측 부상병의 12~15% 정도가 페니실린 처방으로 살아났다는 통계도 있다.

아스피린™과 페니실린 이야기에는 신약개발 과정 전부가 들어 있다. 그리고 수천 년간 같은 길을 걸어오던 서양과 동양의 의약품이 서로 다른 길을 걷게 된, 짧게 잡으면 50년이고 길어봐야 300년의 이야기도 들어 있다.

서양을 근거지로 두고 있는 글로벌 제약기업들의 신약개발은 아스피린™과 페니실린을 만드는 과정과 크게 다르지 않다. 다만 반복하면서 경험이 쌓였고, 경험은 구체적인 노하우로 변했으며, 함께 쌓인 데이터가 힘이 되어주었을 뿐이다. 동양에서는 이런 종류의 이야기가 없었다. 그렇기에 현대적 의미의 신약개발은 대부분 미국과 유럽을 중심으로 한 서구에서 이루어지고 있다.

100m 앞에서 출발한 거북이를 바람 같은 속도로 달리는 아킬레우스가 따라잡지 못한다고 고대 그리스의 수학자 제논이 주장했다. 그런데 심지어 100m 앞에서 아킬레우스가 뛰고 있다면 여러모로 따라잡기 쉽지 않다. 한국을 비롯한 동양권의 신약개발은 서양권을 따라잡으려 애를 쓰고 있으며, 최선을 다해 50~300년 동안 벌어진 차이를 좁혀가고는 있지만, 당장 상황을 뒤집기는 어려워 보인다.

6장. 케미컬 의약품

아스피린™과 페니실린 모두 치료 효과가 있는 물질만을 순수하게 분리·정제해 사용한다. 물질을 분리·정제한 후, 분자구조식을 알아내고, 적은 비용으로 많이 생산할 수 있는 방법을 찾아낸 것이다.

현대적인 의미의 의약품이 개발되던 초기에는

천연물(식물체이나 미생물 배양액 등)에서 물질을 찾았고, 물질 분석이 끝나면 화학적인 합성 방법을 찾았다. 화학적으로 합성하려면 분자량이 작은 것이 수월했다. 따라서 저분자 화합물small molecule 이 의약품으로 주로 도입되었고, 저분자 화합물을 성분으로 하는 의약품을 케미컬 의약품이라 부른다. 가끔 케미컬 의약품을 '저분자'라고도 하는데, 상대적으로 분자량이 큰 바이오 의약품과 구분하기 위해 이렇게 부르기도 한다.

이처럼 아스피린™과 페니실린의 성공은 신약개발의 방향을, 분자구조식을 알아내어 대량생산할 수 있는 케미컬 의약품 쪽으로 이끌었다. 물론 신약개발 과정도 아스피린™과 페니실린을 만들었던 방법과 크게 다르지 않게끔 설계되었다. 지금도 여러 신약 후보물질이 천연물에서 개발되고 있지만, 여러 화합물을 인위적으로 합성해 후보물질을 찾는 전략의 비중도 높다.

타깃과 스크리닝

신약개발의 시작은 질병이다. 생물학적으로 질병을 '생체 내 조절 과정에 균형이 깨진 것'이라 정의한다면, 생체에는 다양한 조절 작용이 있을 것이다. 이 조절 작용이 작용하지 않으면 균형이 무너진다. 그리고 무너진 균형을 다시 맞추기 위해 어딘가를 조절하려는 물질이 의약품이다. 이때 기준이 되는 것이 조절의 타깃target이다.

의약품 개발이 어떤 질병을 고칠 것인지 정하고 그에 맞는 물질을 찾는 것이라면, 타깃은 의약품 개발의 목표점을 구체적으로 설정해준다. 타깃을 정해 인위적으로 조절 작용을 일으키고 균형을 잡아 병을 고친다. 신약개발에 대한 기사가 나오면 빠지지 않고 등장하는 타깃의 개념이다.

타깃은 밸류에이션과 직접 연결된다. 암을 치료하는 신약을 개발한다면 어떤 타깃을 잡고 있는지 검증해야 밸류에이션을 추정해볼 수 있다. 초기 조절 작용을 타깃한다면 무너진 불균형이 작아 병을 상대적으로 쉽게 잡을 수 있을 것이다. 그러나 작은 조절의 변화가 앞으로 어떤 일을 일으킬지 정확하게 모른다. 어쩌면 커다란 부작용이 생길 수 있다.

반대의 경우, 즉 후기 조절 작용을 타깃한다면 잡아야 할 불균형이 너무 크다. 병이 이미 깊은 상태이니 병 자체를 잡는 것이 문제다. 대신 부작용 걱정을 덜 수는 있다. 환자의 병세가 심해졌을 것이니, 다른 부작용이 있어도 질병으로 목숨을 잃는 것보다는 나을 것이기 때문이다. 케미컬 의약품 신약개발 과정은 치료 타깃을 정하고, 타깃에 최적화된 물질을 찾는 것의 반복이다.

타깃을 정했다면 스크리닝screening 단계로 넘어간다. 스크리닝은 여러 저분자 화합물 가운데 타깃에 작용하는 물질을 찾는 작업이다. 이렇게 찾은 물질은 신약이 될 수 있는 후보물질의 지위를 얻는다. 1990년대, 조금 더 길게 보면 2000년대 초반까지는 스크리닝 능력이 케미컬 의약품 신약개발에서 핵심 경쟁력이었다.

나는 1997년에 처음으로 신약개발 연구에 참여했는데, 맨 처음으로 담당했던 일이 스크리닝이었다. 나와 테크니션technician, 엔지니어의 실험을 돕는 현장 기술자 두 명이 연구실에서 매일 100개 정도의 물질을 스크리닝하고 있었다. 우리가 사용하던 장비는 자동화된 것은 아니었고, 하려는 일도 자동화가 어려운 세포배양 시스템이었기에 스크리닝의 속

페니실린과 같은 세포벽 합성 억제 약물 메커니즘

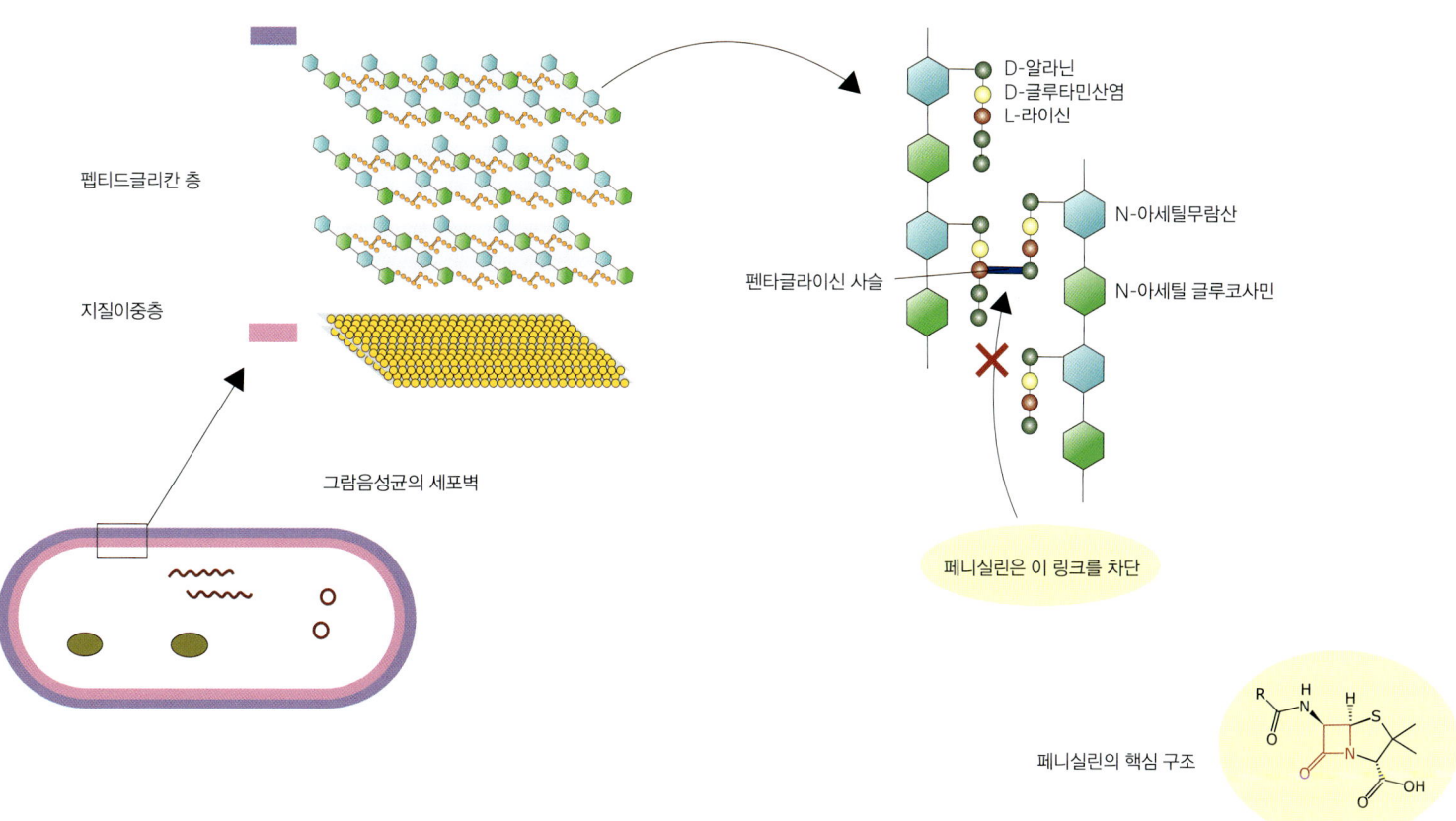

작용점은 치료제가 작용을 일으키는 위치로, 치료제의 주성분이 작용점에서 약효를 일으킨다. 감염질환은 병을 일으키는 병원균에 감염되어 나타난다. 감염질환에 쓰이는 항생제는 병원균의 증식에 관여하는 부위에 작용점을 두고 있다.

예를 들어 페니실린이 감염질환을 앓고 있는 환자에게 투여되면, 페니실린은 병원균의 세포벽을 합성하는 페니실린-결합 단백질(penicillin-binding protein, PBP)에 작용해 병원균이 세포벽을 만들어내지 못하도록 만든다. 세포벽을 만들어내지 못한 병원균은 성장과 증식을 하지 못하고 죽게 된다.

도가 빠르지 않았다.

이런 상황에서 새로운 스크리닝 시스템 개발 차 일본에 출장을 갔다. 당시 일본 제약기업에서는 하루에 10~20만 개 정도의 물질을 스크리닝하고 있었다. 한국이 가내수공업이었다면, 일본은 이미 공장 체제로 돌아가고 있었다. 짧은 시간 동안 많은 물질을 스크리닝할 수 있다면 타깃에 작용하는 물질을 찾는 작업에 성공할 확률이 높아질 것이었다. 좋은 스크리닝 기술을 가지고 있는 기업의 밸류에이션이 높았다.

라이브러리

그러나 스크리닝 능력과 기술이 밸류에이션의 핵심이던 시기는 곧 끝났다. 물질을 많이 찾아보는 스크리닝 기술이 곧바로 신약개발로 이어지지 않는다는 점을 알게 되었기 때문이다. 아무리 스크리닝을 빠르게 많이 해도, 어디서 찾느냐가 중요했다. 그래서 라이브러리library 개념이 밸류에이션에 등장한다.

케미컬 의약품 신약을 개발하는 기업 연구소에는 케미컬 라이브러리가 있다. 말 그대로 여러 저분자 화합물들을 모아둔 도서관이다. 스크리닝은 이 도서관에서 타깃 문제를 해결해줄 수 있는 책을 찾는 과정이다. 그런데 책을 빨리 찾는 것도 중요하겠지만, 도서관에 좋은 책이 있는지 없는지가 문제 해결에서는 더 우선한다.

케미컬 의약품 신약개발의 시작이 늦었던 한국은 국책 연구소나 제약기업 모두 라이브러리를 넓히는 일에 관심을 쏟았다. 1990년대만 해도 방선균을 비롯한 신규 미생물 배양액을 활용한 천연물 라이브러리 구축만 진행하는 연구 부서가 한국 생명공학연구원에 있을 정도였다. 2020년 현재도 제약기업과 연구소는 물질을 구매하거나 합성하는 등의 방법으로 라이브러리를 넓히려 노력하고 있다.

글로벌 제약기업은 대략 1,000만 종 이상 규모의 라이브러리가 있을 것으로 추정되며, 지금도 그 양을 넓혀가고 있다. 라이브러리 규모 경쟁도 아킬레우스와 거북이의 달리기 경주처럼 먼저 시작한 쪽을 따라잡기 쉽지 않다.

이런 이유로 스크리닝에 AI를 활용하는 아이디어가 나오고 있다. 케미컬 의약품 신약은 타깃하는 단백질에 달라붙어, 타깃 단백질이 일을 하지 못하게 하거나, 일을 더 열심히 할 수 있게 한다. 스크리닝은 이 작업을 열쇠와 자물쇠와 같이 일일이 맞춰보는 것이다. 잘 맞는 열쇠를 찾으면 자물쇠가 열리는 원리다. 만약 이 작업을 AI에게 시키면 어떻게 될까? 타깃 단백질의 구조와 스크리닝할 저분자 화합물을 구조를 놓고, AI가 3차원 시뮬레이션으로 맞춘다. 물론 스크리닝 결과를 보고 직접 실험을 해봐야겠지만, 일단 1차 스크리닝용으로는 효율적일 것으로 예상한다.

7장. 단백질 의약품

정의(definition)보다 메커니즘

단백질 의약품은 제넨텍Genentech이 대장균에서 인슐린을 만들어내면서 시작했다. 제넨텍이 인슐린을 만들어내기 전까지 당뇨병 환자에게 처방하는 인슐린은 돼지의 췌장에서 분리했다. 도축한 돼지의 췌장에서 분리하다보니 인슐린은 비쌌다. 그런

아미노산

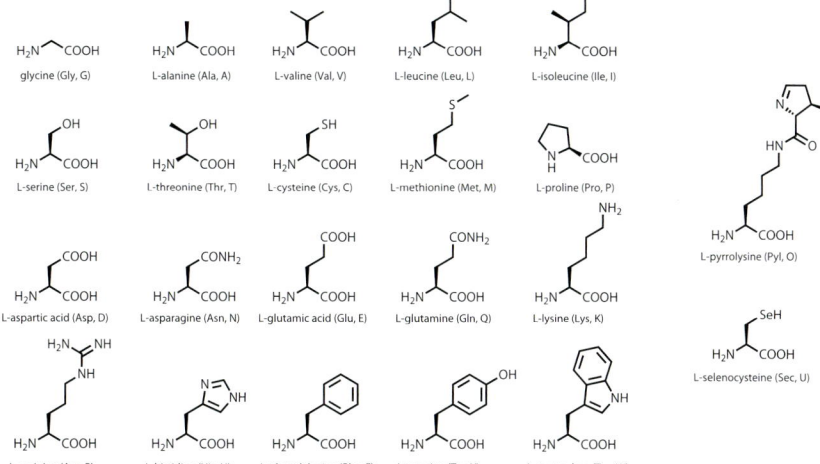

바소프레신(아르기프레신)

인슐린

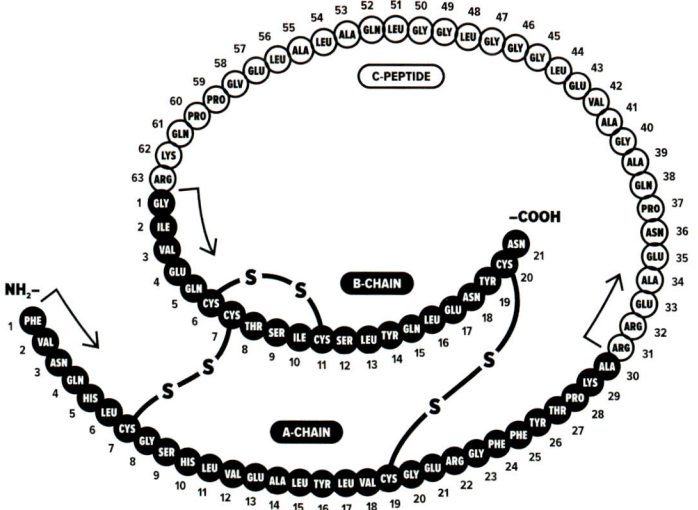

아미노산(맨 위)이 기본 단위가 되어 펩타이드(가운데, 바소프레신)나 단백질(맨 아래, 인슐린)을 만든다. 아미노산 단위에서는 분자식이 간단하지만 펩타이드와 단백질로 갈수록 복잡해진다. 덩치가 작은 단백질로 분류되는 인슐린도 많은 아미노산이 결합해 만들어지는 물질이다.

중요한 것은 약효보다는 독성이다.
스크리닝을 하다보면 타깃에 효과를 보이는 물질이 생각보다
잘 찾아진다는 점에 놀란다. 그런데도 신약개발이 더딘 이유는
독성이 강하면 약으로 쓸 수 없기 때문이다.

데 제넨텍이 대장균에서 만들어낸 인슐린은 돼지의 췌장에서 뽑아낸 인슐린보다 생산원가는 매우 낮았고 약효는 괜찮았다.

단백질 의약품이 무엇인지 정의하기는 어렵다. 보통 아미노산이 많이 결합한 것을 단백질이라고 부르는데, 50개보다 적은 아미노산이 결합해 있으면 펩타이드peptide라 부른다. 글로벌 제약기업인 사노피의 당뇨병 치료제 란투스Lantus®, 성분명: insulin glargine, 다케다의 전립선암 치료제인 루프론Lupron®, 성분명: leuprorelin 등은 펩타이드 의약품이다. 이들을 아미노산으로 구성되어 있으니 단백질 의약품이라고 불러야 할까, 아니면 펩타이드 의약품이라고 불러야 할까? 1세대 단백질 의약품인 제넨텍의 인슐린은 대장균에서 만들고, 유방암 치료제인 허셉틴 같은 항체 의약품들은 대부분 동물 세포에서 만든다. 그런데 펩타이드 의약품은 화학 합성 방법으로 만든다. 그럼 펩타이드 의약품은 케미컬 의약품이라고 불러야 하는 걸까?

단백질 의약품을 말로 정의하기 힘든 이유는 '새 것'이기 때문이다. 단백질 의약품이 타깃하려는 것들은 케미컬 의약품이 타깃하지 못하던 것들이다. 대부분 세상에 없던 방식이고, 새로운 약이 매일매일 등장한다. 새로운 MOA가 계속 나오고 있는 것이다. 과학과 언어 사이의 속도 경쟁에서 과학이 언어를 앞서고 있는 상황이니, 정의를 내리기 어렵다.

그러나 어떻게 정의할 것인지가 중요한 문제가 아니다. 누군가 '이것이 단백질 의약품이오!'라고 외치고 있다면, 단백질 의약품인지 무엇인지를 구분하기보다는 어떤 기술이 무엇을 목표로 하고 있는지 살펴보는 것이 중요하다.

항체 의약품

우리 몸의 면역체계에는 바이러스처럼 외부에서 침투한 물질과, 암세포처럼 비정상 세포를 없애는 기능이 있다. 외부 물질이나 암세포 표면에 있는 특정 인자(항원)에 결합해, 외부 물질이나 암세포가 활동하지 못하도록 막는 물질(항체)를 생산하는 기능이다. 항체가 가진 원래 기능에서 아이디어를 얻어 의약품으로 만든 것이 항체 의약품이다.

케미컬 의약품에 비하면 항체는 대략 10,000배 정도 크다. 단순히 크기만 큰 것이 아니라 구조도 복잡하다. 케미컬 의약품은 크기가 작으므로 세포와 단백질 이곳저곳에 붙어서 작용한다. 원하

사노피(Sanofi)-아벤티스(Aventis)가 공동 개발한 란투스®는 당뇨병 환자에게 혈당수치를 유지해주는 펩타이드 의약품이다.

란투스®의 주성분은 인슐린 글라진(insulin glargine)으로, 아미노산 서열을 변경해 새로운 MOA를 만들어낸 인슐린이다. 기존에 판매되던 NPH 인슐린은 투여 직후 체내 당 활용률이 증가하지만, 투여 후 12시간 정도에 기준점 이하로 떨어진다. 이 때문에 NPH 인슐린은 하루 2번 투여로 체내 혈당을 유지한다. 반면에 인슐린 글라진은 1회 투여로 24시간 이상 일정량의 체내 당 활용률을 유지해주기 때문에, 하루에 한 번만 투여하면 된다.

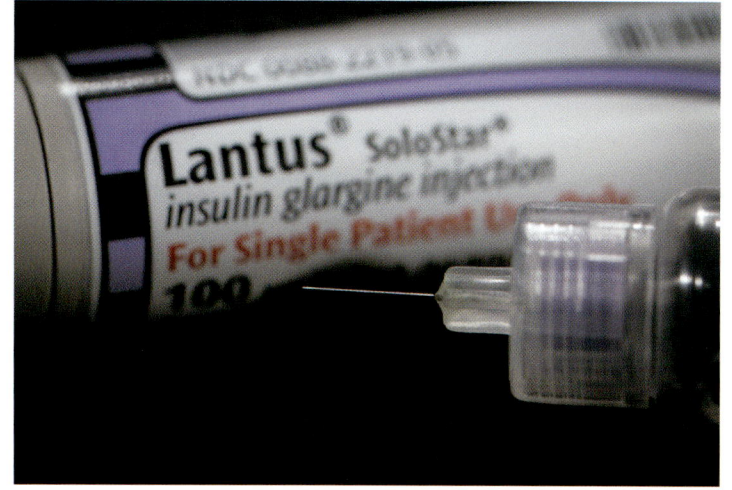

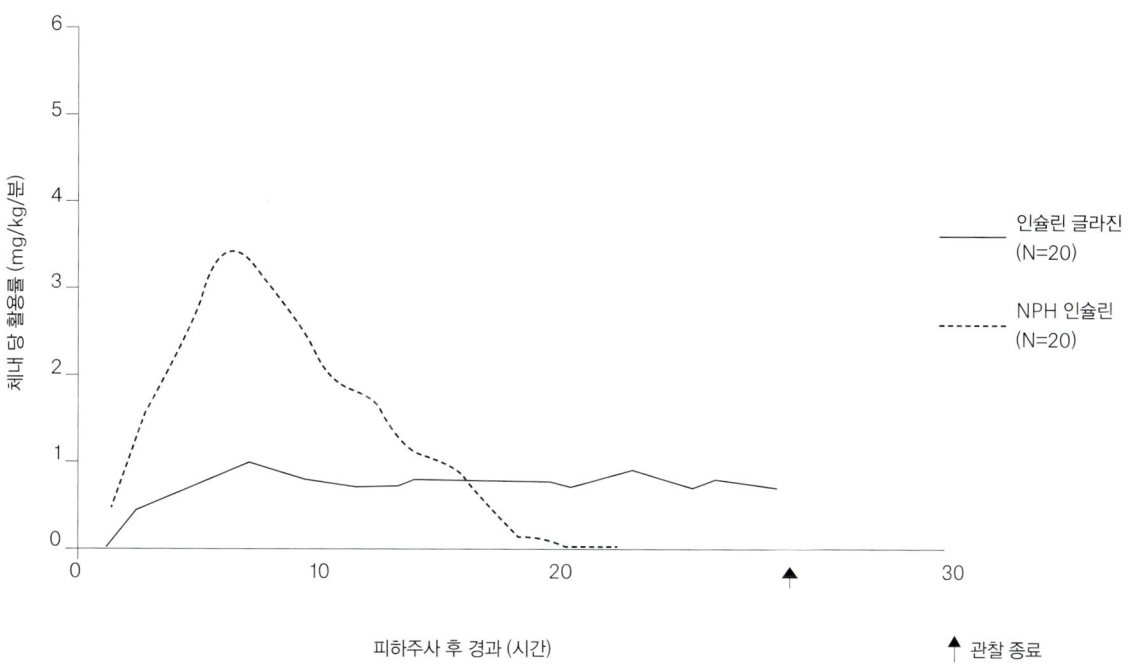

는 곳에만 붙어 원하는 작용만 해야 하는데, 이곳 저곳에 붙으니 부작용도 발생한다. 케미컬 의약품의 경우 약효가 없어서 약이 안 되는 경우보다는, 부작용과 독성이 커서 약이 못 되는 경우가 많다. 그런데 항체 의약품은 덩치가 크고 구조가 복잡해 케미컬 의약품보다 정확하게 작동한다. 딱 들어맞는 곳에만 결합해 효과를 나타내니 약효는 좋고, 독성은 낮다.

단 항체 의약품은 효과가 좋지만 가격이 비싸다. 케미컬 의약품은 분자 구조가 항체에 비하면

밸류에이션에게 시간이란

미충족 의료 수요는 치료에 대한 절박함에서만 비롯하지는 않는다. 시간이 흘러 수요가 다시 생기기도 한다. 혈청 알부민(serum albumin)은 혈액에서 가장 큰 비중을 차지하는 단백질로, 혈액의 산소 전달 기능을 원활하게 하는 등의 역할을 한다. 나는 1년 동안 연구소에서 '알부민 생산 프로젝트'를 진행한 적이 있다.

1996년 당시에는 알부민을 사람 피에서 정제해 생산했다. 우리 연구팀의 과제는 알부민을 효모(yeast)에서 생산하는 것이었다. 알부민을 사람의 피에서 정제하다보니 가격이 비쌌고, 피를 제공한 사람의 질병 감염 상태에 대한 걱정이 있었다. 만약 알부민을 효모에서 만들어낼 수 있다면, 효모가 먹이로 삼는 메탄올 비용 정도가 생산비로 들어갈 것이다. 또한 공여하는 사람도 감염 여부를 100% 확인하기 어려운 가운데 공여한 피를 이용하지 않고, 통제된 상태의 효모에서 만들 것이니 안전성도 좋아질 것이었다.

프로젝트가 야심차게 시작했지만 성과를 거두지는 못했다. 효모에서 알부민을 생산하는 아이디어가 의미 있었고, 실험실 수준에서 아이디어를 구현할 수 있었다. 그러나 대량생산을 위한 공정 설계로 넘어가자 균주를 개량하고, 공정을 개선해야 하는 문제가 나타났다. 연구실에서 공장으로 넘어갈 때 일어나는 일반적인 상황이었지만, 상황을 돌파할 수 있는 동력이 부족했다. 한마디로 '그렇게까지 해서 싸게 알부민을 만들 필요가 있냐'는 질문에 답을 하지 못했다. 당시까지만 해도 사람의 피에서 정제한 알부민에 대한 걱정이 있었지만 그리 높은 정도가 아니어서 미충족 의료 수요가 발생하지 않았다. 새롭게 공정을 만들려면 이를 이끌 유인, 즉 미충족 의료 수요가 있어야 했지만 그것이 없었다.

만약 2019년이라면, 알부민을 효모에서 만들어내는 일에 제법 많은 미충족 의료 수요가 따라붙을 것이다. 공여한 사람 본인도 모르고 있었고, 검사 과정에서도 문제가 없었지만, 이렇게 공여받은 혈액을 가지고 만든 제품을 통해 질병에 감염된 사례가 있었기 때문이다. 당연히 소비자들은 통제된 환경에서 인위적으로 만들어낸 알부민을 찾을 것이다. 그러나 지금으로부터 25년 전에는 그런 수요가 충분하지 않았다.

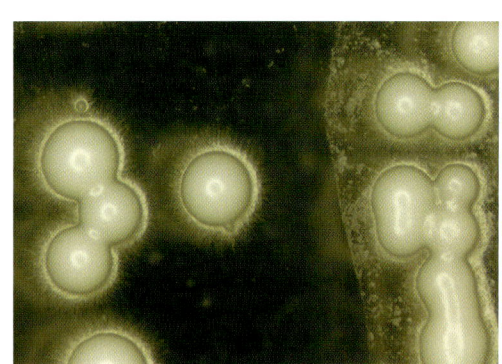 VS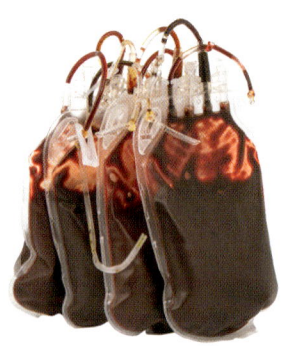

효모에서 만들 것인가(왼쪽) 아니면 알부민을 사람의 피를 정제해 만들 것인가(오른쪽). 두 가지 기술이 모두 있다고 해도, 시장에서 소비자들의 반응에 따라 밸류에이션으로 이어질 수도 이어지지 않을 수도 있다.

단순해 화학합성 방식으로 대량생산이 가능하다. 그런데 항체 의약품은 화학합성 방식을 사용할 수 있을 정도의 크기가 아니다. 따라서 만들고 싶은 항체의 유전자를 CHO세포에 넣고, 이렇게 만든 유전자 조작 세포를 대량으로 배양해서 생산한다. 생산하는 모든 과정에 들어가는 기술의 난이도가 높고 설비에 들어가는 비용도 크다. 반도체 생산 설비를 설치하는 것과 같은 정도의 첨단 기술과 자본이 필요하다. 당연하게도 항체 의약품의 가격은 비싸다.

생산과정에 필요한 첨단 기술과 자본이 있다고 항체 의약품을 만들 수 있는 것은 아니다. 의약품으로 쓸 수 있는 항체가 제일 중요하지만, 그런 항체는 아직 몇 개 없다.

미국 FDA에서 처음으로 허가받은 항체 의약품은 장기 이식 거부 반응 치료제 OKT3(성분명: muromonab-CD3)인데, 첫 허가는 1985년으로, 30여 년 전 일이다. 지금으로부터 30여 년 전에 첫 항체 의약품 허가가 났으니 그 이후 여러 항체 의약품이 나왔을 것 같지만 현재 미국 FDA에서 허가를 받은 항체 의약품은 30여 종 남짓이다. 류마티스 관절염 치료제로 사용하는 애브비의 휴미라®(Humira®, 성분명: adalimumab), 유방암 치료제로 사용하는 로슈의 허셉틴®(Herceptin®, 성분명: trastuzumab), 면역항암제인 머크의 키트루다®(Keytruda®, 성분명: pembrolizumab), BMS의 여보이®(Yervoy®, 성분명: ipilimumab), 오노(Ono)약품공업이 개발한 옵디보®(Opdivo®, 성분명: nivolumab) 등으로, 2018년 전 세계에서 가장 많은 매출을 올린 의약품 10개 가운데 6개가 항체 의약품이다.

그러나 전체적으로는 아직 숫자가 적다. 특허가 만료되어 셀트리온이나 삼성바이오로직스 같은 기업들이 만드는 바이오시밀러 등을 포함해도 그 수는 많지 않다. 임상시험 중인 항체 의약품 전체를 통틀어도 500여 개 정도다. 케미컬 의약품과 비교하면 종류가 매우 적다. 연구자들은 약으로 쓸 수 있는 항체를 아직 충분히 찾지 못했다.

항체 의약품을 개발하려면 질병의 증상을 불러오는 기능을 하는 항원에 결합해 기능을 억제하는 항체를 스크리닝해야 한다. 지금까지는 세포와 단백질 표면에 있는 항원을 스크리닝했고, 그 가운데 몇 가지를 찾아내 이에 결합하는 항체로 의약품을 만들었다. 타깃 항원과 여기에 결합하는 항체를 찾아내면 항체 의약품을 만들 수 있고, 따라서 전 세계적 규모의 대형 제약기업들은 타깃 항원과 여기에 결합하는 항체를 찾는 작업에 시간과 노력을 들였다. 이미 기술과 노력과 자본이 허락하는 범위에서 꽤 많이 뒤졌을 것이고, 당장 새로운 것을 찾아낼 가능성이 높지 않다.

단 여기에도 밸류에이션 포인트는 있다. 타깃이 되는 항원이 세포 표면에만 있지 않기 때문이다. 항체는 세포막에 걸쳐 있는 항원과 결합하기도 한다. 그런데 지금까지는 사실상 세포 표면에만 있는 항원을 스크리닝했다. 따라서 세포 안에서 질병의 원인이 되거나 증상을 일으키는 항원을 찾고, 여기에 결합하는 항체를 찾는다면 밸류에이션이 있을 것이다. 항체 스크리닝의 문제다.

전통적인 항체 스크리닝 방법은 한계가 명확하다. 이를 극복할 수 있는 방법을 찾는다면 밸류에이션이 생겨날 것이다. 한국에서 바이오벤처를 중심으로 새로운 항체를 찾으려는 도전이 한창이고, 항체 제작 기술을 개발하는 바이오벤처와 바이오테크들이 있다. 항체 의약품의 뛰어난 효과와 글로벌 제약산업을 분석하는 이벨류에이트(Evaluate)가 발표한 2024 글로벌 의약품 매출 Top 10 전망. 2024년 매출이 가장 높을 것으로 예측되는 의약품 10개 품목 중 4개 제품이 항체 의약품이다.

출처: *World Preview 2019, Outlook to 2024* (2019) EvaluatePharma

순위	성분명	제품명	매출(억 달러) 2018	매출(억 달러) 2024(전망)	기업	질환	작용 메커니즘
1	펨브롤리주맙	키트루다®	72	170	머크, 오츠카제약	흑색종, 비소세포폐암, 두경부암, 전형적 호지킨 림프종, 요로상피암	PD-1 항체
2	아달리무맙	휴미라®	205	124	애브비, 에자이	류마티스 관절염, 건선성 관절염, 축성 척추관절염, 크론병, 건선, 궤양성 대장염, 베체트 장염, 화농성 한선염, 포도막염	TNFα 항체
3	아픽사반	엘리퀴스®	64	120	BMS	정맥혈전색전증, 뇌졸중, 전신색전증, 심재성 정맥혈전증, 폐색전증	응고인자 Xa 억제제
4	니볼루맙	옵디보®	76	113	BMS, 오노약품	흑색종, 비소세포폐암	PD-1 항체
5	이브루티닙	임브루비카®	45	95	애브비, 존슨앤드존슨	외투세포 림프종, 만성 림프구성 백혈병	BTK 억제제
6	팔보시클립	입랜스®	41	91	화이자	유방암	CDK4 억제제, CDK6 억제제
7	레날리도마이드	레블리미드®	98	81	셀진	다발성 골수종, 골수형성이상증후군, 외투세포 림프종	IL-6 길항제, NK세포 촉진제, NKT세포 촉진제, TNFα 억제제, VEGF 억제제
8	우스테키누맙	스텔라라®	53	78	존슨앤드존슨, 미츠비시 타나베제약	건선, 건선성 관절염, 크론병	IL-12 항체, IL-23 수용체 항체
9	애플리버셉트	아일리아®	72	73	리제네론, 바이엘, 산텐	습성 노인성 황반변성	VEGF 수용체 길항제
10	빅테그라비르+엠트리시타빈+테노포비르 알라페나미드	빅타비®	12	69	길리어드	에이즈	HIV-1 합성 억제제, NRT 억제제

낮은 부작용은 앞으로도 더 많은 연구와 개발을 유도할 것으로 보이며, 새로운 밸류에이션이 창출될 가능성이 있다.

이렇게 항체 의약품 밸류에이션에서 핵심은 여전히 '새 항체 찾기'다. 의약품으로 이용되는 항체는 적고, 더 찾아낼 여지가 있다. 새로운 항체를 찾는 것이 항체 의약품 신약개발에서 최우선의 밸류에이션 포인트다.

다음으로는 바이오시밀러의 성공 여부가 중요하다. (바이오시밀러는 뒤에 가서 다시 자세하게 이야기하겠지만) 항체 의약품은 생산공정 자체가 복잡하고 어렵기 때문에 복제약이라는 개념을 적용하기 어렵다. 똑같이 만드는 것이 아니라 비슷하게 만들어 오리지널과 효과를 비교하고, 규제 당국이 제시한 효과와 부작용의 기준선을 통과하는 것이 목표다. 따라서 바이오시밀러에서는 생산공정을 성공시키는 것 그 자체가 주목할 밸류에이션 포인트다.

비싸지는 경향

케미컬 의약품, 1세대 단백질 의약품, 항체 의약품, 항체약물복합체는 전반적으로 약이 비싸지는 과정으로 볼 수 있다. 아스피린™ 같은 케미컬 의약품이 백 원이라면, 1세대 단백질 의약품인 인슐린은 만 원, 항체 의약품은 5백만 원 정도다. 항체약물복합체는 2천만 원 이상 될 것으로 예상한다. 케미컬 의약품 가운데 C형 간염 치료제인 소발디®처럼 한 알에 백만 원 정도 하는 비싼 것도 있지만, 전체적인 흐름은 단백질 의약품이나 항체 의약품처럼 비싼 바이오 의약품 쪽으로 가고 있다.

약이 비싸진다는 것은 한쪽에서 보면 환자의 부담이 늘어난다는 이야기지만, 다른 한쪽에서 보면 의약품의 효과가 높아지고 있다는 말이기도 하다. 효과 없이 비싸기만 한 의약품은 팔리지 않을 것이다.

비싸지만 효과가 좋은 의약품 개발의 주도권은 전 세계적 규모의 대형 제약기업들이 쥐고 있다. 이 대형 제약기업들은 비싸고 효과가 좋은 약 개발을 최우선에 둔다. 싸지만 효과가 낮은 의약품을 박리다매 전략으로 시장에 내놓는 것은 투입 대비 산출이 좋지 않기 때문이다. 개발이 어려워도 효과가 좋은 신약을 개발하고, 대신 최대한 비싼 가격을 받고 파는 것이 이들에게는 훨씬 유리하다. 전 세계적 규모의 대형 제약기업들은 더 많은 이익을 쫓고 있지만, 이런 추격이 혁신적인 의약품 개발을 이끌고 있는 것도 사실이다.

이런 구조에서 적어도 '돈이 없어 약을 못 쓰는' 경우가 생기지 않게 하려면 제약기업의 이익을 줄이는 방향으로 규제하기보다는, 환자에게 약을 쓸 수 있게 해주는 보건정책적 접근이 필요하다. 제약기업이 환자의 고통은 뒤로 하고 돈만 쫓으며 신약개발을 하는 것은 아니며, 높은 이윤이 현재 시스템에서 혁신을 도모하는 가장 정확한 보상인 지도 고려해야 한다.

얼마나 비싸든, 일단 세상에 없던 약을 만들어야 그 다음에 죽이든 살리든 할 수 있다. 미국 FDA와 같은 규제 기관은 신약의 혁신성에 충분한 보상을 준다. FDA를 중심으로 한 제약기업들이 혁신 신약에 도전하는 이유다.

성분명	제품명	기업	질환
젬투주맙 오조가마이신	마일로타그™	화이자	급성 골수성 백혈병
브렌툭시맙 베도틴	애드세트리스®	시애틀제네틱스	호지킨 림프종, 거대세포 림프종
트라스투주맙 엠탄신	캐싸일라®	제넨텍	유방암
이노투주맙 오조가마이신	베스폰사®	화이자	급성 림프구성 백혈병
폴라투주맙 베도틴	폴리비™	제넨텍	미만성 거대 B세포 림프종

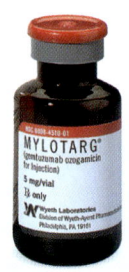
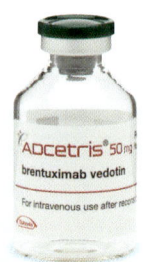
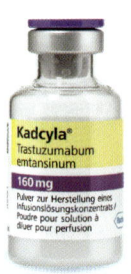
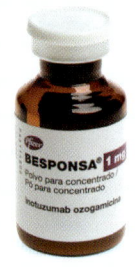
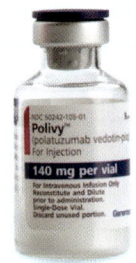

2019년을 기준으로 미국 FDA로부터 사용을 승인받은 항체약물복합체 5종류는 항암제로 사용된다.

항체약물복합체는 암세포에만 결합하는 항체와 세포를 죽이는 독성물질, 그리고 이 둘을 연결하는 링커로 구성된다. 암세포에 결합한 항체약물복합체는 암세포 내부로 이동하는데, 암세포 내부에서 분해되는 동안 독성물질을 내보낸다. 독성물질은 암세포의 사멸을 유도해 항암작용을 한다. 왼쪽부터 시계방향으로 마일로타그, 애드세트리스, 캐싸일라, 폴리비, 베스폰사.

항체약물복합체와 링커 기술

항체 의약품 이야기의 끝은 항체약물복합체(antibody drug conjugate, ADC)로 이어진다. 항체약물복합체는 항원에 특이적으로 결합하는 항체(antibody)의 성질과 치료 효과가 높은 케미컬 의약품(drug)의 성질을 결합한(conjugate) 것이다. 암세포에 있는 항원에 결합하는 어떤 항체가 있다면, 그 항체에 암세포를 죽일 수 있는 강력한 케미컬 의약품을 붙여서 환자에게 투여한다. 항체가 암세포에 결합해 바로 그곳에 독한 약을 떨어뜨리면 암세포를 효과적으로 제거할 수 있다는 개념이다.

항체약물복합체는 좋은 개념이지만 현실에서 구현하기에는 넘어야 할 산이 많다. 만약 어떤 바이오테크가 항체약물복합체 개발에 도전하고 있다면, 그 바이오테크 안에는 항체 전문가와 케미컬 의약품 전문가와 이 둘을 붙였다가 떼는 링커 전문가가 있어야 한다. 규모가 작은 바이오테크에 이 세 명이 함께 있는 경우는 드물다. 따라서 내부에 전문가가 없다고 하더라도, 어떻게 세 가지 전문 영역을 포괄하고 있는지, 연구개발 네트워크/파트너십/자문위원단 등의 구조를 꾸리고 있는지 살펴봐야 한다.

이 가운데 특히 주목해서 볼 것은 링커 기술과 기술을 보유한 연구진이다. 항체를 다루는 곳이나 저분자 화합물을 연구하는 사람은 상대적으로 많지만 링커는 다르다. 항체에서 붙이고 싶은 위치에, 붙이고 싶은 양만큼 붙여, 환자에게 투여하면 몸속에서 잘 붙어 있다가, 치료하려는 부위에 가서 딱 떨어질 수 있게 하는 링커 기술이 항체약물복합체에서 핵심 밸류에이션 포인트다.

	패스트트랙 Fast Track	혁신 신약 Breakthrough Therapy	우선 심사 Priority Review	가속승인 Accelerated Approval
요건	○ 중증 이상의 질병에 대한 치료제로, 미충족 의료 수요를 해결할 가능성을 가진 비임상시험 또는 임상시험 자료를 제출하는 경우	○ 중증 이상의 질병에 대한 치료제로, 임상시험 초기 단계에서 기존 치료법보다 높은 수준으로 임상 지표를 개선하는 경우	○ 중증 이상의 질병에 대한 치료제로, 임상시험을 거쳐 안전성과 유효성이 검증된 경우	○ 중증 이상의 질병에 대한 치료제로, 임상시험에서 기존 치료법보다 높은 수준으로 임상 지표를 개선하고 임상적 이득이 예측되는 경우 ○ 임상시험 중간 단계의 임상적 이득을 판단하는 임상 대리지표가 임상 지표의 효능을 증명할 수 있는 경우
절차	○ 임상승인신청(IND) 신청 이후 개발기업의 요청이 있으면 60일 이내에 지정 여부 결정	○ 임상승인신청(IND) 신청 이후 개발기업의 요청이 있으면 60일 이내에 지정 여부 결정	○ 신약허가신청(NDA) 또는 바이오의약품 허가신청(BLA) 제출 시 개발기업의 요청이 있으면 60일 이내에 지정 여부 결정	○ 가속승인 대상 질환, 임상 대리지표 별도 관리 ○ 개발기업과 심의부서의 가속승인 가능성에 대해 임상 지표 관련 논의 이후 결정
혜택	○ 신약 승인을 위해 개발 단계부터 FDA와 소통 가능 ○ 신약허가신청(NDA) 또는 바이오 의약품 허가신청(BLA) 제출 시 추가 절차 생략하고 신약승인심사 진행 ○ 우선 심사 신청 자격 부여	○ 신약 승인을 위해 개발 단계부터 FDA와 소통 가능 ○ 신약허가신청(NDA) 또는 바이오의약품 허가신청(BLA) 제출 시 추가 절차 생략하고 신약승인심사 진행 ○ 우선 심사 신청 자격 부여 ○ 임상시험 진행에 걸리는 기간을 단축하거나, 심의 당시 심의부서의 요구 자료를 줄일 수 있는 가이드 제시	○ 신약승인심사에 걸리는 기간을 6개월로 단축(기본 10개월)	○ 임상 대리지표에서 임상 지표 개선이 입증된 임상2상 결과 또는 임상3상 중간결과로 조건부 승인 가능

신약개발 속도의 문제

미국 FDA는 미충족 의료 수요가 높은 질병을 대상으로 신약을 개발하거나, 새로운 메커니즘을 가진 신약을 개발하는 제약기업에게 혜택을 주는 정책을 시행하고 있다. FDA는 패스트트랙, 혁신 신약, 우선 심사, 가속승인 제도로 조건에 해당하는 제약기업을 지원한다. 제약기업이 신약을 출시하는 데 필요한 심사 기간을 줄여주고 신약이 성공적으로 출시될 수 있도록 지원해 제약기업이 신약을 출시하기까지 투자해야 할 시간과 비용을 줄여준다.

8장. 제네릭 의약품

그럴듯한 제약기업은 신약개발이 어렵다

제약기업의 규모가 크면 신약을 더 잘 만들 수 있을까? 한국에는 연구자 십여 명이 모여 만든 바이오벤처도 있고, 연 매출 1조 원에 영업이익을 몇백억 원 정도까지 달성하는 제약기업도 있다. 둘 다 신약개발을 목표로 한다. 과연 둘 가운데 누가 신약개발에 좀더 가까워질 수 있을까?

기성 제약기업 기반 신약개발 모델은 장점이 많다고 여겨졌다. 가장 큰 장점은 '기존 제품을 활용한 영업이익'이라고 생각했다. 신약개발 사업은 초기 현금 흐름이 발생하지 않는 사업이다. 그러니 지속적인 기술개발을 위해 기존 의약품 사업에서 발생하는 이익을 활용하는 신약개발 모델이 안정적이라고 판단했다.

그러나 결론적으로 국내 5위 이내 제약기업을 제외하면 이런 사업 모델은 실패했다고 볼 수 있다. 이유는 여러 가지를 들 수 있는데, 가장 중요한 점은 투자 가능한 자원이 많지 않다는 점이다. 한국 제약기업의 평균 매출 규모는 2017년 기준으로 유한양행과 GC녹십자를 제외하면 1조 원을 넘지 않는다. 영업이익이 1,000억 원을 초과하는 기업은 하나도 없다.

한편 매출 구성 면에서는 유한양행의 예로 들면(홈페이지 참조) 전문 의약품 135종, 일반의약품 63종, 의약품외 11종, 건강기능식품 3종, 유전체 분석서비스 6종, 생활용품 43종, 동물약품 105종, 화장품 및 기타 2종 등 전체 제품 종류가 368종에 이른다. 유한양행만의 특징은 아니다. 한국의 모든 제약기업이 이와 같이 다양한 제품, 상품을 판매한다고 볼 수 있다.

한국 제약기업이 기업 규모에 비해 제품 종류가 많은 이유는, 거의 모든 제약기업이 복제약 위주로 사업을 진행하기 때문이다. 경쟁력 있는 핵심적인 약의 도입도 중요하지만, 제품 구색을 맞추는 것도 중요한 전략이었다. 이렇게 제품 종류가 많으면 기존 제품 관리에 들어가는 인력과 비용이 만만치 않다. 즉 신규 사업에 투여할 자원의 한계가 분명하다.

제약기업 자체 자원의 한계를 극복하는 방법으로 외부 자금 활용이 있다. 그러나 경영권 확보를 위한 지분율에 신경을 쓰는 경우에는 외부 자금에 소극적이 된다. 대규모 외부 자금 유치가 힘들어지고 신약개발 자원을 확보하기 어렵다. 회사 내부에서도 기존 사업과 신규 사업에 대한 형평성 논란으로 신규 사업에 대한 지속적인 투자가 어렵다.

과거 LG화학이 4개 회사로 분할하던 때를 생각해보자. 2000년, LG화학은 LGCI, LG화학, LG생활건강 등 3개사로 분할했다. 2002년, 신약개발을 담당하는 LG생명과학이 LGCI로부터 분할해 4개의 회사가 되었다. 당시 LG화학은 '출자 부문과 사업 부문의 분리를 통해 각 사업 부문의 업무 효율성은 물론 기업가치 및 경영 투명성도 높일 수 있을 것'이라고 했는데, 이와 같이 말한 근거에는 항생제 팩티브®Factive®, 성분명: gemifloxacin의 미국 FDA 승인을 바탕으로 LG생명과학의 자생이 가능하다는 판단이 있었던 것 같다.

그러나 LG생명과학은 투자에 집중해야 하는 시점에서 독립하면서, 쌓아놓은 역량과 경쟁력을 활용할 수 없게 됐다. 만약 이때 LG생명과학이 분할하지 않고 있었다면 LG화학, LG생활건강의 현금흐름을 바탕으로 세계적인 제약기업이 될 수 있었을 것이라는 아쉬움이 남는다.

제약기업 기반의 신약개발 모델은 제약기업의 안정성과 현금흐름을 바탕으로 성공 가능성을 높인다. 단 한국에는 신약개발에 필요한 충분한 현금흐름을 내고 있는 회사가 없다는 것이 문제다.

그렇다면 한국 제약기업의 미래 성장을 위한 사업 모델에는 어떤 것이 있을까? 앞에서 말한 한국 제약기업의 가장 큰 약점은 기존 사업에서 오는 현금 흐름의 한계와 이를 극복하기 위한 외부 자금 조달의 한계다. 이를 해결하려면 기업을 분할하되 그 목적이 새로운 회사의 자생보다는 신규 자금의 원활한 확보를 위해서여야 한다. 따라서 제약기업이 보유한 해외사업본부(생산공장, 해외 판매법인)의 분할, 또는 보유하고 있는 파이프라인의 분할과 대규모 외부 자금 유치를 통해 이미 확보한 기술 경쟁력에 기반한 신규 사업을 독립시켜야 한다. 이렇게 하면 모 회사에 얽매여 있던 성장성 있는 사업의 성장 가능성을 실현할 수 있고, 밸류에이션을 높일 수 있다.

시장에서 이미 사업을 하고 있는 제약기업과

정책이 만드는 시장, 제네릭 의약품

투자자들은 신약개발 그 자체보다는 투자 수익이 생기는 것을 더 기다리는 편이다. 그런데 기다림의 방향은 정책에 따라 바뀔 수 있다. 한국은 신약개발보다는 제네릭 쪽으로 투자자들을 기다리게 만들었다. 정부 정책이 전 국민을 대상으로 하는 보편적 건강보험 쪽으로 방향을 잡았는데, 이런 정책 방향에서는 제네릭의 확보가 더 합리적이고 꼭 필요했다.

정부는 전 국민에게 보편적인 의료 서비스를 제공하기 위해 사람들이 많이 걸리는 질병을 치료할 수 있는, 저렴한 의약품이 필요하다. 제약기업 입장에서는 제네릭에 성공하면 수익은 작지만 정부라는 크고 안정감 있는 거래처를 확보할 수 있다. 따라서 정부 정책은 저렴하게 많은 사람을 치료할 수 있는 제네릭 쪽으로 기운다. 이런 조건에서 투자도 제네릭 쪽으로 몰린다. 시장에서는 위험이 낮고 수익이 보장된 투자가 주류를 이룬다.

전 국민이 보편적으로 의료 서비스를 받는 것에 무게를 둘 것인지, 신약개발을 유도하기 위해 신약에 높은 수익률을 보장하는 쪽에 무게를 둘 것인지는, 공동체 구성원들의 정치적·사회적 합의를 바탕으로 한다. 따라서 어느 쪽이 옳고 그른지 판단하는 것은 큰 의미가 없다. 다만 정책이 시장을 만들고 투자를 유인하는 역할을 한다는 점에서, 만약 신약개발을 고부가가치 산업으로 연결하려 시도한다면, 투자자를 그 쪽으로 유인하는 쪽으로 정책을 설계할 필요가 있다.

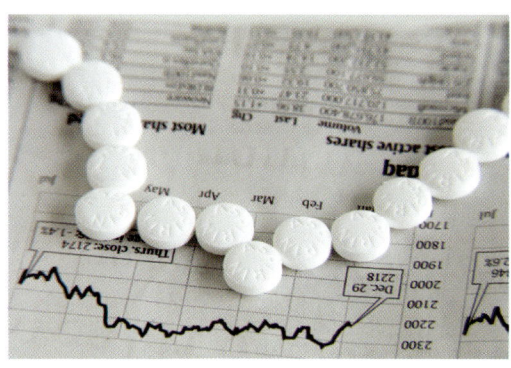

2017-2018 한국 주요 제약기업 매출, 영업이익, 경상연구개발비 증감률

단위: 억 원

제약기업	매출			영업이익			경상연구개발비		
	2018	2017	증감률	2018	2017	증감률	2018	2017	증감률
유한양행	15,188	14,622	4%	501	887	−44%	740	714	4%
녹십자	13,348	12,879	4%	501	902	−44%	1,220	1,086	12%
광동제약	11,802	11,415	3%	339	357	−5%	41	15	173%
대웅제약	10,314	9,603	7%	245	389	−37%	1,138	1,022	11%
한미약품	10,159	9,165	11%	835	821	2%	1,659	1,512	10%
셀트리온	9,820	9,490	3%	3,386	5,078	−33%	907	796	14%
종근당	9,562	8,843	8%	757	777	−3%	770	650	18%
제일약품	6,270	3,715	69%	73	49	49%	248	135	84%
동아에스티	5,674	5,550	2%	394	238	66%	740	786	−6%
중외제약	5,371	5,029	7%	215	217	−1%	225	236	−5%

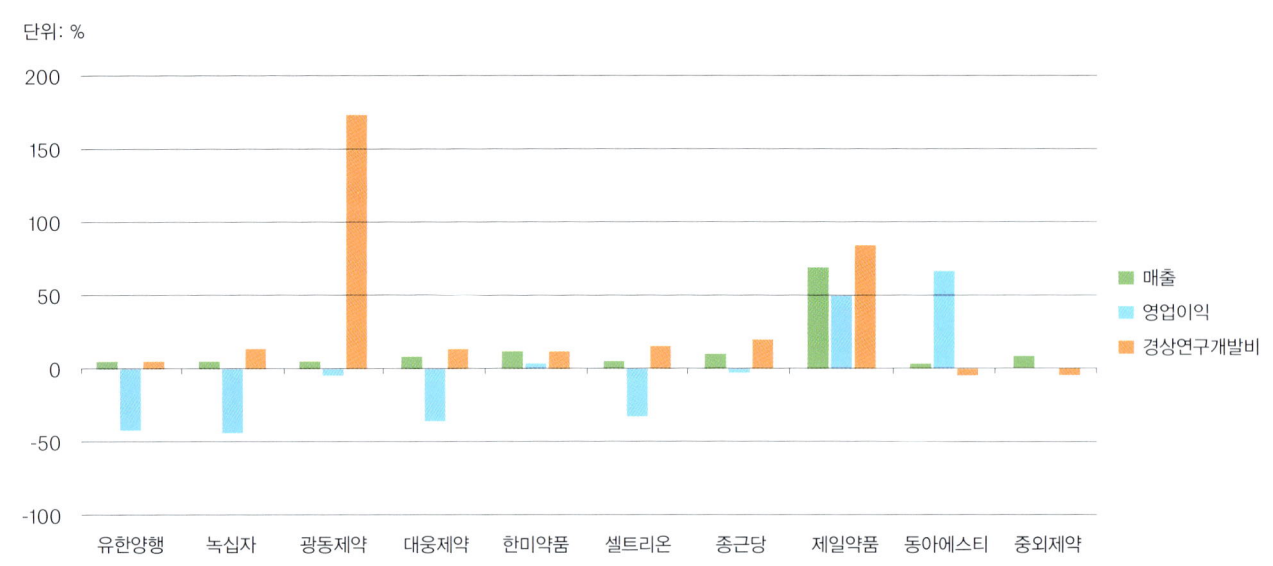

2018년 한국 제약기업 영업실적 TOP 10 및 제약기업별 경상연구개발비 현황(연결재무제표 기준). 아래 그래프는 2017년과 2018년 사이의 매출, 영업이익, 경상연구개발비 변화에 대한 증감률을 나타낸 그래프로, 실제 변화된 금액의 크기와는 다르다.

출처: 금융감독원 전자공시 DART, 제약사별 2018년 사업보고서

달리 바이오벤처는 몇 가지 아이디어와 아이디어를 뒷받침할 몇 가지 연구결과가 있다. 영업이익은커녕 매출도 전혀 없다. 이들이 사용하는 자원, 즉 투자금도 모두 외부에서 온 것이다. 투자를 받지 않으면 하루도 버틸 수 없는 실정이다. 그런데 이런 구조 덕분에 관리에 신경 쓸 필요가 없다. 오직 연구와 실험에 집중할 수 있다. 온 신경을 집중한다는 것은 주관적인 기분의 문제가 아니다. 집중력이 있다고 신약이 개발되는 것은 아니지만, 집중력이 없으면 신약개발은 점점 멀어진다.

신약개발의 성공 가능성은 매우 낮다. 매우 낮은 성공률끼리 우열을 가리는 것이 큰 의미가 없어 보일 수 있다. 그럼에도 이제 막 생겨난 바이오벤처와 중견 제약기업을 비교하면, 매출도 영업이익도 없는 바이오벤처가 신약개발에 좀더 가까워질 가능성이 높다. 신약개발에 도전한 지 20~30년이 되어가는 지금 한국의 제약기업들은 이 차이를 알아가는 것 같다. 바이오벤처와 제약기업의 오픈 이노베이션open innovation이 시작되었다고 볼 수 있는 것이다.

밸류에이션을 높이는 전략

그렇다고 제네릭에 힘을 쏟는 제약기업에 밸류에이션 상승 가능성이 전혀 없는 것은 아니다. 테바Teva는 1901년에 설립된 이스라엘 제약기업이다. 테바는 설립 초기인 1900년대부터 M&A 전략을 활발하게 취했다. 테바의 M&A 전략은 처음부터 신약 후보물질이나 의약품 특허를 가지고 있는 기업을 M&A하는 것이 아니었다. 진출하려는 지역에 영업적인 바탕이 있는 회사를 인수하는 것이었다.

한국의 제네릭 중심 제약기업이 테바의 전략을 선택한다면 밸류에이션이 달라질 수도 있다. 의약품을 뜻하는 파마슈티컬스pharmaceuticals와 이머징 마켓emerging market을 합쳐 의약품 수요가 새롭게 만들어지는 시장을 파머징 마켓pharmerging market이라고 부르기도 한다. 동남아시아 의약품 시장은 인도네시아, 말레이시아, 필리핀 등을 중심으로 연 평균 10% 이상 성장하고 있다. 제네릭을 중심으로 하고 있는 제약기업이 테바의 전략을 동남아시아 파머징 마켓에 적용해, M&A로 시장을 확대하는 전략을 택하거나 제네릭 의약품 생산 능력을 바탕으로 신규 시장에 진입하려는 전략이 있다면 밸류에이션이 달라질 것이다.

물론 해외 시장 전략은 신약개발과 비교하면 상대적으로 수월한 작업이라고 볼 수 있지만, 진출하려는 시장의 상황을 파악해 가격 정책을 세우고 허가제도에 대응하는 준비가 필요하다. 경쟁력 없이 전략만으로 할 수 있는 일은 아니다.

한국은 그동안 신약개발보다는 의약품을 개량하고 생산성을 높이는 분야에서 경쟁력을 인정받았다. 1998년 한미약품은 사이클로스포린AcyclosporinA 제제의 생체 이용률을 극대화한 마이크로에멀전microemulsion 기술을 스위스의 산도스에 판매해 수백억 원의 기술료를 받았다.

사이클로스포린A는 신장 등 장기를 이식한 환자들이 오랫동안 복용하는 면역 억제제 가운데 하나다. 그런데 사이클로스포린A는 물에 잘 녹지 않아 환자에게 투여해도 흡수율이 낮은 것이 문제였다. 한미약품은 사이클로스포린A를 작은 크기의 입자로 나누어 물에 분산시키는 기술을 개발했다. 같은 물질이라고 하더라도 어떻게 환자에게 전달하느냐 하는 문제, 즉 약물 전달 시스템drug delivery

제네릭의 밸류에이션 전략

테바(teva)는 전 세계적으로 가장 큰 규모의 제네릭 의약품 기업이며, 전 세계 계약기업 가운데 20위 안에 든다. 테바의 고향은 이스라엘이지만 북아메리카와 남아메리카, 유럽, 오스트레일리아 등지에서 생산 설비를 운영한다.

테바 홈페이지에 공개된 데이터를 바탕으로 정리한 표를 보면, 테바가 제네릭 의약품에 집중하면서 어떻게 밸류에이션을 성장시켰는지를 보여준다. 테바의 전략은 M&A였다. 제네릭 의약품의 밸류에이션을 보유한 약의 가짓수와 공급할 수 있는 지역의 범위라고 보면, 테바는 M&A를 통해 꾸준히 밸류에이션을 키워가는 전략을 택했다.

1970년대	1980년대	1990년대	2000년대	2010년대
1976년 Assia, Zori, Teva 합병으로 테바 파마슈티컬스 인더스트리 시작	Ikapharm(1980)	TAG(1992)	Novopharm(2000)	ratiopharm(2010)
	Lemmon(1985)	Migrade(1992)	Human(2000)	Theramex(2011)
	Abic(1988)	GRYPharm(1992)	Teva Santé(2002)	Corporacion Infarmasa(2011)
	Travenol(1989)	Prosintex(1993)	Honeywell Pharmaceutical Fine Chemicals(2002)	Taiyo(2011)
	Plantex(1989)	Biogal(1995)	Regent Drug Limited(2003)	Cephaion(2011)
Orphahell(1977)		ICI(1995)	Sicor(2004)	MicroDose(2014)
		Biocraft(1996)	Dorom S.r.l.(2004)	NuPathe(2014)
		APS/Berk(1996)	Medika AG(2005)	Labrys Biologics(2014)
		Pharbil(1997)	IVAX Corporation(2006)	Auspex(2015)
		Pgarmachemie Group(1998)	Med Ilaç(2007)	Gecko Health Innovation(2015)
		Copley Pharmaceuticals(1999)	CoGenesys(2008)	Immuneering Corporation(2015)
			Bentley Pharmaceuticals(2008)	Microchips Biotech(2015)
			Barr Pharmaceuticals(2008)	Rimsa(2016)
			PLIVA(2008)	Actavis Generics(2016)
				Anda(2016)

system을 이용한 밸류에이션 창출이다.

새로운 약물 전달 시스템을 찾는 것처럼 두 가지 이상의 약을 하나로 만드는 복합제제 개발도 밸류에이션을 높이는 전략이다. 기대수명이 늘어나면서 여러 만성질환을 동시에 앓는 환자가 늘어나고 있다. 고혈압과 당뇨는 고령이면 대부분 함께 나타나는 만성질환이다. 나이가 들어갈수록 앓게 되는 만성질환의 수가 늘어난다. 약간 과장하면 약만 한 움큼씩 먹어야 하는 순간이 온다. 이렇게 순서대로 먹어야 할 약이 많아지는데 나이가 들어감에 따라 기억력은 떨어진다. 그리고 무슨 약을 먹었고 안 먹었는지 헷갈리는 경우가 생긴다. 약을 건너뛰거나 모르고 두 배를 복용하면 약효가 떨어지는 것을 넘어 쇼크로 생명이 위험해지기도 한다. 노인 대상 투약 현장에서 문제가 되는 것들이다. 여러 제네릭을 보유하고 있는 제약기업

> 제네릭 의약품에서는
> 전략이 밸류에이션을 좌우할 가능성이 크다.

에서는 이들을 하나로 합쳐, 환자의 투약 편의성을 높이는 쪽으로 개발 전략을 짠다. 이 역시 밸류에이션 상승의 기회가 될 것이다.

단 편의성을 높이는 것만으로는 밸류에이션이 올라가는 것은 아니다. 한 알에 100원짜리 고혈압약과 마찬가지로 한 알에 100원짜리 당뇨약을, 한 알의 약으로 만들어 편의성을 높여도 시장에 내놓으면 200원 밖에 받지 못할 수 있다. 200원보다 많은 돈을 받으려면 두 가지 약을 따로 투약할 때보다 함께 투약했을 때의 의약적인 편익이 더 늘어야 한다.

물론 편의성은 투약의 안전성의 다른 이름이기에 소비자인 의사는 초고령층 환자에게 100원짜리 약 두 알을 처방하지 않고, 200원짜리 약 한 알을 처방할 수는 있다. 그러나 이 정도여서는 개발비도 회수하기 힘들지 모른다. 추가적인 편익이 탑재되어 있는지, 그로 인해 더 높은 수준의 미충족 의료 수요를 채울 수 있는지 여부가 밸류에이션 포인트가 될 것이다.

9장. 바이오시밀러

밸류에이션을 보는 눈

바이오시밀러를 바이오 의약품의 제네릭이라고 하지만 정확한 표현은 아니다. 이는 셀트리온이 바이오시밀러에 도전한다고 했을 때, 성공할 것이라고 예상한 바이오 애널리스트가 없었다는 점으로 확인할 수 있다.

케미컬 의약품은 분자식을 알면 똑같은 약을 만드는 것이 가능하다. 그런데 덩치만 10,000배 이상 큰 항체 의약품은 원조 original와 똑같이 만드

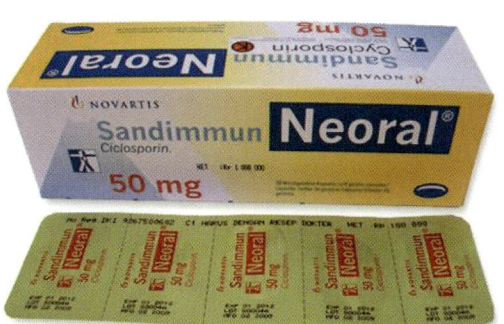

테바가 판매하고 있는 알러지 환자용 휴대용 에피네프린 주사기(왼쪽)와, 한미약품이 산도스(현재 노바티스)에 이전한 마이크로 에멀전 기술로 개량한 사이클로스포린A 면역 억제제인 산디뮨 뉴오랄(오른쪽).

사노피(Sanofi)-아벤티스(Aventis)의 란투스®는 2006년 6월, 유럽에서 판매를 시작했다. 하루에 한 번만 투여해도 되는 란투스®는 시장에서 반응이 좋아 매출이 상승했다. 인슐린 글라진의 분자량은 일반적인 항체 의약품에 비해 작지만, 그럼에도 바이오시밀러를 만드는 것은 쉽지 않다. 그런데 일라이릴리가 바이오시밀러 제작에 성공해 바사글라®를 시장에 출시한다. 바사글라® 출시 후 란투스®의 매출은 빠르게 줄어들었다. 바이오시밀러의 밸류에이션을 엿볼 수 있는 사례다.

바이오시밀러는 첨단, 대규모, 장치산업이라는 특징을 갖는다. 삼성바이오로직스는 2019년 기준 연간 36만 2,000리터 규모의 바이오시밀러 생산설비를 갖추었다. 이는 전 세계 바이오의약품의 12%를 생산할 수 있는 규모다. 첨단의 대규모 장치를 효율적으로 관리하고 운영하는 것이 한국 산업의 장점이라면, 바이오시밀러는 한국에 가장 잘 맞는 분야일 것이다.

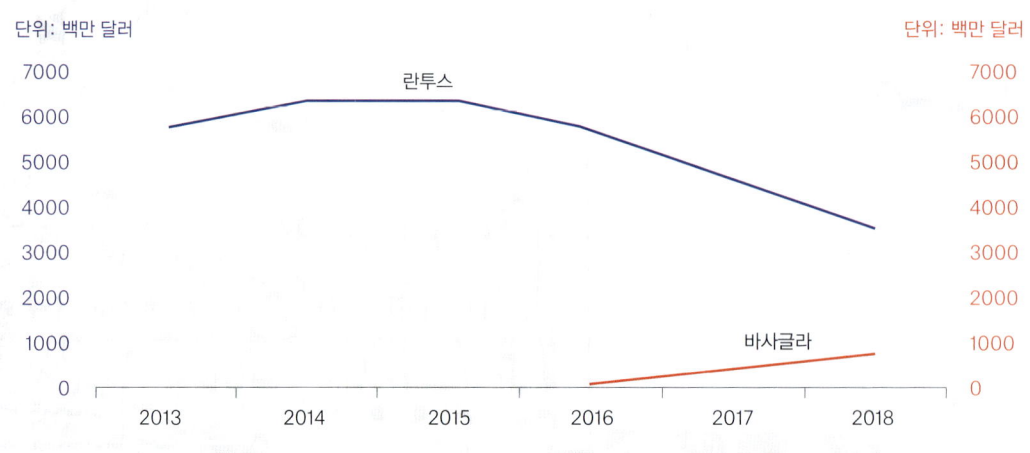

오리지널 인슐린 글라진 기반 바이오 의약품 란투스®와 바이오시밀러인 바사글라®의 매출 변화

는 것 자체가 불가능할 것이라는 예측이었다. 혹 똑같이 만든다고 해도 신뢰성이 중요한 의약품에서 안전성 문제로 소비자들이 선택하지 않을 것이라는 예측도 있었다. 보통 항체 의약품은 말기 암 환자에게 마지막으로 써보는 약이다. '마지막'이라는 단어에서 가격 경쟁력이 자리 잡기 어려울 수 있다. 1,000만 원짜리 오리지널 항체 의약품과 700만 원짜리 바이오시밀러 항체 의약품이 있다면, 마지막으로 한 번 쓰는 약인데 300만 원이 싼 바이오시밀러를 선택할까? 이런 이유로 바이오시밀러는 제작도 판매도 불가능할 것이라는 예측이 많았다. 그리고 예측은 보기 좋게 빗나갔다.

경제가 발전하고 국민들의 가처분소득이 높은 나라 가운데 미국을 빼고는 대부분 경제활동인구가 줄어들면서 인구 구조상 고령화 사회로 변해 가고 있다. 이런 국가일수록 사회보장제도를 안정적으로 갖추려 노력한다. 그리고 노인 인구가 늘어나면서 의료와 관계된 사회보장제도가 강화될 때, 여기에서 큰 비용을 차지하는 것이 바로 의료비다.

문제는 항체 의약품처럼 비싼 의약품이 의료현장에 나타나면서 의약품 비용이 계속 늘어나고 있다는 점이다. 고령화 사회가 되면서 늘어가는 의료비의 압박은, 항체 의약품 바이오시밀러를 정책적으로 받아들이게 하는 압력으로 작용했다. 재정을 관리해야 하는 정부 입장에서 30%는 절대 적은 돈이 아니기 때문이다. 셀트리온의 혈액암 치료용 바이오시밀러인 트룩시마®Truxima®, 성분명: rituximab는 2017년 영국에 처음으로 출시되었다. 트룩시마®는 2019년 현재 영국 시장의 66%, 프랑스 시장의 42%를 차지하며 빠르게 점유율을 높이고 있다.

가격 경쟁력

바이오시밀러가 시장에 진출할 수 있었던 핵심적인 이유는 가격 경쟁력이다. 오리지널 항체 의약품보다 싸지 않으면 바이오시밀러가 시장에 나올 수 있는 이유는 없다. 그런데 바이오시밀러가 등장하면 오리지널 항체 의약품의 가격이 함께 낮아지는 현상이 벌어졌다. 오리지널 항체 의약품을 만들던 제약기업에서 시장 점유율을 유지하기 위해 가격을 내리기 때문이다. 그러면 바이오시밀러 기업은 다시 가격을 내려야 한다. 가격 경쟁력을 유지할 수 있는 기술혁신을 끊임없이 모색하지 않으면 바이오시밀러의 밸류에이션은 위험해진다.

더불어 충분한 규모의 투자가 가능한지를 검토해야 한다. 가격 경쟁력을 가질 수 있는 대표적인 방법이 규모의 경제다. 설비가 커지면 커질수록 규모의 경제로 가격 경쟁력을 확보할 수 있을 것이다. 현재 최소한의 경쟁력을 갖춘 바이오시밀러 생산 설비를 지으려면, 최소 2,000억 원 이상의 비용이 들어가는 것으로 보고 있다. 즉 이보다 투자 금액이 적어 생산 규모에서 경쟁력을 확보하지 못한다면, 가격 경쟁력을 갖추기 힘들 것이고 밸류에이션에도 문제가 있을 것이다.

바이오시밀러에서는 상품의 구색 갖추기도 밸

바이오베터

바이오시밀러는 이미 대기업 집단이 아니면 움직일 수 없는 수준이 되었다. 따라서 바이오테크 수준에서는 바이오베터로 방향을 잡는 경우가 많다. 바이오시밀러가 임상시험에서 오리지널과 매우 비슷한 효능을 검증받아 판매하는 것이라면, 바이오베터는 말 그대로 '오리지널보다 조금 더 좋은 무엇인가'를 만들어내는 것이다. 무엇인가 더 좋다면 가격 경쟁을 펼칠 필요가 없고, 규모의 경제로 진입하지 않아도 된다.

그러나 '조금 더 좋은 무엇'이 반드시 밸류에이션으로 이어지지는 않는다. 바이오베터도 결국은 항체 의약품이며, 동물세포를 배양해서 생산해야 한다. 문제는 항체 의약품을 만드는 원 제약기업, 바이오시밀러를 만들기 위해 대형 설비를 갖춘 몇 개의 큰 공장 등을 빼면, 동물세포를 배양해서 항체 의약품을 상품성 있게 생산할 수 있는 곳이 몇 군데 없다는 점이다.

예를 들어 현재 바이오베터 임상시험에 필요한 시료를 생산하려면 2~3년씩 기다려야 하는 정도다. 더 당황스러운 경우는 임상1상과 임상2상에 쓸 시료를 어렵사리 만들었는데, 임상3상에 필요한 시료 생산을 못할 때다. 임상1상과 임상2상에 필요한 시료는 각각 10g, 50g 정도지만 임상3상에는 이보다 훨씬 많은 양이 필요하다. 이 정도의 시료를 만들려면 균주의 생산 수율과 정제 수율 등에 따라 다르겠지만 보통 100리터 반응기를 10번 정도 가동해야 생산할 수 있다. 적은 규모가 아니기 때문에 임상1상과 임상2상을 통과하고도 시료를 못 구해 맥없이 기다려야 하는 경우가 생긴다.

이런 이유로 바이오베터를 시작할 때 아예 전용 생산 설비까지 갖추는 경우도 있다. 바이오시밀러 기업의 생산 라인에 투자해 전용 라인을 갖추고, 바이오시밀러 기업의 운용 인력을 빌려 자기 시료를 생산하는 방식이다.

류에이션에 영향을 준다. 이는 제네릭 의약품 시장의 특징에서 본 것과 비슷하다. 바이오시밀러 기업들이 여럿 등장하면서 이들 사이에서 경쟁도 일어난다. 이때 소비자(의료기관)는 더 많은 항체의약품 라인업을 갖추고 있는 바이오시밀러 기업과 일괄 납품 계약으로 거래를 단순화하는 것이 편리하다. 따라서 얼마나 많은 종류의 바이오시밀러를 보유하고 있는지도 밸류에이션에서 중요한 대목이다.

규모의 경제를 위해 대규모 생산 설비를 갖추었다면, 밸류에이션을 가늠하기 위해 다음으로 점검할 것은 인력이다. 첨단 대형 설비는 스위치를 켜고 끄는 식으로 단순하게 운용할 수 없다. 2020년 현재 한국에서 이런 첨단 대형 설비를 운용할 수 있는 인력은 매우 부족하다. 특히 대용량 동물세포 배양 바이오리액터를 운용해본 경험이 있는 인력은 셀트리온이나 삼성바이오로직스 같은 기업에 있던 엔지니어들이 전부다. 만약 한국에서 신사업으로 바이오시밀러를 준비하는 곳이 있다면, 생산에 필수적인 인력 수급에 밸류에이션 포인트가 있을 것이다.

바이오시밀러의 밸류에이션은 제법 단순하다. 충분한 설비 투자를 할 수 있는가? 설비를 운용할 인력이 구성되어 있는가? 바이오시밀러 라인업 확장성이 있는가? 바이오시밀러 임상을 어떻게 빨리 통과시킬 것인가? 이 모든 것을 놓고 돌렸을 때 오리지널 의약품 대비 30% 이상의 가격 경쟁력을 갖추고 있는가? 그리고 이 질문에 대답할 준비가 되어 있는가?

10장. 컨셉의 전환

추격 전략 VS. 선점 전략

각 의약품마다 주요 밸류에이션 포인트는 다를 수 있다. 일종의 체크리스트라고 할 수 있는 이런 점검은 이미 세상에 있는 물건을 대상으로 할 때 유용하게 쓰인다. 그러나 신약개발은 세상에 없는 무엇인가를 만들어내는 일이다. 따라서 아직 세상에 없는 물건을 어떻게 가능하게 만들 수 있을까에 대한 평가가 필요하다. 그리고 세상에 없는 물건에는 세상에 없던 밸류에이션을 적용해야 한다.

오랫동안 투자와 사업 모델을 검토하면서 하게 되는 생각은 '이미 세상에 있는 것들로 앞선 시장을 따라가기는 어렵겠다'는 것이다. 서양과 동양은 불과 200여 년 남짓의 차이지만, 먼저 시작했다는 것이 가지는 강점을 무시하기 어려운 상황이다. 그런데 반대로 생각하면 무엇이든 먼저 시작하면 그 부분에서는 다른 누군가와의 경쟁을 피하고 추격을 따돌릴 수도 있을 것이다. 그렇다면 이런 즐거운 상상을 해볼 수도 있다. 방사성 의약품을 예로 들어보자.

사이클로트론cyclotron은 입자 가속기다. 우주의 신비를 밝혀줄 힉스Higgs 입자를 찾는 일 등에 사용하는 물리학 연구 장비다. 제일 큰 것은 스위스에 있는데, 둘레 길이만 27km에 이른다. 이런 사이클론트론이 한국에도 30여 대 정도 있다. 스위스에서 힉스 입자를 찾고 있는 27km짜리만큼 크지는 않지만, 연구와 의료 목적으로 설치된 것들이다.

사이클로트론은 높은 에너지로 입자를 가속하는데, 이렇게 하면 자연계에 없는 방사성 동위원

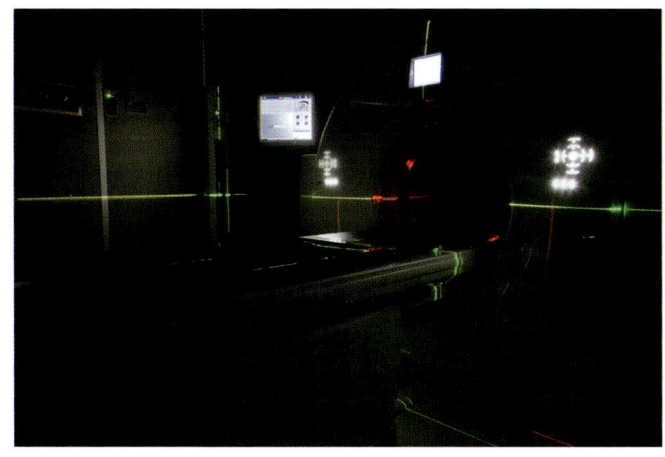
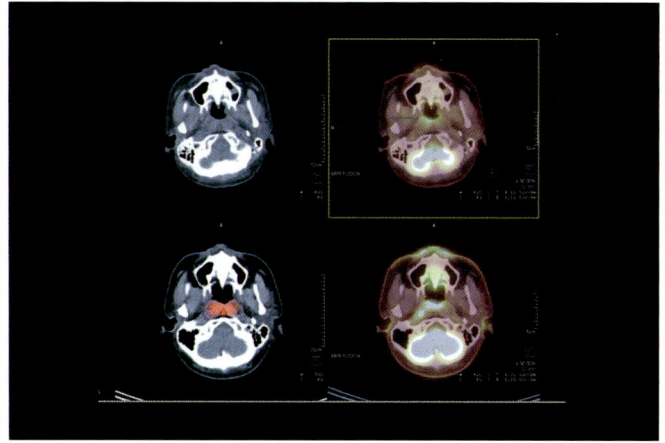

포도당 ^{18}F-FDG

입자 가속기인 사이클로트론으로 만들어낸 방사성 의약품 ^{18}F-FDG(fluorodeoxyglucose)을 암 환자에 투여하면, 체내에 암세포가 있는 위치를 알아낼 수 있다.

암세포는 정상 세포보다 많은 양의 포도당을 사용하기 때문에, 암세포는 정상 세포보다 많은 양의 ^{18}F-FDG를 가지고 있다. PET는 ^{18}F-FDG가 어디에 있는지 찾아내는 것으로 암세포의 위치를 알아낸다. 오른쪽 사진은 환자의 비인두강에 있는 종양에서 ^{18}F-FDG가 다량 발견된 것을 PET(왼쪽)로 찍은 사진이다.

소를 만들 수 있다. 방사성 동위원소를 만든 이후 여러 화학 반응을 거치면서 의약품에 방사성 동위원소가 표지되도록 할 수 있는데, 이런 과정으로 방사성 의약품을 만들 수 있다.

방사성 의약품

불소는 자연계에 ^{19}F 한 종류의 동위원소로만 있다. 그런데 ^{19}F를 사이클로트론에 넣고 돌리면 반감기가 110분 정도 되는 ^{18}F를 만들 수 있다. 이 ^{18}F가 양전자 방출 단층촬영positron emission tomography, 이하 PET 장비에 사용되는 물질이다. ^{18}F를 포도당과 반응시켜 환자 몸에 주사하면, 암처럼 포도당 대사가 많은 지역에 몰려간다. PET는 ^{18}F를 영상으로 구현할 수 있으므로 환자 몸 안에 암이 어떻게 전개되어 있는지 눈으로 확인할 수 있게 해준다. 암 진단에 활용하는 방사성 의약품인 ^{18}F-FDGflourodeoxyglucose다.

PET를 암 진단에 쓰려면 ^{18}F-FDG가 있어야 하는데, 오랫동안 보관할 수 없다. 방사성 동위원소가 반으로 줄어드는 반감기가 110분이니, 적어도 4시간 안에는 환자에게 투여해서 PET를 찍어야 한다. 한국의 교통 상황을 고려하면 서울에서

반감기가 짧은 방사성 의약품은 멀리 떨어진 곳으로 옮겨 사용하기 어렵다. 지역 기반 의약품이라는 특성은 신약개발 후발 주자인 한국이 도전해볼 수 있는 기회다.

만든 ^{18}F-FDG를 천안 정도까지 운반해서 쓸 수 있다. 그러니 천안을 넘어가면 새로운 ^{18}F-FDG를 만들어야 하고 다른 사이클로트론이 그 지역에 있어야 한다. 마치 레미콘은 만든 지 1시간이 지나면 굳어지기 시작해 쓸 수 없기 때문에, 공사 현장에서 60분 거리 안에 레미콘 공장이 있어야 하는 것과 비슷하다.

방사성 의약품은 반감기라는 특성 때문에 시간과 공간 제약이 있는 지역 기반 의약품이다. ^{18}F-FDG는 반감기가 110분이라 서울에서 천안까지 갈 수 있지만, 아미노산 대사나 도파민 수용체를 찾는 탄소계 동위원소인 ^{11}C은 반감기가 20분이다. 서두르지 않으면 옆 건물로도 가져가기 곤란한 시간이다.

방사성 의약품을 만드는 데 필요한 사이클로트론은 높은 에너지 수준의 방사선을 이용하기 때문에 지하에 납 벽돌로 차폐 시설을 만들고 그 안에 설치한다. 종류에 따라 가격이 다르지만 사이클론트론 자체 가격이 수십억 원이고 차폐 시설 등을 만드는 데도 그만큼의 비용이 들어간다. 그리고 한국에는 거의 모든 지역을 담당할 수 있을 만큼 많은 사이클로트론이 설치되어 있다.

케미컬 의약품이나 바이오 의약품은 아이디어, 연구 개발, 임상시험, 유통까지 이미 유럽과 미국의 글로벌 제약기업들이 그들에게 익숙한 방식의 기준을 선점하고 있다. 그러나 방사성 의약품은 이제 시작하는 단계이며, 한국의 연구 및 운용 인력의 수준이 뒤떨어지지 않는다.

한편 PET를 바탕으로 하는 방사성 의약품은 뇌질환 분야 등에서 발전 가능성이 크다. 알츠하이머 병과 관계가 있는 아밀로이드 베타 단백질을 찾는 조기진단 기법으로 PET 활용에 주목하고 있다는 점을 고려하면, 방사성 의약품 개발이 뇌질환 분야나 진단 분야 새로운 밸류에이션 창출로 이어질 가능성이 있다. 만약 ^{18}F-FDG 같은 적절한 바이오마커와 결합하는 방사성 의약품을 개발한다면 활용도가 높은 신약이 될 것이다.

2017년 워싱턴에서 열린 세계 최대 암 학술대회인 ASCO(American Society of Clinical Oncology) 포스터 발표 현장. 글로벌 제약기업은 물론이고, 혁신적인 기술을 보유한 기업들이 세미나와 포스터 발표를 통해 연구, 개발 과정과 그 결과를 공개한다. 의견과 경험을 공유하는 것을 통해서, 불확실성이 가득한 바이오 산업을 현실로 만들어낸다.

PROOF OF CONCEPT

개념 증명

11장. 예측하기 어려운 시장

위험조정 순현재가치법

제조업에서 주로 사용하는 밸류에이션 기법은 '위험조정 순현재가치법'risk adjusted net present value, 이하 rNPV이다. rNPV의 원리는 단순하다. 1년 동안의 현금흐름cash flow을 할인율수익률, i에 1을 더한 값으로 나누면 오늘 일자 현재가치를 구할 수 있다.

나는 발명가다. 오랜 연구 끝에 기계를 하나 발명했다. 태양광을 동력으로 하는 기계라 스위치를 켜두고 밖에 내놓으면 1년 뒤에 200만 원을 받고 팔 수 있는 상품이 나온다. 드디어 오늘 오전, 기계가 설계한 대로 돌아가는 것을 확인했다. 너무 기분이 좋아 점심을 먹고 자전거를 타러 나갔다. 그런데 자전거 체인이 망가지면서 지나가던 사람과 부딪혔다. 부딪힌 사람은 넘어져 뼈에 금이 갔다고 한다. 급하게 치료비를 물어줘야 한다. 아깝지만 어쩔 수 없이 기계를 친한 친구에게 팔기로 했다. 나는 친구에게 얼마를 받으면 될까?

1년짜리 정기예금 이율이 5%라고 가정하자. rNPV에 넣고 공식을 돌리면, 기계의 현재가치는 2,000,000원 $\div (1+0.05)^1$ = 약 1,904,761원이다. 친구에게 190만 원을 받으면 손해고, 191만 원을 받으면 이득이다. 만약 3년 모드로 기계를 켜두면, 3년 뒤에 600만 원짜리 물건이 나온다. 3년짜리 정기예금의 금리가 7%였을 때, 이 기계를 판다면 6,000,000원 $\div (1+0.07)^3$ = 약 4,897,787원이 된다. 친구에게 480만 원을 받으면 약간 손해지만, 500만 원을 받으면 이득이다.

이는 제조업 밸류에이션에 그대로 적용할 수 있다. 시장에서 팔리고 있는 정수기보다 오염물질을 더 잘 걸러내는 정수기 특허를 받은 기업이 있다. 지금 가장 인기 있는 정수기가 50만 원인데, 기능이 월등하게 좋으므로 값을 두 배까지 매길 수 있을 것 같다. 100만 원으로 정가를 매겼다. 시장조사기관에 의뢰했더니 정수기의 신규 구매와 교체 수요가 연평균 100만 대 정도라고 한다. 이 자료를 바탕으로 컨설팅 회사가 혁신적인 새 정수기의 시장점유율 전망을 내놓았다. 뛰어난 기능성으로 프리미엄 시장을 공략하면 전체 정수기 시장의 1% 정도는 차지할 수 있을 것이라고 한다. 1만 대 판매다. 생산라인을 조정하고 상품을 만드는 데까지는 3년 정도 걸릴 것이다. 여기에 할인율은 경제성장률인 2%로 정했다. 이제 rNPV에 넣고 돌리면 100억 원(100만 원 × 1만 대) ÷ (1+0.02)³ = 약 94억 원이 나온다. 이 기업의 현재 밸류에이션은 94억 원이니 90억 원에 기업을 인수했다면 4억 원 싸게 산 것이고, 95억 원에 인수했다면 1억 원 비싸게 산 것이다.

rNPV는 단순하고 강력해, 제조업 분야 밸류에이션을 구하는 데 많이 활용된다. 단 전제가 있다. 혁신적인 정수기 기업의 밸류에이션을 찾아내는 방법을 다시 살펴보자. 시장에는 이미 기준이 되는 종류의 상품이 있다. 물론 기준으로 삼을 수 있는 가격도 형성되어 있다. 이를 바탕으로 시장조사기관과 컨설팅 회사는 상품의 수요와 판매량을 예측할 수 있다. 상품 생산과 관련된 공정 역시 대략은 예측이 가능하고, 일반적으로 적용할 수 있는 할인율도 종류별로 있다. 일반적인 제조업 분야에서 rNPV를 활용하는 데 필요한 상수와 변수는 얼추 잡아낼 수가 있다. 그런데 바이오 산업, 특히 레드 바이오인 바이오 의약품 산업에서는 어떨까?

A라는 소아 질병이 있다. 한국에서 A 질병에 걸린 어린이는 약 100명 정도인데, 지금은 치료제가 없어 병에 걸리면 증상을 완화하는 치료만 받다가

미래의 가치를 현재의 가치로 조정해 가치를 판단할 수 있다.

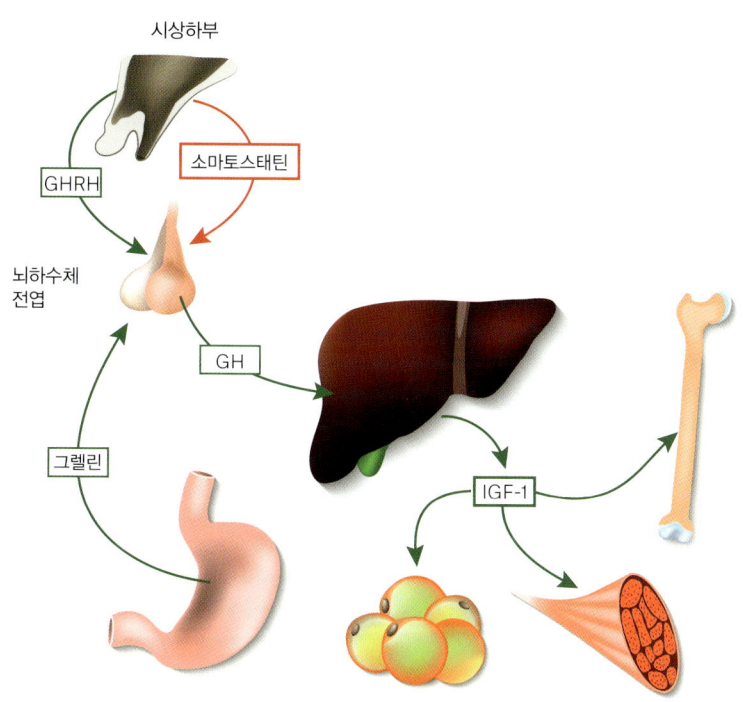

미충족 의료 수요의 구분

퍼스트 인 클래스(first in class, FIC)는 세상에 없던 약이다. 따라서 C형 간염 치료제 소발디®는 FIC에 포함될 수 있다. 베스트 인 클래스(best in class, BIC)는 좀더 좋은 약이다. 그러나 말이 쉬워 더 좋은 약이지, 환자 입장에서는 천국과 지옥의 차이일 수도 있다.

성장호르몬(growth hormone, GH)은 뇌하수체 전엽(anterior pituitary gland)에서 분비된다. 위에서 분비된 그렐린(ghrelin), 시상하부(hypothalamus)에서 분비된 성장호르몬방출호르몬(growth hormone releasing hormone, GHRH)은 뇌하수체 전엽의 성장호르몬 분비를 촉진한다. 반대로 시상하부에서 분비된 소마토스태틴(somatostatin)은 뇌하수체 전엽의 성장호르몬 분비를 억제한다. 성장호르몬은 간에 작용해 인슐린성장인자-1(insulin growth factor-1, IGF-1) 분비량을 늘린다. 인슐린성장인자-1은 뼈, 근육, 지방조직을 구성하는 세포의 수용체에 결합해 세포의 성장과 증식에 관여하는 대사를 촉진한다. 결과적으로 뼈, 근육의 성장과 지방의 분해가 일어난다.

한국의 바이오테크인 제넥신(Genexine)이나 제약기업인 한미약품 등은 더 나은 인간성장호르몬(human growth hormone, hGH) 제제를 개발하고 있다. 인간성장호르몬 제제(製劑)는 성장호르몬 부족으로 키가 크지 않은 어린이들에게 처방한다. 치료제가 효과를 보려면 12~13세가 되어 성장판이 닫히기 전에 처방해야 하는데, 현재 시판되는 약은 매일 맞는 주사제다. 10살짜리 어린이가 6개월 넘게 매일 주사를 맞는다고 생각해보자. 고통스러운 일이다.

만약 어떤 기업이 인간성장호르몬 제제 투여 과정의 고통을 줄일 수 있도록, 일주일에 한 번만 주사를 맞아도 되는 약을 개발한다면 어떻게 될까? 매일 맞아야 하는 주사제가 한 개에 1만 원이고 일주일에 한 번 맞아도 되는 주사제가 15만 원이라면, 아이가 느낄 고통, 치료 과정의 번거로움, 혹 피치 못할 사정으로 투약을 건너뛰었을 때의 치료 효과 저하 등을 종합적으로 고려하면 15만 원짜리 주사제는 시장에서 경쟁력을 가질 것이다. 제넥신, 한미약품을 비롯한 여러 바이오 제약기업들은 이렇게 '더 좋은', 베스트 인 클래스 인간성장호르몬 제제를 개발하고 있다.

5년 이내에 대부분 사망한다. 그런데 질병을 치료할 수 있는 단백질을 찾아냈고, 동물실험인 비임상까지 성공적으로 끝낸 기업이 있다. 이 기업의 밸류에이션을 rNPV로 구해보자.

우선 현금흐름을 추정하려면 개발될 신약의 가격을 정해야 한다. 별다른 치료법이 없어 5년 안에 죽는 병이다. 확실하게 완치될 수 있다면 부모에게 얼마의 돈을 내라고 할 수 있을까? 그리고 건강보험은 아이를 위해 정책적으로 얼마를 낼 수 있을까? 1억 원 정도까지는 달라고 해야 할까? 5천만 원만 받아야 하나? 어린이들이 걸리는 질병인데 1천만 원으로 내려야 하나? 생명이 걸린 불치병을 고치는 상품이다. 가격을 정할 기준이 마땅치 않아, 현금흐름을 구하기 어렵다.

시간도 복잡한 문제다. 바이오 의약품은 치료제의 개념과 아이디어가 발표된 후 신약으로 탄생하기까지 오래 걸리면 30년은 물론이고 40년까지 걸리는 경우도 있다. 비임상을 끝냈다고는 하지만 아직 임상1상, 임상2상, 임상3상을 거쳐야 한다. 도대체 이것들을 모두 끝내는 데 몇 년이 걸릴까? 알 수 없다.

어렵사리 기간을 예측해낸다고 해도 그 사이에 다른 치료제가 개발될 수 있는 가능성도 있다. 지금도 전 세계에서 수없이 많은 과학자와 연구자들이 생명과학을 바탕으로 신약개발에 도전하고 있다. 누가 무엇을 하고 있는지 전부 알 수 없는 상황이다. 어느 날 갑자기 획기적인 치료제가 세상에 나올 수도 있는 일이다.

여기까지 오면 할인율을 생각할 겨를이 없다. 바이오 산업에 rNPV를 적용해 밸류에이션을 구하기란 쉽지 않다. 상수도 변수도 컨트롤하기가 너무 어렵다.

12장. 현금흐름과 기반기술

현금흐름의 구분

그럼에도 바이오 산업의 밸류에이션에서 어느 정도 계산해낼 수 있는 부분이 있다. 우선 현금흐름이다. 시장의 규모와 커지는 속도를 알 수 있다면, 시장에서 수용할 수 있는 가격 저항선을 확인할 수 있고, 이를 바탕으로 미래의 현금흐름을 예상해볼 수 있다. 또한 최첨단 의료장비로 가득 찬 대형 종합병원, 뛰어난 인재들이 오랫동안 수련 과정을 거쳐야 도달할 수 있는 의료진의 고군분투로 대표되는 현대 의료 체계지만 약으로 고칠 수 있는 질병은 많지 않다고 했다. 이런 상황이 미충족 의료 수요를 만들어낸다고도 했다. 현금흐름 구조에는 미충족 의료 수요가 적용되어야 한다. 이 두 가지를 종합해 몇 가지 치료제의 현금흐름 구조를 보자.

B형 간염은 B형 간염 바이러스hepatitis B virus, HBV 감염으로 시작한다. HBV에 감염되면 몸은 면역 반응을 일으켜 간에 염증이 생긴다. HBV에 감염된 혈액 등 체액으로 전염되며, 아기가 태어날 때 B형 간염에 걸려 있는 어머니로부터 전염될 수 있다(수직감염). 성적 접촉이나 수혈, 오염된 주사기의 재사용으로 전염되기도 한다.

여러 경로로 HBV가 혈액으로 침입하면 주로 간세포에 자리를 잡는다. 우리 몸은 이 바이러스를 없애기 위해 면역 반응을 일으키는 데 이때 간세포들이 파괴되면서 염증이 생긴다.

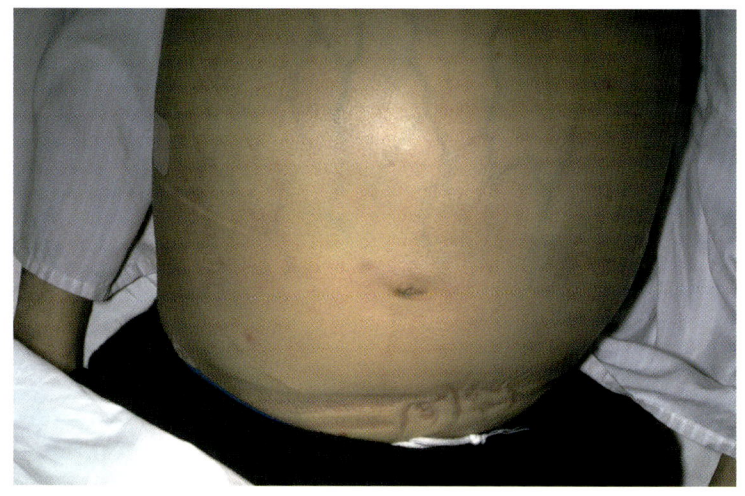
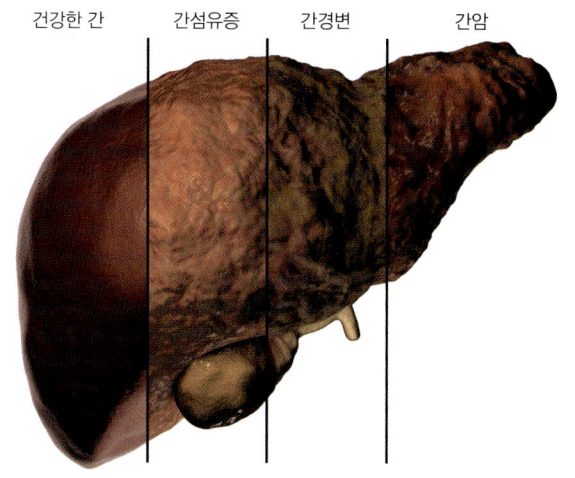

간부전으로 복수가 차고, 황달로 피부색이 바뀐 B형 간염 환자(왼쪽). 간염에 걸리면 간이 섬유화되다가, 간경변이 오고, 간암으로 이어질 가능성이 높다(오른쪽).

만성 B형 간염이 발병하면 간경화를 거쳐 간암으로 진행될 위험이 높다. 전 세계적으로 약 20억 명 정도가 B형 간염에 감염되어 있고, 이 가운데 2억 7천만 명은 만성 HBV 보균자다. 아시아, 동유럽, 남아메리카, 아프리카 등 의료 인프라가 빈약한 지역에서 감염율이 높게 나타난다. 한국에는 만성 HBV 보균자가 약 38만 명 정도 있는 것으로 추정하고 있다. B형 간염 치료제 시장은 전 세계적으로 30억 달러 정도이고 2024년에는 39억 달러까지 커질 것으로 본다. 한국 시장은 약 2,600억 원 정도로 추정한다.

C형 간염은 미국, 유럽, 일본 등 선진국에서 환자가 주로 발생한다. C형 간염 보균자도 간암으로 진행될 확률이 높은데, 미국 질병통제예방센터 centers for disease control and prevention, CDC에 따르면 C형 간염 환자의 1~5%가 간암으로 사망한다고 한다. 2013년 전 세계적 규모의 제약기업 길리어드가 C형 간염 치료제 소발디®를 개발했다. 길리어드는 소발디®를 미국 시장에 내놓을 때 한 알에 1,000달러를 받았다. 언론은 제약기업의 횡포라며 비판 기사를 쏟아냈다. 그러나 생명을 담보로 한 제약기업의 이윤추구의 다른 쪽 면에는, 생명에 구매할 수 있는 지불능력이 충분한 환자들이 있다.

독감 바이러스 치료제 시장은 어떨까? 독감 바이러스는 모든 연령대의 사람에게 전염된다. 매년 전 세계 인구의 약 9%, 10억 명 정도가 감염되는 것으로 추정한다. 세계보건기구(WHO)의 독감 실태보고Influenza Seasonal fact sheet에 따르면 매년 성인 인구의 5~10%, 소아 인구의 20~30%가 독감에 감염되는데, 300만~400만 명 정도가 입원 치료를 받아야 하는 중증 증상을 보이고, 25만~50만 명 정도는 독감 바이러스 감염으로 인한 합병증으로 사망한다고 한다.

판매되고 있는 항 독감 바이러스 치료제 가운데 가장 많이 처방되는 것 중 하나로 타미플루® Tamiflu®, 성분명: oseltamivir phosphate가 있다. 타미플루®는 2009년 독감이 유행할 때 세계보건기구가 〈항 바이러스제 사용과 약물 내성의 위험성Antiviral use

의약품 국제분류기준인 ATC 코드별 한국 의약품 판매총액 (2015-2017)

출처: 『2017년 기준 의약품 소비량 및 판매액 통계』 (2018) 건강보험심사평가원

항목	판매총액(단위: 억 원)		
	2015	2016	2017
소화기관 및 신진대사	37,056	39,905	43,043
혈액 및 조혈기관	20,930	22,278	24,347
심혈관계	30,478	32,753	35,558
비뇨생식기계 및 성호르몬	7,427	7,748	8,276
전신성 호르몬제	2,591	2,434	2,442
전신성 항감염약	29,081	31,297	31,565
근골격계	13,601	14,298	15,258
신경계	21,237	22,419	24,471
호흡기계	10,484	11,247	11,671
기타(조제료 등 관련 행위료 포함)	72,705	79,662	85,852
전체	245,591	264,040	282,483

and the risk of drug resistance)이라는 보고서에서 내성 바이러스 출현과 처방 시 주의해야 한다는 발표를 하기도 했지만, 여전히 많이 처방되고 있다. 독감에 대한 미충족 의료 수요가 채워지지 않는다는 증거다. 독감을 치료하는 데 쓰고 있는 비용은 전 세계적으로 104억 달러 정도로 추정하고 있는데, 적절한 예방 백신이나 치료제를 적당한 시기에 공급할 수만 있다면 밸류에이션은 높게 매겨질 것이다.

희귀한 질병의 현금흐름은 구조가 조금 다르다. 수포성 표피 박리증epidermolysis bullosa, 이하 EB은 선천적으로 피부가 만들어지지 않는 유전병이다. 외부 세계로부터 우리 몸을 1차로 보호하는 것이 피부인데, 장벽이 없으니 환자는 10살이 되기 전에 대부분 사망하고, 20살까지 사는 경우는 드물다. 치료법이나 치료제가 아직 없다. 유일한 대응 방법은 온 몸에 드레싱을 해주는 것이다. 그런데 드레싱을 하고 오래 두면 안 되니 보통 1~2주일 간격으로 드레싱을 교체해야 한다. 온몸에 드레싱을 교체하는 작업은 하루 종일 2~3명이 붙어서 해야 한다. 이 모든 과정의 의료비용으로 연간 3~4천만 원 정도가 필요하다. EB는 희귀병으로 한국에는 약 200명 정도의 환자가 있고, 미국에는 2만 명, 전 세계적으로는 5만 명 정도의 환자가 있을 것으로 추정한다.

이렇게 희귀한 질병이면 시장의 규모가 작을까? 미충족 의료 수요 개념을 적용하면 그렇지 않다. 아직 답이 없는 EB 치료제의 전 세계 시장 규

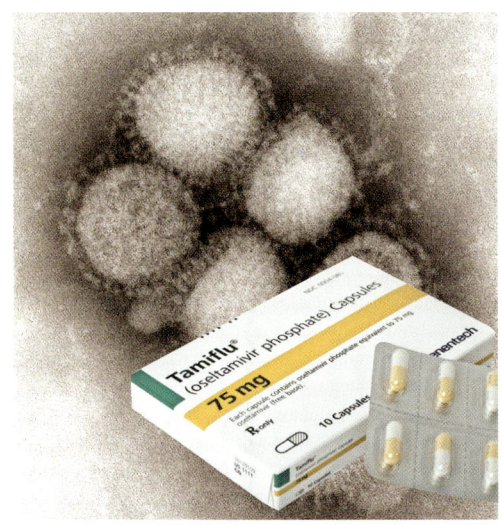

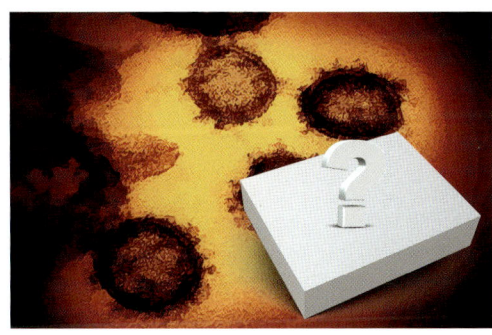

신종인플루엔자(Influenza A virus, H1N1)의 전자현미경 사진과 치료제로 처방되었던 타미플루(위). 2009년 전 세계에 퍼졌던 신종인플루엔자는 줄여서 신종플루라고도 부른다. 미국 질병통제예방센터(CDC)가 2012년 11월 국제학술지 『란셋(Lancet)』에 발표한 보고서에 따르면, 신종플루는 첫 발생 후 12개월 동안 전 세계적으로 최대 57만 5,400명의 사망자를 발생시켰다. 복용 시 환각을 일으키는 등의 부작용이 보고되었지만, 신종플루 환자에게 타미플루가 주로 처방되었다.

전 세계를 두려움에 떨게 만든 코로나19 바이러스(SARS-CoV-2)의 전자현미경 사진(아래). 감염력이 높은 바이러스에 대한 예방 백신이나 치료제는 미충족 의료 수요가 높고, 시장의 규모도 상상하기 힘들 정도로 크다.

모는 최소 2조 원으로 내다본다. 누군가 EB 치료제를 개발한다면 그것은 퍼스트 인 클래스다. 대체할 수 없는 물건이며, 선택하지 않으면 죽으니 여지도 없다. 한국에서 EB 환자 한 명에게 1년에 지출하는 비용은 3~4천만 원인데, 이 비용 대부분은 인도적 차원에서 정부가 부담한다. 전 세계적으로 5만 명이 병을 앓고 있으니 간단한 곱셈을 해보면, 1년에 1조 5천억 원~2조 원가량이 EB 환자 치료비로 쓰인다. 만약 선택의 여지가 없는 치료제가 개발되면, 기존에 쓰던 비용인 최대 2조 원까지 약값으로 바뀔 수 있는 가능성이 있다. 그러니 EB 치료제는 대단한 현금흐름을 갖는 상품이다.

케이스: 팩터8

바이오 산업에서 현금흐름을 계산해보았다. 그러나 이것만으로는 밸류에이션에 다가가기는 아직 이르다. 바이오 산업에서는 Proof of Concept, 줄여서 POC라는 방법으로 밸류에이션에 접근한다. POC는 '가설을 확인'하는 것이다. 그리고 이 POC가 밸류에이션에서 핵심을 차지한다. 과학과 지식 영역의 개념인 POC로 바이오 산업의 밸류에이션에 어떻게 접근할까?

혈우병은 혈장에 혈액응고인자가 부족한 병이다. 혈액응고인자가 부족하니 피가 굳지 않는데, 출혈이 발생하면 피가 멈추지 않는 상황으로 이어진다. 피부에 난 상처에서 피가 흐르기 시작하여 멈추지 않는다면, 몸속에서 생긴 출혈도 마찬가지다. 환자를 위험하게 만드는 희귀 유전병이다.

혈우병은 A와 B의 두 종류로 나뉘는데, 혈우병A가 전체 혈우병 환자의 80% 정도를 차지한다.

> POC의 핵심은 MOA(Mechanism of Action)다.
> 새로운 컨셉을 증명해 밸류에이션 측정의 기준점을 만드는
> POC에서 MOA 평가는 중요하다.

혈우병A 환자에게는 혈액응고인자인 팩터8Factor VIII이 부족하다. 부족하면 보충해주는 치료법이 가능하다. 환자의 팩터8이 부족하니 다른 사람의 혈액에서 팩터8을 정제해 혈우병A 환자에게 넣어준다. 물론 주기적으로 계속 주사를 맞아야 한다.

혈우병A 치료제를 만드는 기업은 이제 팩터8을 정제할 좋은 피를 대량으로 구해야 한다. 그런데 좋은 피를 구하기는 어렵다. 사람은 감기를 비롯한 바이러스성 질환에 항상 노출되어 있다. 바이러스성 질환에는 감기처럼 친숙(?)한 것만 있는 것이 아니라 에이즈AIDS 같은 낯설고 두려운 질환도 있다.

실제로 1980년대 미국과 유럽에서는 에이즈 바이러스HIV에 감염된 혈우병 환자들이 나타났다. 조사 결과 치료제를 만들기 위해 혈액을 공여한 사람이 HIV에 감염되어 있었던 경우였다. 혈우병을 앓고 있어 팩터8 치료제를 주기적으로 맞아야 하는 환자 입장이라면 곤란한 상황이다. 어쩔 수 없이 팩터8 치료제를 맞아야 하지만 누구의 피에서 정제한 것인지도 모르고 맞아야 한다. 운이 나쁘면 바이러스성 질환에 감염된 사람의 피에서 정제한 팩터8을 맞아야 할 수도 있다. 공여자에 대한 바이러스 검사가 더욱 철저해졌지만, 치료제를 맞아야 하는 입장에서는 여전히 불안할 수밖에 없다.

혈우병A 치료제를 개발하는 기업에서는 안전한 팩터8을 안정적으로 확보하기 위해, 유전자 재조합 기술로 팩터8을 대량생산하는 방법을 찾으려 노력했다. 그러나 팩터8은 덩치가 큰 물질로 유전자 재조합 방식으로 만들기 어려웠다. 한편으로 팩터8을 만들어 환자의 몸에 주입하자 면역반응이 일어나기도 했다. 팩터8도 단백질이고, 자신의 몸에서 만들어진 것이 아니니 환자의 면역 기능이 작동해 제거하는 것이다. 혈우병 환자의 면역 체계에 공격당한 팩터8은 곧 제거되었다. 혈우병A 환자가 적어도 일주일에 세 번은 맞아야 하는 팩터8 제제가 환자 몸속에서 좀더 오래도록 지속될 수 있게 하는 방법은 없을까?

글로벌 제약기업인 CSL이 팔고 있는 단일 사슬형 재조합 팩터8single chain recombinant factor8인 앱스틸라®Afstyla®는 한국에서 1986년부터 연구가 시작되었다. 팩터8 단백질은 9개의 구역domain으로 이루어져 있는데, 가장 큰 구역B가 없어도 팩터8의 기능을 할 수 있다는 점이 밝혀졌다. 팩터8을 유전

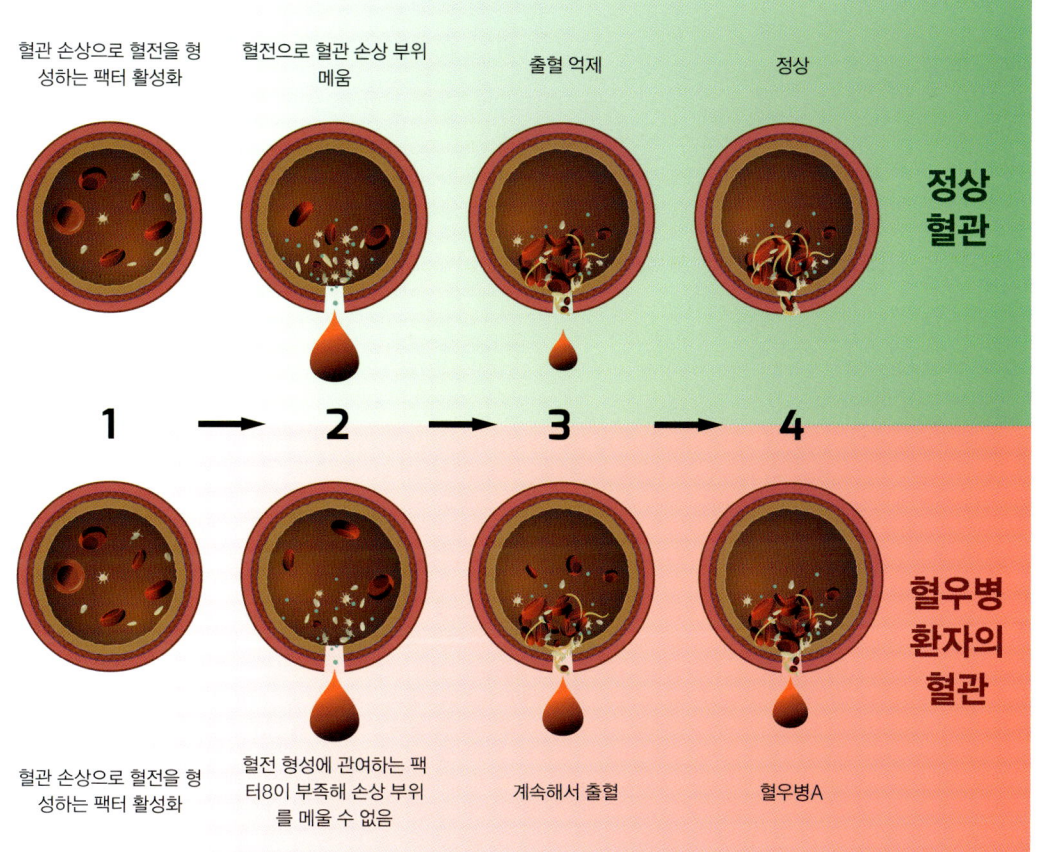

팩터8(Factor VIII)이 결핍된 혈우병A(hemophilia A) 환자는 혈전을 구성하는 피브린(fibrin)을 충분히 만들지 못한다. 피브린이 부족해 출혈을 막을 수 있을 만큼의 혈전을 형성하지 못하면, 상처 난 부위가 메워지지 않기 때문에 피가 멈추지 않고 계속해서 흐른다.

자 재조합 방식으로 만들 때 문제였던, '커다란 덩치'를 줄일 수 있는 기회가 열렸다.

연구는 계속되어 2005년 B구역이 팩터8의 반감기를 줄이는 역할을 한다는 것도 밝혀졌다. 이후 전임상시험 연구가 진행되었고 해당 기술은 글로벌 제약기업 CSL에 기술 수출되어 앱스틸라®로 시장에 나왔다. 앱스틸라®는 크기가 작아 유전자 재조합 기술로 생산할 수 있다. 공여자로부터의 바이러스 감염 등에서 안전했다. B구역을 제거하면서 반감기가 늘어나 환자가 주 2회만 투여하면 되는 장점도 있다. 임상시험 결과 중화항체반응도 보고되지 않았다. 중화항체반응은 약물의 효과를 저해하는 항체가 환자의 몸에서 만들어지는 것으로 혈우병A 치료제의 심각한 문제 가운데 하나였다.

아이디어는 여러 연구자들의 실험실을 거치고, 제약기업 신약개발 과정에서 많은 시행착오가 생긴다. 이 과정을 거쳐 개념을 증명하고 실제 시장에 나와 환자를 치료하기까지 30년이 걸렸다고 하면, 수익을 기대하는 투자는 어느 시점에 이루어져야 할까? 30년 전에 시작한 수없이 많은 아이디어 가운데 성공으로 마무리된 것은 많지 않을 것

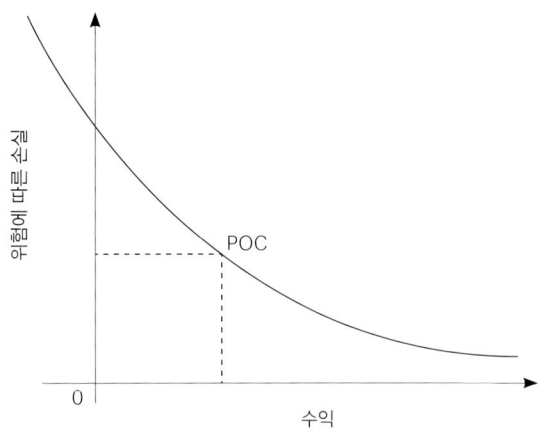

모든 상품개발이 그렇지만, 바이오 의약품에서도 수익과 위험에 따른 손실은 반비례 그래프를 그린다. 그리고 수익과 손실이 1:1로 바뀌는 지점을 대략 POC라고 보면 된다.

이다.

투자의 일반적인 경향에 따르면 아이디어가 공개된 날에 가깝게 투자하면 수익률은 높아지는 대신 위험도 높아진다. 치료제 개발에 가깝게 투자하면 위험은 낮아지는 대신 수익률도 낮아진다. 다른 분야 투자도 그렇듯, 바이오 의약품에 대한 투자도 수익률과 위험의 반비례 그래프에 있는 어느 점을 선택할 것인가의 문제다.

수익과 위험의 반비례 그래프 위에 있는 한 점을 고를 때, 기준은 POC다. 조금 전에 소개했던 혈우병A 치료제 개발 이야기를 투자와 밸류에이션의 관점으로 다시 써보자. 바이오테크가 팩터8로 혈우병 치료제를 개발하러 도전했다. 2000년에 B구역을 없애 크기를 줄여도 된다는 연구결과를 보고 신약개발을 시작했다.

그러나 2000년 즈음에는 팩터8 혈우병 치료제의 생산성, 반감기 등의 문제에 대한 해결책이 아직 뚜렷하지 않았다. 팩터8이 단백질이기에 이것을 혈우병 환자의 몸에 넣었을 때 면역반응이 일어나 환자를 위험하게 만드는 문제도 아직 다 해결되지 않았다.

바이오테크는 2005년 즈음에 대형 제약기업에 M&A된다. 바이오테크에 주로 투자하는 벤처캐

성공한 POC와 신약 사이의 거리

한미약품의 랩스커버리™(LAPSCOVERY™) 기술은 의약품에 링커(linker)를 이용해 비당쇄화 Fc(aglycosylated Fc)를 연결한다. 비당쇄화 Fc와 연결된 의약품은 몸속에서 의약품이 작동할 수 있는 시간을 늘려준다. 반감기가 늘어나면 투여하는 환자에게 의약품을 투여하는 횟수를 줄일 수 있으니, 더 좋은 약(best in class)를 만들 수 있다.

랩스커버리™는 글로벌 제약기업으로부터 POC를 인정받았다. 2015년 한미약품은 랩스커버리™ 기술이 적용된 당뇨, 비만 치료 후보물질을 글로벌 제약기업인 사노피(Sanofi)와 얀센(Janssen)에 이전하는 계약을 체결했다. 한미약품이 사노피와 얀센으로부터 받은 기술이전료는 단계별 기술료(milestone)를 포함해 각각 39억 유로(약 5조 원), 9억 1,500만 달러(약 1조 원)에 이른다.

그러나 POC 입증이 곧바로 성공으로 이어지는 것은 아니다. 2019년 7월 얀센은 한미약품으로부터 이전받았던 치료제가 체중은 감소시켰지만, 혈당 조절이 목표치에 미달했다는 것을 이유로 한미약품에 반환했다. 얀센의 권리반환 소식이 알려지자 한미약품의 주가는 이틀 만에 41만 원대에서 30만 원대로 떨어졌다.

> 후보물질을 찾았다면 POC 그 자체는 간단하다.
> 새로운 컨셉, 즉 새로운 MOA가 있고 동물실험을 했을 때
> 효과가 있다면 기본적인 POC는 넘겼다고 볼 수 있다.

피탈로부터 더이상 투자를 받기 어려웠던 것이다. 투자자들이 보기에 개발 제품의 핵심적인 경쟁력에 대한 POC가 마무리되지 않은 상태였다.

2005년 B도메인을 제거하면 반감기도 늘릴 수 있다는 메커니즘이 밝혀지면서, 즉 안정성과 생산성에 대한 POC가 완성되면서 새로운 국면이 열린다. M&A한 대형 제약기업은 기술 수출을 위한 자체 개발을 마쳤다. 이후 글로벌 제약기업에 라이센스 아웃되어 임상시험이 진행되었고, 2016년에 약이 시장에 나왔다.

POC 즈음

끝난 바둑을 복기하듯 살펴보면, 바이오테크의 생각은 맞았지만 POC 이전 단계에 받을 수 있는 외부 투자는 한계가 있었다. 투자자 눈으로 보면 POC가 되는 시점, 즉 반감기라는 문제까지 해결할 수 있어서 중요한 개념들이 거의 대부분 증명되는 시점이 안전성과 수익성을 모두 고려할 수 있는 시기였다. 단순하게 '초기 투자는 위험은 높지만 수익률도 높다'는 일반적인 공식이 적용되기 힘들다.

이는 연구개발 기간이 너무 길기 때문에 생기는 일이다. 아이디어를 믿고, 그때까지 진행된 연구를 바탕으로, 위험을 안고 투자했을 때, 실제 상품이 시장에 나와 투자금을 회수하고 수익을 내기까지 시간이 너무 오래 걸린다. POC가 되는 것을 보고도 10년이 지나서 약이 시장에 나올 수 있었다. 그래서 바이오 신약개발에서 밸류에이션 결정은 POC 전후가 중요하다.

POC 이전과 이후는 약 2~3배 차이가 난다. 한국을 기준으로 보면 바이오 산업에서 POC 이전에 투자한다면, rNPV로 계산할 수 없는 부분은 빼고 생각한다 해도 100억 원 아래에서 밸류에이션이 형성되는 것이 대부분이다. 아이디어가 너무 좋고, 미충족 의료 수요도 충분하고, 여러 가지 조건들이 우호적이라도 하더라도 POC가 되지 않았다면 위험하다. 그러나 POC가 되고 나면 밸류에이션이 100억 원 이상으로 올라간다. 만약 해당 질병을 치료하는 최초의 치료제라면 일단 200억 원 이상으로 올라갈 가능성이 높다.

물론 투자하는 주체에 따라 위험은 상대적일 수 있다. 연 매출이 수십조 원에 이르는 글로벌 대형 제약기업이라면, POC 전 단계의 물질과 기술이라고 해도 투자에서 느끼는 위험이 크지 않을

배수법과 내부수익률

투자자가 기업의 밸류에이션을 가늠하려는 이유는 수익을 얼마나 낼 수 있을지 궁금하기 때문이다. 기업 밸류에이션을 가늠하는 복잡한 수학 공식이 많지만, 간단하게는 배수법(multiple)과 내부수익률(internal rate of return, IRR)을 구하는 법이 있다.

배수법은 영업 가치를 보여주는 지표를 골라 몇 배가 되었는지 따져본다고 생각하면 된다. 오늘 100원을 투자했는데 12개월 뒤에 200원을 회수했다면, 2배의 수익을 본 것이다. IRR은 위험조정 순현재가치법(rNPV)에서의 수익률이다. 100원을 투자했는데 12개월 후에 200원을 회수했다면 내부수익율은 100%가 된다. 이는 같은 투자를 놓고 다르게 분석하는 것이 아니라, 투자하는 상황과 투자자의 성향에 따라 어떤 기준으로 투자할 것이냐의 문제다. 그리고 POC 이전에 투자할 것인지 이후에 투자할 것인지도 여기에 따른다.

펀드 운영자는 운영하는 펀드의 규모에 따라 투자 전략을 짠다. 내가 만약 1조 원 규모의 펀드를 운영한다면 POC 이전 초기 투자에 20억 원을 투자해 10배 수익을 내도 큰 의미가 없다. 따라서 규모 있는 펀드의 운영자라면 POC를 거친 이후 시장 상황이 예측 가능한 때에 500억~1,000억 원 정도를 투자해 2~3배 수익을 내는 전략을 짤 것이다. 반대로 200억 원 규모의 초기 바이오테크에 투자가 목표인 펀드 운용자라면 POC 이전에 20~30억 원을 투자해 10배 이상의 수익을 목표로 할 것이다.

수 있다. 어떻게 될지 모르는 특허를 미리 선점하는 것일 수도 있고, 다른 연구와의 시너지를 일으키기 위한 아이디어의 선구매일 수도 있다. 이때는 투자 대비 수익의 관점이 단순 재무적 투자자들과는 조금 다르다고 볼 수 있다.

바이오 산업에서의 투자를 '어떻게 기다릴 것이냐'의 문제로 바꿔서 본다면, POC는 기다림에 대한 최소한의 가이드라고 볼 수 있다. 팩터8로 혈우병 치료제를 개발할 수 있다는 아이디어가 나오고 20년이 지나 창업한 바이오테크가 있었다. 바이오테크는 5년을 버티다 M&A로 전략을 수정했고, 바이오테크를 인수한 대형 제약기업은 다시 10년을 기다려야 수익을 낼 수 있게 되었다. 얼마나 기다릴 수 있는지의 문제다.

대학과 연구실에서 새로운 아이디어를 찾아 가설로 정립하고, 이를 약으로 만들 수 있는 후보물질을 찾고, 후보물질로 아이디어를 검증해 POC를 통과해야, 비로소 밸류에이션이 나오는 첫 단계가 된다. POC 이전 단계도 제법 시간이 오래 걸리며, POC가 되고 나서도 시간이 오래 걸린다.

기반기술 POC

바이오 신약을 개발한다고 하면, 특정 질병을 목표로 정하고, 질병의 원인을 찾아, 해결할 수 있는 메커니즘을 고안하고, 새로운 물질을 약으로 만드는 과정만 있는 것이 아니다. 신약이라는 물건이 나오는 모든 과정에는 생명과학을 비롯한 여러 종류의 과학 기술이 필요하다. 따라서 신약을 개발하거나 만드는 과정에서 생기는 문제를 해결할 수 있는 기반기술platform technology도 바이오 산업에서 중요한 자리를 차지한다.

바이오 신약개발의 전 과정을 수행하려면 '덩치'가 있어야 한다. 충분한 자금, 대규모 임상시험 등 신약개발에 대한 노하우, 시장별로 다른 규제와 인허가 과정에 대한 경험, 미충족 의료 수요를 바탕으로 한 광범위한 마케팅 능력 등을 고르

2015년부터 2016년까지 미국 FDA로부터 승인받은 138개의 치료제 가운데, 미국 FDA의 승인을 받는 데 결정적인 역할을 하는 상업화(pivotal) 임상시험에만 사용된 비용 정리(질환 분야별 비용, 임상시험 참여 환자 수에 따른 비용, 임상시험에 걸린 기간별 비용)

출처: Moore, T.J., Zhang, H., Anderson, G., Alexander, G.C., (2018), Estimated Costs of Pivotal Trials for Novel Therapeutic Agents Approved by the US Food and Drug Administration, 2015-2016., *JAMA Internal Medicine*, pp.1451-1457.

항목	임상시험 수 (건)	평균 비용 (US$)
질환 분야		
심혈관계	5	1억 5,720만
중추신경계	21	2,570만
피부	9	2,450만
소화기계	7	2,940만
내분비 및 대사	39	2,080만
감염	19	2,210만
암	24	4,540만
호흡기	7	2,080만
기타	7	880만
참여 환자 수		
100명 이하	8	590만
101~250명	32	1,620만
521~500명	33	1,860만
501~1000명	44	3,360만
1,000명 이상	21	7,720만
치료 기간		
26주 이하	89	1,970만
26주 초과	49	5,170만

미생물은 예전에 침입했던 바이러스의 유전체 서열을 기억하고 있다가, 바이러스가 다시 침입해오면 특정 효소를 이용해 해당 유전체를 잘라 못 쓰게 만들어 자신을 지킨다. 이때 쓰이는 효소가 카스9(CAS9)로, 이를 활용한 것이 크리스퍼(CRISPR) 카스9 유전자 가위다.

그림에서 보면 화농성연쇄상구균(*Streptococcus pyogenes*)에서 가져온 카스9 효소(큰 덩어리)가 가이드 RNA(노란색)를 이용해 DNA(빨간색)을 잘라내고 있다.

이런 성질을 활용하면 크리스퍼 카스9은 문제가 생긴 DNA를 정상 DNA로 바꿀 수 있다. 잘못된 DNA를 잘라내어 질병을 일으키는 단백질 생산을 멈추게 하거나, 다른 DNA로 바꿔 정상적인 단백질이 만들어지게 하는 방식이다. 이외에도 유전자 연구에 다양하게 쓰인다.

크리스퍼 카스9은 유전자 가위 기술로는 3세대 기술이다. 이전 세대 기술에 비해 사용이 간편하고 비용도 저렴하다. 이는 과학자나 개발자의 입장에서는 환영할 일이지만, 크리스퍼 카스9을 기반기술로 가지고 수익모델을 만들려는 기업의 입장에서는 곤란한 상황이다. 기술이 점점 싸고 편리해지는 방식으로 발전한다고 하면, 기반기술 기업의 밸류에이션은 이런 조건들까지 고려해야 한다.

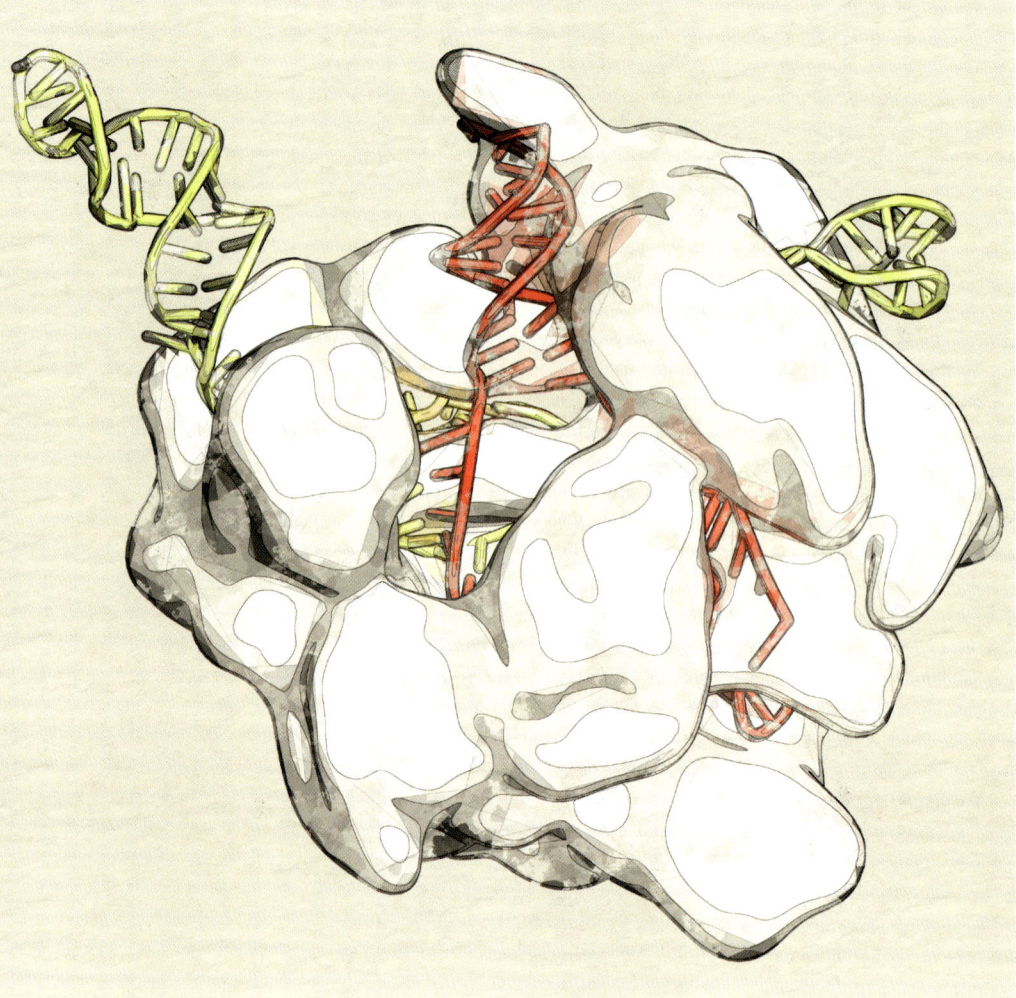

게 갖추고 있어야 바이오 신약개발 전 과정을 거칠 수 있다. 이런 조건을 갖춘 제약기업은 전 세계적으로 많지 않다.

한국의 바이오테크들은 이 모든 과정을 수행할 수 있도록 덩치를 키우기보다는, 신약개발 과정에서 만나게 되는 '어떤 길목'에 서 있는 현실적인 전략을 세우는 편이다. 그리고 길목에 서 있기 좋은 방법이 기반기술을 개발해 통행료를 받는 것이다. 대표적인 기반기술로 유전자를 조작하는 '크리스퍼 카스9' 기술이 있다.

기반기술도 POC가 필요한데, 기반기술 POC는 좀더 엄격하다. 물질로 돈을 버는 것과 기술로 돈을 버는 것의 차이 때문이다. 크리스퍼 카스9 기술은 원하는 곳에서 원하는 유전자를 잘라내거나, 잘라 넣는 기술이다. 과학의 눈으로 보면 원하는 유전자를 원하는 곳에 넣거나 뺄 수 있다면 POC는 성공이다. 그러나 투자의 눈으로 보면 그 이상의 무엇이 필요하다. 유전자를 원하는 곳에 넣거

> 왜 투자하는가?
> 얼마를 투자할 것인가?
> 얼마에 팔 수 있을 것인가?
> 밸류에이션의 핵심은 세 가지다.

나 빼는 기술로 어떻게 돈을 벌 수 있을 것인가에 답을 해야 한다.

기반기술로 돈을 벌 수 있으려면, 우선 기반기술로 만드는 물건의 밸류에이션이 커야 한다. 뛰어난 용접기술로 겨울을 따뜻하게 지켜줄 화목 난로를 만들 수 있다. 좋은 용접기술이 있다면 여러 기후대를 지나면서도 높은 압력을 고르게 견딜 수 있는 LNG 운송 선박을 만들 수도 있다. LNG 운송 선박을 만들 수 있는 용접기술로 화목 난로를 만들 수 있지만, 돈이 되고 안 되고의 문제는 다르다. 기반기술 POC 밸류에이션을 위해서는 기반기술로 무엇을 만들 수 있는지에 대한 내용이 포함되어야 한다.

기반기술 POC에 '기술로 무엇을 만들 것인지', 더 정확하게 '어떻게 돈을 벌 것인지'에 대한 내용을 포함해야 하는 이유는 기반기술로 돈을 벌기가 쉽지 않기 때문이다.

기반기술로 사업 모델을 생각할 수 있는 첫 번째 방법은 공장을 차리는 것이다. 누군가 내 기반기술로 물건을 만들고 싶다면 반드시 내 공장으로 오게끔 만들어 수익을 얻는 방법이다. 그러나 현실에서 구현되기 어렵다. 기반기술로 바이오 산업에 들어가려 시도하는 이유는 당장에 덩치를 키우기 어렵기 때문이었다. 그런데 공장을 짓는다는 것 자체가 덩치를 키우는 문제다. 기술을 갖는 것과 공장을 짓는 것은 다른 문제다.

두 번째 방법은 로열티를 받는 것이다. 내 기반기술을 쓸 때마다 기술사용료를 청구하는 방식이다. 기술사용에 대한 지적재산권 보호가 철저하다면 로열티를 받는 것은 조금 더 현실적일 수 있다. 물론 '조금 더'인 것이 문제다. 기술사용료를 산정하는 일반적인 방식은, 기술자의 인건비를 계산하는 것이다. 외부에서 온 엔지니어가 복잡하고 어려운 기술을 수행해주면 그에게 높은 인건비를 지불한다. 전제는 복잡하고 어려운 기술이어야 한다는 점이다. 생명과학에서 개발하고 있는 기술은 복잡하고 어려웠던 것을 단순하고 쉽게 하려는 기술이다. 크리스퍼 카스9 기술에 주목하는 이유는, 이전 세대 유전자 조작 기술보다 싼 가격으로 쉽게 할 수 있기 때문이다. 쉽고 싼 기술로 돈을 더 많이 버는 모델을 만들기란 어렵다.

물론 반드시 그렇다는 것은 아니다. 게임 산업의 예를 들어보자. 게임에 수익을 매기는 방법은 여러 가지다. 콘솔 게임을 만든 기업은 콘솔 게임

악어의 포트폴리오

악어가 알을 낳으면 한두 마리 정도만 어른으로 자라나 최상위 포식자가 된다. 새끼 악어는 약하고 미완성인 상태다. 어떤 녀석이 최상위 포식자가 될지 예측할 수 없기에, 악어는 알을 많이 낳는 전략을 택한다.

펀드매니저 A는 업계에서 유명하다. 거의 10배 가까운 수익을 내기 때문이었다. 비법을 묻는 질문에 A는 POC에 따른 포트폴리오라고 답했다. POC 전 단계 바이오테크 10곳 정도에 투자를 하는데, 9개는 망하고 1곳에서 100배 정도 수익을 낸다고 한다. A 펀드매니저의 포트폴리오는 위험한 구성이었지만, 중요한 것은 그가 POC를 검토하고 자신의 전략이 성공 가능성은 낮지만 성공한다면 큰 수익으로 되돌아올 수 있다는 것을 이해하고 있었다는 점이다.

기와 새로운 게임 프로그램을 한 번 팔 때마다 수익이 난다. 그런데 온라인 게임 사업자는 무료로 게임 플랫폼을 소비자들에게 제공하고, 그 대신 게임 과정에서 아이템 등을 계속 팔아 수익을 낼 수 있다. 온라인 게임 사업 모델이 기반기술 모델이라면, 기반기술 모델 수익이 더 높은 셈이다. 중요한 것은 기반기술을 바탕으로 한 사업인지 여부보다는, 해당 플랫폼이 얼마나 상업성이 있으며 사업 모델을 어떻게 설계했는지다.

그럼에도 현실적으로 기술기반 POC 밸류에이션은 해당 기술이 특정 의약품 연구나, 생산공정에 포섭될 수 있느냐를 보아야 한다. 만약 포섭될 수 있다면 기술 전체를 판매하는 방식으로 계약을 맺을 수 있을 것이다.

따라서 기술기반 POC 밸류에이션에서는 기술의 특징과 장점을 검토하는 것 못지않게, 기술을 가진 바이오테크가 기술을 구입해갈 수 있는 대형 제약기업들과 어떤 관계를 맺고 있는지 검토하는 것이 필요하다. 기술기반 바이오테크가 자신의 기술을 적용할 가능성이 있는 파트너와 협업하고 있는지, 기반기술을 유력한 학술지에 논문으로 게재하고 있는지, 글로벌 대형 제약기업과 어떤 커뮤니케이션을 이어가고 있는지 살펴봐야 한다.

13장. POC를 성공시키는 것들

사람과 전략

POC는 정해진 공식대로 움직이지 않는다. 개념을 증명하기 이전에, 어떤 개념을 성공으로 잡을 것인지 정하는 것이 우선이다. 그러니 개념을 어떻게 설정할 것인지 만으로도 POC에 큰 영향을 줄 수 있다. 증명도 마찬가지다. 증명하는 방법과, 증명이 되었다고 결론낼 수 있는 기준을 어떻게 설계하고 설정하느냐가 중요하다. 이 모든 일은 연구진과 경영진, 즉 사람이 하는 일이다. 어떤 아이디어를 증명하려는 것인지도 중요하지만, 그 아이디어를 누가 들고 있는지도 중요하다.

POC를 잘 진행하려면 바이오테크의 구성원을 다양한 전공, 이력, 경력의 사람들로 채울수록 유리하다. 케미컬 의약품이든 바이오 의약품이든 대체로 화학물질에서 시작한다. 따라서 화학을 알고 있는 사람이 필요하다. 이 단계를 지나면 생물 안에서 물질이 어떻게 움직이는지는 검증해야 하는데 생명과학 전공자가 등장해야만 한다. (심지어 바이오 의약품은 샘플을 만드는 것부터가 생명과학이다.) 다음은 동물실험이다. 동물을 알고 있는 수의학자가 빠질 수 없다. 동물시험이 끝나면 이제 본격적으로 임상시험으로 간다. 질병과 환자와 병원을 아는 전문가가 열쇠를 쥔다.

POC는 신약개발의 모든 단계에서 등장하며, 각 단계는 너무 전문적이다. 한두 명으로 해결될 수 없지만, 바이오테크는 모든 단계를 넘어야 한다. 구성원이 다양하게 구성되어 있다고 반드시 산을 잘 넘는 것은 아니지만, 구성원이 다양하다면 산을 잘 넘을 확률이 높아질 수 있다.

물론 현실에서 이런 조건을 모두 채우기는 어렵다. 특히 자원이 부족한 초기 바이오테크가 화려한 라인업으로 구성원을 꾸리는 것을 기대할 수 없다. 따라서 구성원의 다양하지 못함을 채워줄 다른 덕목이 필요하다. 구성원의 다양함은 그 자체로 목표가 아니다. 구성원이 다양해야 POC 단계마다 생기는 문제를 잘 풀어낼 수 있는 전략적 의사결정을 좀더 잘 할 수 있기 때문이다.

신약개발에서 궁극적인 아이디어는 질병의 원인을 없애거나, 증상을 완화시키는 후보물질이다. 그런데 처음에 찾은 물질이 마지막 검증 단계에 도착해 신약이 되는 확률은 매우 낮다. 신약개발 바이오테크는 이런 위험을 낮추기 위해 처음에 찾은 물질과 비슷한 물질을 여러 개 만들어 실험한다. POC의 확률을 높이는 전략이다. 비슷한 물질을 몇 개 만들고, 여기서 가능성이 높은 것들을 추려서 다음 단계로 넘어가는 일 등은 결국 의사결정의 문제다. 화려한 라인업으로 구성원을 갖출 수 없다면, 전략적인 의사결정을 내릴 수 있는 구조에 밸류에이션 포인트가 있을 것이다.

유연성

초기 바이오테크에 투자할 것인지 여부는 POC를 둘러싼 전반적인 현황을 바탕으로 결정하는 경우가 많다. 특히 바이오테크의 POC 전략과 수행 능력으로 판단하기도 한다. 이는 '유연함'의 다른 말이다. 즉 바이오테크가 원래 가지고 있던 신약개발의 비전, 목표, 연구개발 과정 등을 시장 상황과 연구 결과에 맞춰, 어떻게 유연하게 조정해 나갈 것인가에 대한 문제다.

바이오테크가 신약개발 첫 단계로 진입하는 현실적인 경로는 글로벌 대형 제약기업과 거래를 시작하는 것이다. 거래를 시작하려면 상대가 무엇을 원하는지를 정확하게 알고 있어야 한다. 즉 글로벌 대형 제약기업의 수요를 충족하는 방향으로 POC를 준비해야 한다.

예를 들어 이제 막 시작하는 바이오테크가 2020년 기준으로 업계에서 가장 관심이 높은 면역항암제 분야에서 POC를 준비하고 있다면, 비록 아이디어가 뛰어나다고 해도 이미 전임상시험과

화학 chemistry

생명과학 biology

임상의학 clinical medicine

수의학 veterinary medicine

POC는 어떤 특별한 연구자나 개발팀만으로 가능하지 않다. 화학, 생명과학, 수의학, 임상의학 등 여러 분야의 전문가들이 각자의 전문성을 바탕으로 소통하면서 협업할 때만이 가능하다.

따라서 POC가 성공할 것인지에 대한 가능성을 거꾸로 예측해볼 수도 있다. 다양한 전문성을 가진 사람들이 소통하며 팀을 이루고 있다면 POC가 실패한다고 했을 때도 올바른 방향을 찾아나갈 가능성이 높을 것이다.

> 세포실험은 통제된 실험실에서, 가장 좋은 방법으로 진행한다.
> 세포실험에서 나온 성과로 'POC에 가까워졌다' 판단할 수 없다.
> 동물실험 단계까지 살펴봐야 한다.

임상시험을 진행하는 다른 바이오테크나 제약기업에 비해 경쟁력을 갖추기 어려울 것이다. 반대로 글로벌 대형 제약기업들의 미래 비전을 파악하고 알츠하이머 병과 같은 중추신경계 질환 치료제 개발에 초점을 맞춰 POC를 준비하고 있다면 어떨까? 경쟁 약물이 없거나 해결되지 않은 MOA가 있는 경우, 아직 POC 단계에 이르지 못했다 하더라도 주목받을 가능성이 높다.

이는 유행에 따라 신약을 개발하는 바이오테크에 밸류에이션이 있다는 뜻이 아니다. 상황을 객관적으로 판단하고 그에 따라 움직일 수 있는 유연함에 밸류에이션 포인트가 있다는 뜻이다. 기왕 바이오테크 입장에서 상황을 바라보기 시작했으니 좀더 디테일을 보완해보자.

전 세계적 규모의 대형 제약기업들은 중추신경계 질환 치료제에 관심이 있다. 각 기업들이 저마다 주목하는 질환과 타깃은 다른데, 이는 아무리 초기 바이오테크라고 해도 어느 정도는 파악할 수 있는 정보다.

A라는 신생 바이오테크는 a라는 기술을 가지고 있는데, 중추신경계 질환 치료제가 뜨고 있으니 a를 버리고 서둘러 중추신경계 질환 치료제 기술로 연구 방향을 바꾸는 것은 유연한 디테일이 아니다. 어떤 글로벌 대형 제약기업이 진행하는 프로젝트에 a기술이 활용될 수 있을지 찾아내고, 해당 글로벌 대형 제약기업이 처한 한계 지점에 a기술을 접목해 문제를 풀 수 있는 POC를 설계하고, 이를 빠르게 수행해 마케팅한다면, 상황에 대한 유연함만으로도 신생 바이오테크는 좋은 밸류에이션을 만들 수 있을 것이다.

신뢰

POC는 아주 간단하게 말해 연구자의 가설이 맞는지 틀린지 확인하는 것이다. 그런데 연구자의 가설을 확인하는 어떤 공인기관이 있는 것은 아니다. 연구자는 자신의 가설이 맞는지 틀리는지를 연구자 스스로 검증한다. 자신이 가설을 세우고, 가설을 검증할 실험도 스스로 설계한다. 설계에 따라 연구자가 실험을 하고, 결과도 연구자가 논문으로 작성해 발표한다. 연구의 모든 과정은 연구자의 몫이다. 그래서 연구자가 믿을 수 있는 사람인지 아닌지는 생각보다 중요하다. POC에 성공했다는 발표를 어떻게 믿을 것인가?

이공계 연구실에서 실험을 해본 사람이라면

알츠하이머 병 치료제 개발 뉴스에 따른 관련 산업 시가총액의 변화

기업에 대한 관심은 주가에 반영되며, 한 기업의 성공과 실패는 비슷한 일을 하는 동종기업의 주가에도 영향을 준다. 이 그래프는 미국 나스닥(NASDAQ)에 상장한 기업 가운데, 알츠하이머 병 치료제를 개발하는 기업들의 주가 변화를 누적했다.

2015년 3월 바이오젠(Biogen)의 아두카누맙(aducanumab)이 알츠하이머 병 환자의 인지저하를 늦추고 뇌의 병변을 제거했다는 임상1b상 결과가 발표됐다.

긍정적인 임상시험 결과발표 이후, 알츠하이머 병과 관련된 제약기업들의 주가는 같이 올랐다. 하지만 2019년 3월 아두카누맙을 알츠하이머 병 환자에게 투여한 2건의 임상3상이 실패하면서 알츠하이머 병과 관련된 기업들의 주가는 함께 떨어졌다.

출처: Amy Brown, *EvaluatePharma*, 2019.09

알겠지만, 가설을 실험으로 증명해내기란 매우 어렵다. 20년 전 일이지만 대학원 연구실에 있을 때였다. SCI급 저널에 1년에 2~3개씩 논문을 써내는 후배가 한 명 있었는데, 엄청난 속도였다. 후배는 어떤 논문을 읽으면서 해당 논문에서 어려운 점이라고 밝힌 부분을, 창의적인 가설로 만드는 능력이 뛰어났다. 그리고 그렇게 세운 창의적인 가설을 검증하는 간단한 실험 설계도 잘했다. 후배는 다른 사람의 논문을 하나 읽을 때마다 자기 논문을 하나씩 쓸 수 있는 셈이다. 그러나 이런 능력은 배워서 얻을 수 있는 것은 아니다. 보통의 연구자들에게는 어려운 문제다.

가설을 세웠다면 검증할 실험을 설계해야 한다. 가설을 세우는 것은 그나마 자유로운 일이다. 실험은 가설 세우기에 비해 많은 제약 속에서 움직인다. 비슷한 실험을 했던 사람들의 기록을 많이 검토해 설계도를 그린다. 철저하게 준비하고 실험에 들어갔는데 원하는 결과가 나오지 않았다면 판단해야 한다. 가설이 틀렸을 수도 있고, 실험의 설계가 잘못되었을 수도 있고, 실험 과정에 실수가 있어 원하는 결과가 나오지 않았을 수도 있다.

이 대목에서 연구자가 어떤 판단을 내리느냐에 따라 앞으로 펼쳐질 이야기가 달라진다. 새 가설을 찾으러 머리를 싸맬 수도 있고, 실험 설계도를 새로 짜기 위해 다른 실험 기록으로 파고들 수도 있고, 실험 과정의 오류를 찾기 위해 연구 노

실속 있는 외부 자문단

파이프라인을 한두 개 가지고 있는 작은 바이오테크가 구성원을 POC에 최적화되게끔 구성하기란 어렵다. 보통 이런 경우 외부 자문단을 활용한다. 즉 어떤 바이오테크가 POC를 잘 해낼 수 있는지, 어떤 바이오테크의 POC가 믿을 만한 것인지는 자문단의 구성으로 어느 정도는 짐작해볼 수 있다.

그리고 POC 단계에서 해당 바이오테크가 임상의와 어떻게 협업을 하고 있는지는 꼭 살펴볼 필요가 있다. POC에서 임상의는 중요하다. 실력 있는 임상의는 POC 과정의 설계, 진행, 자문, 평가에서 결정적인 도움을 줄 수 있다.

실력 있는 임상의가 꼭 돈으로만 움직이는 것은 아니다. 임상의는 현장에서 환자의 고통과 매일 만나는 사람이다. 환자 못지않게 효과 있는 치료제가 개발되기를 원한다. 만약 정말 기대되는 MOA를 가지고 임상의를 찾는다면, 임상의가 POC에 의욕을 보이며 참여할 것이다. 중요한 밸류에이션 포인트다.

많은 경우 초기 단계 기업에 글로벌 대형 제약기업 출신 멤버가 POC 과정에 참여하는 경우가 있다. 아무래도 도움이 되지 않을까 하는 생각에서다. 그러나 늘 그런 것만은 아니다. 글로벌 대형 제약기업에서는 분업화와 전문화가 잘 되어 있다. 즉 한 가지 일은 잘 할 수 있지만, 전반적인 부분에서는 기량이 떨어질 수도 있다. 한국이라는 독특한 지역에서 신생 바이오테크가 만나는 상황과 다를 수 있다. 이력서만으로 밸류에이션을 평가하는 것도 위험한 일이다.

NRDO

중개연구나 NRDO(no research & development only)와 같은 개념의 바이오테크들이 주목받는다. 프로젝트들이 점점 대형화되면서 글로벌 대형 제약기업도 오직 자기 힘만으로 신약개발 전 과정을 수행하기 힘들어지고 있다. 중개연구나 NRDO는 학계와 업계, 연구실과 임상 등을 연결해 효율적으로 신약개발을 수행하는 개념이다. 바이오 신약개발에서 발생하는 문제점을 정확하게 분석한 영리한 대책이라는 점에서 혁신적이다.

그러나 중개연구와 NRDO가 제대로 이루어지려면 학계, 업계, 임상, 투자로 바이오 산업 생태계 안에 흩어져 있는 노드(node)를 그저 연결하기만 하는 링크(link)의 역할 이어서는 곤란하다. 각 주체들이 풀지 못하는 문제가 모이는 허브(hub)의 역할을 해야 한다. 나아가 허브에서 문제가 풀려야 한다. 문제가 풀리지 않고 그저 전달만 된다면, 중개연구도 NRDO도 아닌 비싼 택배 서비스에 그칠 것이다. 간혹 중개연구를 하거나 NRDO를 한다면서 연구실 없이 프로젝트를 수행하는 경우를 볼 때가 있다. 중개연구와 NRDO가 직접 연구를 하는 것은 아니지만, 연구를 확인하고 문제를 발견하고, 해결의 실마리를 제공하지 않는다면 그 어떤 POC도 불가능할 것이다.

NRDO의 성공사례 중 하나는 2018년 12월에 체결한 계약으로, 글락소스미스클라인(GSK)에 인수된 테사로(Tesaro)다. 테사로는 2012년에 MSD로부터 임상1상에 있던 난소암 항암 신약후보물질 제줄라®Zejula®, 성분명: niraparib를 도입했다. 이후 2016년 임상3상을 마쳤으며, 2017년 다케다(Takeda)와 기술이전 계약을 체결했다. 다케다는 일본, 한국, 대만, 러시아, 호주에서 제줄라® 개발권 및 판권을 획득하는 것을 조건으로, 테사로에 1억 달러의 계약금과 최대 2억 4,000만 달러의 단계별 기술료(milestone)를 지급하는 것에 합의했다. 이후 테사로는 51억 달러에 인수되며 GSK의 자회사가 됐다.

사실 NRDO라는 말도 주로 한국에서만 사용된다. 이는 한국 투자자들이 기술의 원천에 신경을 많이 쓰고 있다는 증거이기도 하다. 중개연구, 오픈 이노베이션과 같은 사업 모델이 늘어나면서 NRDO라는 개념은 오히려 약화될 가능성이 있다. 대부분의 기업이 NRDO의 컨셉을 빌려온다면, 그래서 보편적으로 적용되는 사업 모델이 된다면 굳이 NRDO 기업을 따로 구분할 필요가 없어질 것이다.

2019년 5월 노바티스는 한 번의 투여로 척수성 근위축증(spinal muscular atrophy, SMA)을 치료하는 유전자 치료제 졸겐스마®(Zolgensma®, 성분명: onasemnogene abeparvovec)를 출시했다. 출시 당시 졸겐스마®의 판매가는 212만 5,000달러로 책정돼 전 세계 최고가의 단일 치료제가 됐다.

그러나 3개월 뒤 노바티스의 자회사 아벡시스(AveXis)의 직원이 동물실험 관련 데이터를 일부 조작했다는 것이 밝혀졌다. 미국 FDA는 2019년 8월 6일 노바티스가 조작된 데이터가 포함된 신약승인신청서를 제출했다고 발표했다.

그럼에도 미국 FDA는 졸겐스마®의 임상 데이터는 긍정적이라며, 졸겐스마®의 안전성, 품질, 우수한 효능을 확신한다고 밝혔다. 미국 FDA의 발표에 대해, 노바티스는 조작된 데이터는 초기 시험단계에만 사용됐던 제품의 데이터라고 발표했다. 출시된 졸겐스마®의 효능과 안전성은 임상시험을 통해 증명됐다고 설명했다.

트를 다시 읽을 수도 있다. 그런데 어떤 경우에는 실험 과정에 오류가 있었을 것을 감안해 데이터를 다시 정리했더니, 성공한 결과가 나오기도 한다. 혹시나 하는 마음에 성공한 결과를 권위 있는 학술지에 보냈더니, 에디터들이 게재를 승낙했다. 혁신적인 과학적 성과로 발표되고, POC에 한 발 가까워지고, 누군가는 투자를 결심하기도 한다.

그러나 세계적 권위를 지닌 『네이처』, 『사이언스』, 『셀』 같은 학술지에 실리는 논문 가운데 상당수가 뒤늦게 오류인 것으로 밝혀진다. 간혹 연구자의 악의惡意로 인한 경우도 있겠지만, 대부분은 실험 결과를 분석하고 결론을 내는 연구자의 숙련도가 부족해서다. 연구도 검증도 투자도 사람이 하는 일이다. 밸류에이션을 위해 점검해야 할 것은 학계와 업계에서 어떤 평판을 보유한 연구자가 POC 과정에 참여했는지다. 혁신적인 연구 성과를 자랑하는 POC라면 더더욱 참여한 연구자들의 평판을 살펴봐야 한다.

2020년 한국에서는 바이오 업계에서 POC 전 단계 투자가 많이 일어나고 있다. 진취적이지만, 위험하다. POC 이전 단계에서 바이오테크와 신약개발의 밸류에이션을 따져보기는 어렵다. 높은 수익을 기대하는 투자일 수 있지만, 반드시 위험을 감수해야 한다는 점을 새겨두어야 한다. 아직 바이오 산업에 익숙하지 않고, 정보가 부족하다면, POC를 한 고비 넘은 곳을 먼저 바라보는 것이 방법일 수 있다.

특집 3_커뮤니케이션

아이디어, 아이디어를 뒷받침할 연구 성과, 네트워크, 사업 모델이 모두 좋아도 커뮤니케이션 능력이 부족하면 사업으로 이어지기 힘들다. 오히려 나머지 것들이 없어도 커뮤니케이션 능력이 있다면 사업으로 성장할 확률이 높다.

커뮤니케이션은 참여자끼리 서로 무엇인가를 주고받는 것이다. 작게는 말과 말을 주고받는 것이고, 확장하면 의견이나 자원을 주고받는 것도 커뮤니케이션의 영역에 넣을 수 있다. 커뮤니케이션은 양방향 작업이다. 내 말만 하거나, 내 의견만 주장하거나, 내가 필요한 자원만 얻어내는 것이 아니다. 커뮤니케이션의 기본적인 원리지만 기본이 탑재되어 있는 경우를 보기란 쉽지 않다. 그리고 이것이 신약개발이 잘 안 되는 가장 큰 이유이기도 하다.

개인적인 경험에 비추어보면 어떤 바이오벤처와 바이오테크에 투자할 것인지를 두고 숙고할 때, 커뮤니케이션 능력과 문화가 있는지 여부가 늘 중요했다. 신약개발은 절대 혼자 할 수 없다. 수많은 사람들의 지식과 노력이, 역시 수많은 종류의 자원을 만나, 좋은 팀워크를 발휘해도 될까 말까다. 과장해서 말하면 신약개발의 모든 과정은 커뮤니케이션의 연속이다. 끊임없이 터져 나오는 문제를 해결하기 위해 구성원들과 커뮤니케이션을 해야 하지만, 일방적으로 자기 주장만 강조하는 경영진이나 연구진이 있다. 이런 경우 작은 문제도 해결하기 어렵다. 앞으로 닥칠 것이 예상되어 있는 수많은 문제도 해결하기 어려울 것이다. 투자는 어렵다.

극단적인 사례일 수 있지만 커뮤니케이션 능력만으로 바이오벤처를 사업화시킨 경우를 본 적도 있다. A바이오벤처 CEO는 연구자, 개발자, 기획자, 투자자 출신도 아니었다. 국책 연구소의 연구단장과 개인적인 친분이 있었고, 덕분에 연구소에서 개발하고 있는 프로젝트들에 대한 이야기를 들을 수 있었다. 연구 프로젝트가 사업화되는 것을 바라고 있었던 연구소에서는 시장으로 나가기 위한 파트너를 찾고 있었는데, 때마침 사업가가 나타난 것이었다.

CEO는 A바이오벤처를 설립하고 연구소의 기술을 도입했다. 그런데 기술을 도입하고 나니 인증 자료를 만드는 과정이 문제였다. 아직 실험실도 제대로 갖추지 못한 상황이었다. CEO는 유능한 대학교수와 그의 네트워크를 활용하기 위한 커뮤니케이션을 시작했다. 교수들은 인증 자료를 만드는 과정에 참여해 큰 도움을 주었다. 그렇게 창업 3년 만에 연구소에서 도입한 기술로, 네트워크 속에서 도움을 받아 인증 과정을 통과해, 제품을 세상에 내놓았다. 이 기업의 해당 제품은 2019년 현재 세계 1위의 시장 점유율을 기록하고 있다.

연구자가 실험실에서 사육하고 있는 설치류 래트를 관찰하는 사진. 전임상시험은 POC를 통과한 신약후보물질을 사람에게 투여해도 안전한지 확인하는 과정이다. 전임상시험을 진행하는 동안 쥐와 같은 소동물부터 사람과 가까운 원숭이까지 다양한 종의 동물실험을 진행한다.

PRECLINICAL & CLINICAL PHASE

전임상시험과 임상시험

14장. 전임상시험

POC와의 차이

전임상시험 단계의 밸류에이션은 POC 단계의 밸류에이션과 겹치는 부분이 많지만, 둘을 나누는 이유는 목표가 다르기 때문이다.

전임상시험은 동물실험 단계로 알려져 있다. 그런데 POC 단계에서도 동물실험을 한다. 아이디어가 생기면 화학실험이나 세포 수준의 실험을 한다. 암의 경우 후보물질을 찾을 때 대부분의 실험실에서 암세포를 이용해 스크리닝을 한다. 폐암 치료제를 개발한다면 특정 폐암 세포를 배양하면서 후보물질들을 차례로 폐암 세포에 처리해 효과를 관찰한다. 그런데 이렇게 찾아낸 물질이 실제 암 환자를 치료하는 신약개발로 끝날 해피엔딩 확률은 매우 낮다. 여러 가지 이유가 있겠지만 세포 배양 단계와 실제 사람 사이의 환경이 너무 다르다는 점도 크게 작용할 것이다. 이런 이유로 POC 단계에서 살아 있는 생물체를 대상으로 하는 동물실험이 필요하다.

한편 전임상시험의 목표는, POC까지 통과한 아이디어를 사람에게 시험하기 위해 허가를 받는 것이다. 따라서 POC 단계에서 하는 효능과 부작용 검증과 전임상시험에서 하는 약효와 독성 실험의 가장 중요한 차이는 객관성이라고 말할 수 있다. 대부분의 경우 임상시험에 들어가기 위한 전임상시험 자료는 GLP good laboratory practice 기관처럼 연구 인력, 실험 시설과 장비, 시험 방법을 조직적이고 체계적으로 관리할 수 있는 곳에서 실험해야 한다.

전임상시험에는 여러 종류의 동물이 필요하다. 실험에 쓰이는 동물로는 마우스나 래트, 토끼, 개, 기니피그, 돼지 등이 있다. 실험동물은 몸집이 작을수록 관리가 쉽다. 작은 동물은 조금 먹고, 동물실의 크기가 작아도 된다. 단 사람의 몸과 비슷한

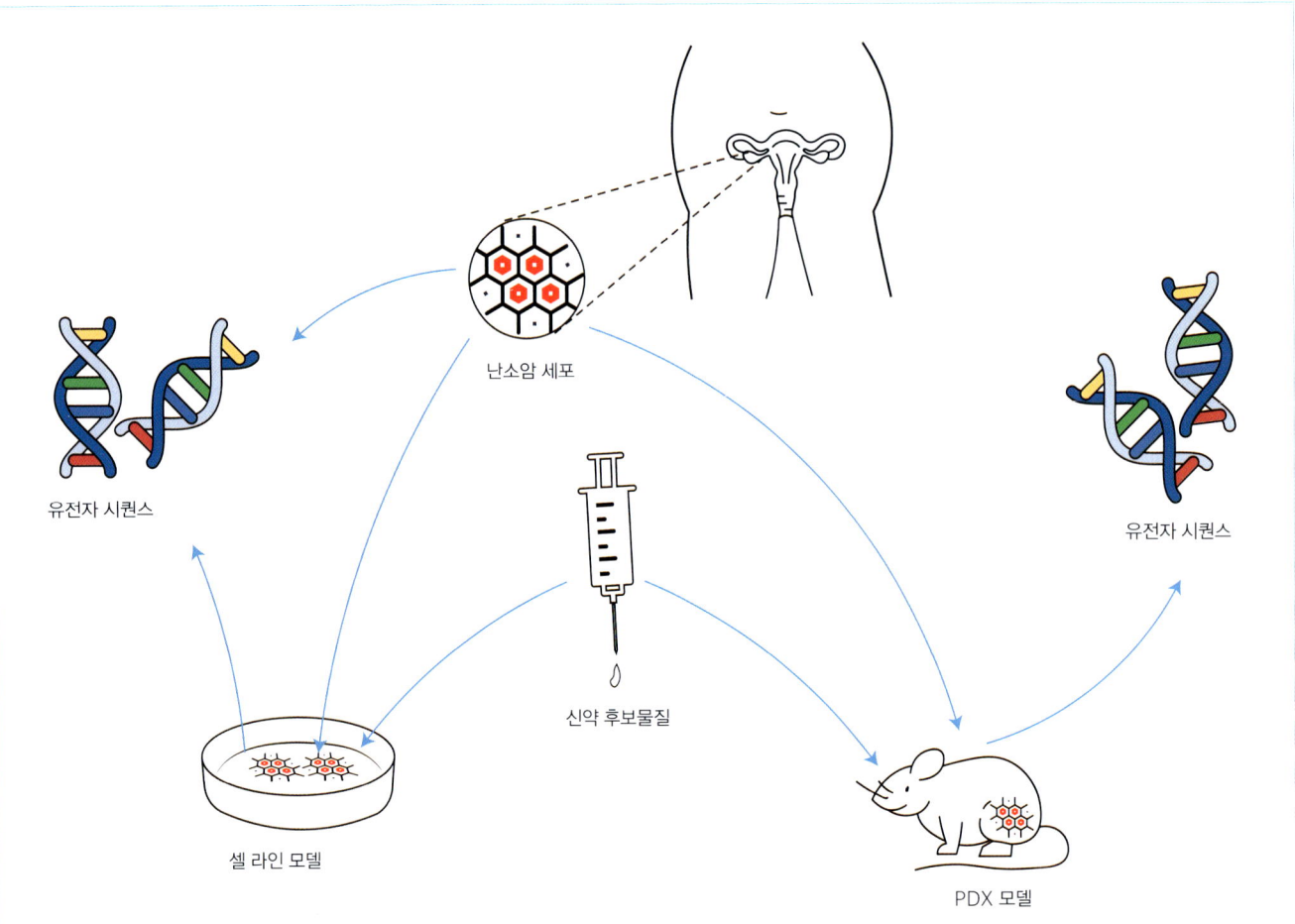

PDX 모델

환자 유래 조직 이식 동물실험patient derived xenograft, 이하 PDX 모델을 살펴보자. 환자의 난소암 세포를 가지고 실험실에서 배양한 다음 여기에 신약 후보물질을 처리한다. 이때 암세포가 효과적으로 사라진다고 해도, 이 물질이 가야 할 길은 아직 멀다. 그래서 난소암 세포를 쥐에 이식해 쥐에서 암이 자라게 한 다음, 여기에 신약 후보물질의 효과를 확인한다. 이를 PDX 모델이라고 한다.

원래 PDX 모델은 여러 가지 암 치료제 가운데 PDX 모델로 환자에게 딱 맞는 암 치료제를 골라내는 데 활용되었다. 암세포는 증식하는 과정에서 다양한 돌연변이를 가지게 된다. 한 덩어리를 이루고 있는 암세포도 세포 각각은 다양한 형질을 가지며, 어떤 환자에게 효과를 보인 항암제라도 다른 환자에게는 효과가 없을 수 있다. 환자의 암세포를 동물에 이식해 적합한 치료제를 찾는 PDX 과정을 거치면, 각각의 환자가 암을 치료하기 위해 사용할 적합한 치료제를 선별할 수 있다.

기술이 발전하면서 PDX 기술의 보급이 확산되었지만, 그렇다고 동물실험의 영역 전체가 쉬워지고 있다는 뜻은 아니다. 오히려 더욱 전문성을 바탕으로 하는 사업 모델이 나타나고 있다. CRO의 사업 모델을 보자. 동물실험에 사용되는 마우스나 래트는 대학교 실험실에서도 많이 볼 수 있다. 그러나 개, 돼지 정도만 되어도 실험을 위한 관리에 전문적인 기술이 필요하다. 원숭이 같은 동물은 특히 주의가 필요하며, 전문적인 지식과 경험이 있는 수의사가 아니라면 실험과 결과 분석에 어려움을 겪는 것이 보통이다. 이에 따라 대*동물을 전문적으로 다루는 전임상 CRO가 있다.

이는 한국의 바이오 산업이 전반적으로 성장하면서 가능해진 일이다. 전임상시험을 하는 바이오벤처, 바이오테크, 제약기업이 적었던 때는 전문적인 CRO가 경영할 수 있는 조건이 아니었다. 미국 서부에 금광이 개발되면서 사람들이 몰려들자, 정작 돈을 번 것은 몰려든 사람들에게 청바지를 만들어 판 기업이었다. 비슷한 일이 신약개발 산업 생태계에서도 벌어지고 있다.

환경에서의 효과와 부작용을 보려면 커다란 동물을 대상으로 실험을 할 필요도 있다. 의약품의 종류에 따라 개나 돼지 정도 크기의 동물실험으로 마무리되는 경우도 있지만, 사람과 가까운 원숭이에 대한 실험이 필요한 경우도 있다.

그러나 의약품의 효과와 부작용을 예측하는 데는, 어떤 동물로 실험을 하느냐 못지않게 어떤 '동물모델'을 만들 수 있느냐에 무게가 함께 실린다. 대표적인 것이 환자 유래 조직 이식 동물실험 patient derived xenograft, 이하 PDX이다.

PDX

PDX는 환자의 질병을 동물에 이식하고, 병에 걸린 동물에 약물을 시험해 약효와 독성을 실험하는 것을 말한다. 환자의 암세포를 쥐의 등이나 다리 같은 곳에 이식해 암이 자라게 만들고, 다시 신약 후보물질을 투여해 효과를 관찰한다.

원래 PDX는 의약품 탐색 과정에서 쓰였다기 보다는 암 환자의 항암제 감수성을 확인하는 데 쓰이던 기술이다. 즉 암 환자에게 가장 효과적인 항암제를 처방할 수 있게 정보를 제공하는 사업 모델이었다. 암은 변이가 다양하다. 변이가 다양하니, 내가 앓고 있는 암과 같은 종류의 암을 앓고 있다고 하는 옆 병상 환자에게 효과가 있었던 약이 나에게는 효과가 없을 수도 있다. 그래서 나한테 효과가 있는 치료제를 찾기로 한다. 먼저 나의 암세포를 실험 동물에 이식해서 길러본다. 내가 앓고 있는 암의 특징을 공유한 동물에 여러 종류의 암 치료제를 처방해보고, 가장 효과가 좋은 것을 나에게 처방하는 모델이다. PDX 기술을 바탕으로 한 '환자 맞춤 치료제 검색 비즈니스'다.

그러나 기술은 빠르게 발전했다. 몇 년 전까지만 해도 PDX를 만드는 것 자체가 기술이었고, 비용도 많이 들어갔지만 이제는 대학 실험실에서도 필요한 PDX 동물을 만들 수 있을 정도로 보편적이 기술이 되었다. 높은 비용으로 신약개발 현장에서도 쓸 수 없었던 기술이지만, 이제는 신약

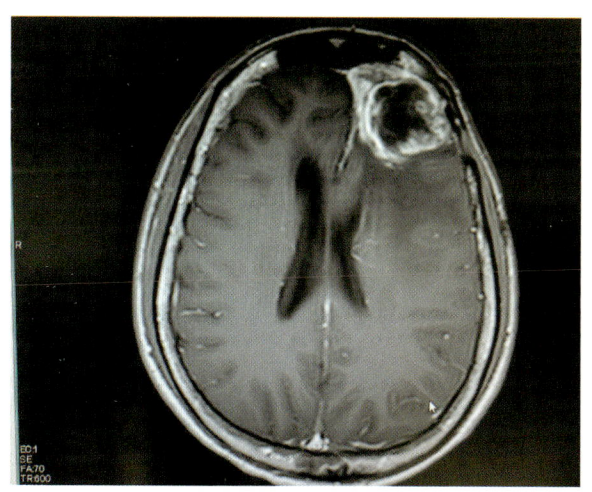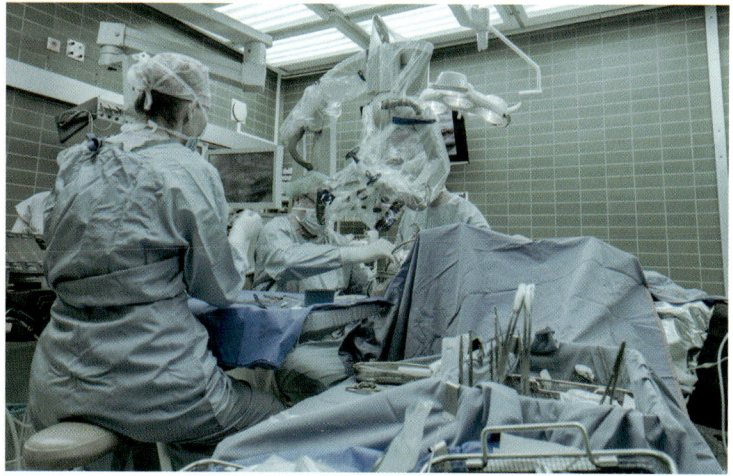

전두엽 부위에서 교모세포종(glioblastoma, GBM)이 찍힌 MRI 영상(왼쪽). 교모세포종은 원발성 뇌종양의 12~15% 정도를 차지하는 악성종양이다. 미국 국립 뇌종양학회(national brain tumor society, NBTS)의 발표에 따르면 교모세포종 환자의 5년 생존율은 5.6%에 불과하다. 2020년 현재까지 교모세포종 환자의 5년 생존율을 개선하는 데 성공한 치료제는 없어, 현재까지도 현미경 등을 이용해 뇌종양을 제거하는 외과적 수술이 최선이다(오른쪽).

규제기관

미국의 FDA(오른쪽 아래)나 한국의 KFDA(오른쪽 위)를 보통 '규제기관'이라 부른다. 유럽에서 의약품 규제를 담당하는 EMA는 영국에 있었으나 브렉시트로 인해 네덜란드 암스테르담으로 이사를 준비하고 있고(왼쪽 위), 일본에서는 이와 같은 일을 PMDA가 담당하고 있다(왼쪽 아래).

비록 이름에 규제가 들어가지만, 이 기관들의 원래 목표는 '무엇을 하지 못하게 막는 것'보다는 '안전한 약이 만들어질 수 있도록 돕는 것'이다. 이 기관들도 환자의 고통을 줄여주는 약이 하루라도 빨리 세상에 나오기를 원한다. 다만 환자를 더 위험하게 그리고 더 가난하게 만들지 않기 위해, 안전하고, 효과가 있고, 적당한 가격의 약이기를 원한다. 전임상시험은 바이오테크가 신약을 개발하면서 규제 당국과 처음 만나는 장이다. 규제 당국이 안심할 수 있고, 그들도 신약을 개발하는 작업에 함께 할 수 있도록 소통하는 것이 필요하다.

미국 FDA의 사업 목적에는 미국의 식품, 의약품의 허가 제도를 만드는 것뿐만 아니라, 다른 나라의 제도 확립에 기여하는 것도 들어 있다. 한국 KFDA도 선진국의 제도와 규정을 답습하는 수준을 벗어나 새로운 개념의 의약품과 의료 서비스 개발에 도움을 줄 수 있는 선제적인 제도 확립이 필요하다. 결국 시장도 산업도 제도의 영향 아래서 자유로울 수 없기 때문이다.

개발 과정에 빠지는 모습을 보기 힘들어졌다.

PDX 모델을 만드는 기술이 확산되었지만, PDX 모델의 비즈니스 공간이 사라졌다는 뜻은 아니다. 더 세밀한 PDX 모델에 대한 수요는 여전하다. 2018년 LG그룹 구본무 회장이 세상을 떠났다. 그는 교모세포종glioblastoma, GBM을 앓았다. 교모세포종은 악성 뇌종양으로 현재는 외과적 수술 치료가 최선이다. 수술을 받은 후 항암 치료과 방사선 치료 등을 병행하지만 환자 대부분 예후가 좋지 않다.

만약 어떤 제약기업이 교모세포종 치료제로 사용할 수 있을 것 같은 약물을 찾았다면, 먼저 POC 단계를 거칠 것이다. POC를 통과했다면 동물실험으로 넘어가야 한다. PDX 모델이 필요한 것이다. 환자의 뇌에서 얻은 암세포를 쥐에다 이식한다. 그런데 뇌종양을 쥐의 뇌에 이식하기 어렵다. 기술적인 어려움이 있어서이기도 하지만, 쥐의 뇌에 종양을 이식하면 종양이 자라는 것을 확인하거나 신약개발 후보물질을 처리했을 때 효과를 보는 데 어려움이 있기 때문이기도 하다. 그래서 눈에 잘 보이는 쥐의 등에 뇌종양을 이식했다.

그러나 '쥐의 등에서 자라는 사람의 뇌종양'은 미심쩍은 것이 사실이다. 기본적으로 사람과 쥐의 차이를 감안해야 하는 실험인데, 이제 등과 뇌의 차이까지 벌어진다. 등의 생물학적 환경과 뇌의 생물학적 환경은, 사람과 쥐의 차이보다 더 클지 모른다. 이런 이유로 좀더 정확한 결과를 얻기 위해 교모세포종을 쥐의 뇌에서 발생시키는 모델을 개발하고 있다.

더 섬세하고 복잡하면서 난이도가 높은 PDX 모델 기술을 원하는 곳이 많으니 높은 밸류에이션을 창출할 수 있다. 고령 인구가 빠르게 늘면서 문제가 되고 있는 중추신경계 질환도 마찬가지다. 알츠하이머 병, 파킨슨 병 등 중추신경계 질환은 아직 질병의 정확한 원인을 모르고, 진단도 어렵다. 이런 상황에서 치료제를 개발하는 것은 더 어렵다. 중추신경계 질환 치료제 개발이 활로를 찾으려면 사실상, 믿을 수 있는 동물모델이 있어야 한다. 만약 어떤 기업이 중추신경계 질환에 특화된 동물모델을 개발한다면 그것만으로 밸류에이

자문 비용

강연이나 자문을 통해서 전문적인 지식과 경험을 가진 핵심 오피니언 리더(key opinion leader, KOL)와 만나기도 하는데, 이 과정에 필요한 의뢰 절차, 지급 금액 등에 대해서 정해진 기준은 2017년까지 없었다. 이에 대해 한국제약협회는 표준 내규를 통해서 강연비, 자문료에 대한 구체적인 지급 기준을 제시하고 있다.

표준 내규에 따르면 40분 이상 60분 이하 강의를 기준으로 강연비는 1회 최대 50만 원, 1일 최대 100만 원, 월간 최대 200만 원, 연간 최대 300만 원이다. 자문료의 경우 1회 최대 50만 원, 연간 최대 300만 원으로 제시하고 있다.

한국제약협회 표준 내규는 강연비, 자문료에 대한 지급액 기준과 함께, 강연이나 자문을 의뢰할 때 서면계약을 체결해야 한다고 정리했다. 그리고 특정 보건의료전문가에게 반복해서 의뢰하는 것을 금하며, 강연과 자문의 목적이 의약품 채택, 처방, 거래를 유도하기 위한 것이어서는 안 된다고 밝혔다.

> 여러 종류 질환을 이식할 수 있는 동물모델이 있다면,
> 그리고 정확한 마커를 개발했다면, 신약개발 기업에서
> 지분을 받고 동물모델을 제공할 수도 있다.

션이 천문학적 수준이 될 것이다.

KOL과 평가기준

동물모델에서도 신뢰가 중요하다. 그리고 신뢰의 핵심은 제3자의 확인validation이다. 이때 제3자는 보통 임상시험을 수행하는 기관이나 기업이 될 수 있으며, 누가 실험 결과를 검증하느냐가 동물모델 밸류에이션에서 중요하다. 제3자에 핵심 오피니언 리더key opinion leader, 이하 KOL가 함께 하고 있다면 밸류에이션 측정에 다소 안심할 여지가 있다.

KOL은 공인된 자격증을 딴 사람이 아니다. 특정 분야에서 높은 평판reputation을 가지고 있는 사람이라고 할 수 있다. 연구 경험이 많아 여러 연구자들이 함께 연구하기를 원하며, 기업들도 기꺼이 비싼 자문료를 지불해가면서 관계를 유지하려는 연구자다.

이런 기준은 주관적일 수밖에 없다. 누구를 KOL로 볼 수 있을지 판단하는 것은 위험한 일이지만, 이를 골라낼 수 있는 확실한 안목이 있다면 그것만으로도 사업이 될 수 있을 것이다. KOL이 동물모델 실험에 참여하고 있다면, 해당 동물모델의 밸류에이션은 긍정적인 평가를 받을 가능성이 높다.

한편으로 동물모델을 어떻게 평가할 것인지도 중요한 문제다. 동물모델 실험 결과에 따라 이제 본격적으로 개발비의 큰 부분을 차지하는 임상시험에 들어가는 것을 결정해야 하기 때문이다. 암 정도만 되어도 동물모델을 만드는 것이 그리 나쁜 상황은 아니다. 적어도 암은 눈에는 보이며, 후보물질을 투여했을 때 동물모델에서 암의 변화를 관찰하며 평가할 수 있다.

그런데 알츠하이머 병 동물모델이라면 어떤 상황일까? 쥐에 알츠하이머 병을 걸리게 만든다면, 알츠하이머 병 치료제 후보물질이 효과가 있는지 투여해볼 수 있다. 그런데 치료가 되었는지 확인하기는 어렵다. 쥐한테 옛날 일이 기억나는지, 덧셈과 뺄셈을 할 수 있는지, 친구 이름이 무엇인지 물어보거나 답을 들을 수 없다. 미루어 짐작해 볼 수 있는 행동 평가 시험이 있지만, 신뢰도가 높다고 보기 어렵다. 만약 알츠하이머 병과 같은 퇴행성 뇌질환에 관련된 좋은 동물모델과, 이를 평가할 수 있는 마커 모델을 개발했다고 하면, 협업하자고 달려드는 전 세계적 규모의 제약기업들이 줄을 설 것이다.

투자 VS. 개발

POC 단계에서 투자할 것인지, POC를 마치고 동물실험 단계에서 투자할 것인지, 동물실험이 끝나면 그 기술을 대형 제약기업에 팔 것인지 아니면 계속 신약개발로 나아갈 것인지는 투자의 관점과 개발의 관점이 다르다.

한국의 바이오벤처, 바이오테크, 제약기업에서 전임상시험을 한다거나 동물실험을 하고 있다고 하면 '언제 외국 대형 제약기업에 물질이나 기술을 팔 것인가?'로 관심이 쏠린다. 투자자의 관점이다. 투자하는 입장에서는 투자금과 발생한 수익을 빠르고 안전하게 회수하는 것이 목표다. 그런데 개발자의 관점에서 보면 기술이전이나 물질특허 판매는 나중에 엄청난 위인이 될 지도 모르는 아이를 다 키우기도 전에 입양 보내는 것과 비슷하다.

트렌드

2018년을 기준으로 신약개발에 도전하는 한국 기업들 사이의 트렌드는, 전임상시험 기간을 줄이거나 아예 생략하는 쪽으로 바뀌고 있다. 전임상시험을 줄이거나 아예 생략하겠다는 것은, 이 단계를 이미 통과한 무엇을 가지고 의약품을 만들어보겠다는 뜻이다. 이미 시장에서 판매되고 있는 케미컬이나 바이오 의약품의 주성분인 물질이 다른 질병에 효과를 보이는지 찾아내는 '약물 리포지션 drug reposition', 시장에서 팔리고 있는 두 가지 이상의 질환 치료제를 하나로 통합하는 '복합제' 개발 전략이다. 모두 시장에서 허가를 받은 약이니 효과와 독성을 확인하는 비임상시험을 생략할 수 있다. 시간과 비용을 아끼는 전략이다.

그러나 세상에 공짜는 없다. 아끼고 줄일 수 있는 부분이 있는 만큼, 신경 쓸 요소가 새로 생겨난다. 복합제 개발에서도 위험 요소가 있다. 매일 한 알씩 먹어야 하는 100원짜리 고혈압 약과 매일 한 알씩 먹어야 하는 100원짜리 당뇨병 약을 한 가지 약으로 합쳤다. 두 개를 합쳤으니 200원에 팔기로 했다면 복합제 개발비용을 다른 연구에 투자하는 것이 나았을 것이다. 그러나 한 달에 한 알을 먹으면 되는 고혈압 당뇨병 복합제 약을 만들었다면 5,000원에 팔아도 무리 없이 소비자가 선택할 수 있지 않을까?

최근 경향은 1+1=2의 단순한 복합제로는 밸류에이션이 충분하지 않다. 복합제가 소비자 편의성에 집중하는 전략이라면 더 많은 시너지가 계획되어야 한다. 전임상시험 기간과 비용을 아끼는 것만으로는 충분하지 않다.

전임상시험 단계에서 동물실험에 대한 매뉴얼은 질병의 종류별로 정리가 잘 되어 있는 편이다. 'A라는 질병 치료제를 검증하기 위해서는 B라는 동물실험을 해야 한다' 정도까지 정리되어 있다. 이를 대행해주는 임상시험수탁기업 contract research organization, 이하 CRO도 그 수가 제법 많다.

CRO는 동물실험에 대한 컨설팅부터 실제 시험까지 수행하는데, 신약을 개발하는 기업이 어떤 CRO와 동물실험을 진행하는지 살펴보는 것도 중요하다. 해당 CRO가 어떤 실험을 수행해왔고, 그 실험 이후 신약개발에 가까워졌는지 검토하는 것이 필요하다. KOL이 CRO에 있는 경우도 있다. 해당 질병에 특화된 성과를 가지고 있다면 더욱 좋을 것이다.

약물 리포지션

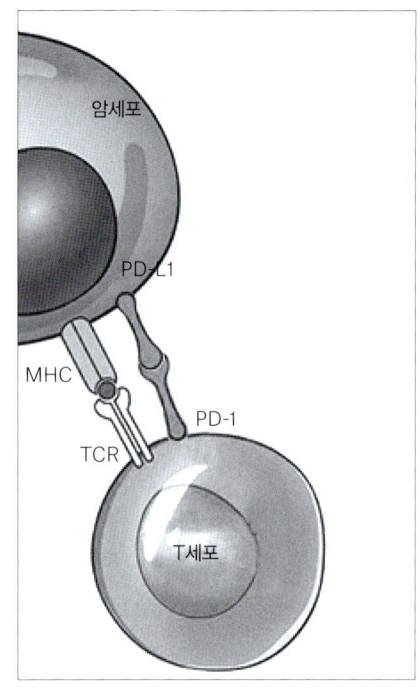

암세포가 만든 PD-L1에 T세포가 결합하면, T세포는 암세포를 공격하지 않는다. 암세포가 살아남기 위한 전략이다.

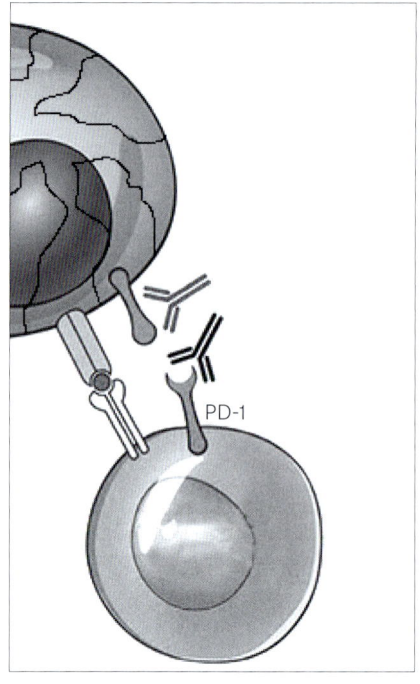

PD-L1과 PD-1의 결합을 막으면, T세포는 암세포를 공격할 수 있다. PD-L1에 결합하는 항체를 이용한 최초의 면역관문억제제가 티쎈트릭®이다.

면역관문억제제는 면역세포의 면역 기능 메커니즘을 활용해 암을 치료한다. 특정 암을 공격하는 메커니즘이 아니라, 여러 암을 공격하는 면역세포의 기능을 활용하는 것이므로 면역관문억제제 등 면역항암제는 여러 암에 처방이 가능하다는 비전이 있다. 이렇게 면역항암제가 가진 수많은 적응증은 대표적인 약물 리포지션 사례 가운데 하나다.

면역세포의 기능을 강화해 항암효과를 내는 면역항암제는 POC와 그 효과를 인정받아 다양한 암종에서 사용되고 있다. 식품의약품안전처는 2019년 9월 23일 로슈의 PD-L1 항체 티쎈트릭®Tecentriq®, 성분명: atezolizumab을 소세포폐암 환자 1차 치료제로 승인했다. 한국에서 소세포폐암 환자 1차 치료제로 승인받은 면역항암제는 티쎈트릭®이 처음이다. 이번 승인으로 요로상피암, 비소세포폐암에 이어 소세포폐암 환자에게도 티쎈트릭®을 사용할 수 있게 됐다.

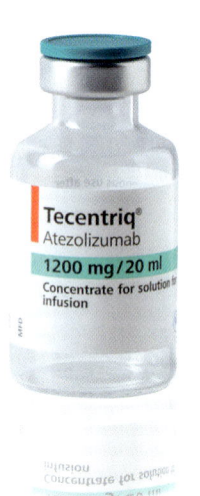

15장. 임상시험

임상시험에 대한 정보는 찾아볼 수 있는 곳이 많다. 대표적으로 clinicaltrials.gov가 있으며, 한국의 경우 CRISclinical research information service 등에서 임상시험에 대한 정보를 얻을 수 있다. 이곳에서 임상1상, 임상2상, 임상3상 등 단계별로 진행되고 있는 임상시험을 공식적으로 확인할 수 있으며, 신약이 세상에 나오는 마지막 관문인 신약승인신청new drug application, 이하 NDA 등에 대한 내용도 정리되어 있다.

NDA는 임상3상까지 마무리짓고, 이제 정말 환자를 치료할 수 있는 약으로 세상에 나오는 마지막 관문이다. 임상3상을 통과했다는 것은, 투여 용량이나 횟수 등 환자를 치료하기 위한 세부적인 가이드까지 나와 있는 상태를 뜻한다. 그런데도 NDA에 평균 1년 이상 시간이 걸린다. 어떤 환자에게 어떻게 처방해야 하는지에 대한 설명서까지 나와 있는데 왜 1년이나 세상에 내보내지 않는 것일까?

이는 NDA 단계에서 판매 가격을 결정하기 때문이다. 어떤 논문에서 아이디어를 얻고, 그것을 POC까지 해서 투자를 받아 바이오벤처를 차리고, 전임상시험, 임상1상, 임상2상, 임상3상 등 어려운 관문을 모두 통과해, 이제 수익을 내기 직전이다. NDA 앞에 신중할 수밖에 없다.

수익을 많이 내려면 높은 가격으로 판매하는 것이 좋다. 신약은 독점 상품이므로 공급자가 가격을 정하는 데 큰 권한을 갖지만, 가격을 결정하려면 FDA 같은 규제기관과 협상해야 한다. 협상에는 전략이 필요하다. 약을 다 만들어놓고 제 값을 못 받는다면 그것만큼 답답한 노릇도 없다. NDA 단계에서 어떤 협상 전략을 준비하고 있는지는 밸류에이션 평가에서 중요하다.

다만 한국에서는 바이오벤처부터 연 매출 수조 원의 제약기업까지 통틀어 NDA 전략을 고민하는 사례가 많지 않다. 이는 전략이 없기 때문이 아니라 임상3상까지 통과해 NDA 지점에 가본 경험이 부족하기 때문이다. 임상3상에 도전하고 있는 기업들이 속속 나타나고 있지만, NDA에 전략적인 접근을 눈으로 확인하려면 물리적으로 좀더 기다려봐야 한다.

임상디자인

임상시험 단계 밸류에이션 평가에서 고려할 중요한 요소는 '임상디자인'이다. 항암 치료의 최근 경향은 병용 요법combination therapy이다. 항암 치료를 받는 환자는 보통 NCCNnational comprehensive cancer network 가이드라인에 따라 처방받는다. 고형암 환자의 경우 외과적 수술을 받고난 이후 방사선 요법이나 항암제를 처방받고 그 이후에도 암이 진행되거나 전이되어 말기 암 환자가 되면 면역항암제를 처방받기도 한다. 면역항암제는 보통 가격이 수억 원을 넘어가지만, 환자와 의료진 모두 기적 같은 치료 효과를 기대하게 만드는 신약이다.

면역항암제는 기적처럼 말기 암 환자를 치료하기도 하지만, 처방받는 모든 환자가 기적을 누리는 것은 아니다. 치료 확률은 평균 20~30% 정도로 비교적 낮다. 이에 면역항암제의 낮은 치료율을 보완하기 위해 면역항암제와 기존 항암제를 함께 투여하는 임상시험 연구가 활발하다. 병용투여를 연구해 치료율이 올라가면, 좀더 많은 환자

임상시험 단계별 시행 목적과 검토 내용

임상시험 단계	목적	검토
1상	동물실험에서 얻은 결과를 바탕으로 인체에서의 약리작용, 부작용, 투여량 등을 확인	○ 안전한 투여 용량 범위 확인을 위한 내약성 평가 ○ 신약후보물질 투여로 생겨나는 부작용 확인 ○ 흡수, 분포, 대사, 배설 등 체내 약물 움직임 확인 ○ 치료 효과 및 메커니즘 추정
2상	신약후보물질의 유효성과 안전성을 확인하고, 최적의 치료 효과를 내기 위한 적정 용량 및 용법을 결정	○ 용량에 따른 환자 반응 확인 ○ 표적 질환에 적절하게 작용하는지 확인 ○ 단기적인 약효 및 안전성 검토 ○ 신약후보물질 사용승인의 근거가 될 임상3상 시험 설계 방안 마련
3상	기존 치료제 또는 위약을 투여한 그룹과 비교해 신약후보물질의 효과를 검증	○ 충분한 수의 환자에게 신약후보물질을 투여해 검증 ○ 대조그룹을 이용한 약효 확인 ○ 신약후보물질 투여로 나타날 수 있는 부작용, 유효성 확립
4상	시판 이후 장기간 투여에 관한 효능을 검증하고, 장기투여로 나타날 수 있는 부작용 확인	○ 장기투여 시 생겨날 수 있는 부작용, 약효 지속기간 검토 ○ 추가 부작용 확인 ○ 추가로 투여 가능한 적응증 탐색

가 살아날 것이고, 제약기업은 비싼 항암제를 더 많이 팔아 수익을 올리는 기회를 얻을 것이다.

그러나 병용요법 치료제로 시장에 나가려면 임상시험 단계에서 병용투여 관련 결과가 포함되어 있는 것이 유리하다. 즉 임상시험 디자인을 어떻게 할 것이냐가, 앞으로 시장에서 판매되기 시작했을 때의 수익성에 영향을 준다. 면역항암제 개발에 앞선 머크, BMS 등도 임상디자인 과정에 이미 병용투여에 대한 전략을 준비하는 것이 일반적이다.

병용투여와 비슷한 문제로 질병 초기에 사용하는 1차 치료제로 승인받을 수 있을지, 후기에 쓰는 2차 치료제로 승인받을 수 있을지의 문제가 있다. 암은 말기로 가면서 치료받을 환자가 점점 줄어든다. 환자가 사망하거나 치료를 포기하는 경우가 늘어나기 때문이다. 제약기업 입장에서는 시장이 줄어드는 것이므로, 소비자가 많은 초기 환자 시장을 고려해야 한다. 환자 입장에서도 대부분의 질병은 초기에 잡는 것이 치료에 유리하므로 제약기업이 초기 단계 질병을 잡는 치료제를 공급해주는 것이 좋다.

과거 한국에서 항암제를 개발하던 기업 가운데 1차 치료제에 효과가 없는 환자를 대상으로 2차 치료제 임상시험을 진행하다 실패한 사례가 있다. 임상시험에 참여할 환자를 모았지만, 모집의 기준 설정에 오류가 있었는지 임상시험에 참여한 환자

프랜시스 캐슬린 올덤 켈시
미국 FDA가 유명해진 것은 탈리도마이드의 미국 판매를 막아낸 프랜시스 캐슬린 올덤 켈시Frances Kathleen Oldham Kelsey, 1914-2015 박사 덕분이 크다. 수면제로 개발되어 임부의 입덧 완화에 효과가 있는 것으로 알려졌던 탈리도마이드는 유럽에서 널리 처방되었다. 미국에서도 이를 판매하기 위해 제약사는 판매허가신청을 냈지만, 담당자였던 켈시는 안전성 자료 미비를 이유로 허가를 내주지 않았다. 탈리도마이드는 그가 FDA에서 근무하고 처음으로 심사한 약물이었다.

그런데 탈리도마이드를 복용한 엄마가 기형아를 낳는다는 것이 뒤늦게 밝혀졌다. 유럽에서 널리 처방되었던 탈리도마이드가 미국에서는 판매되지 않았고, 기형아가 태어나는 등의 부작용으로부터도 안전할 수 있었다. 미국 케네디 대통령은 그에게 감사의 뜻을 전하기도 했다(왼쪽). 비슷한 시기 미국 FDA에서 접수한 NDA 서류 더미를 보면, NDA를 통과한다는 것이 얼마나 어려운 일인지 조금은 짐작할 수 있다(오른쪽).

들이 임상시험 도중에 사망했던 것이다.

1차 치료제 시장은 뛰어들어야 할 이유가 충분하지만, 이유만으로 쉽게 접근할 수 있는 시장은 아니다. 환자 수가 많다는 것은 안전성과 효과를 확인해야 할 경우의 수가 늘어난다는 뜻이고, 이는 임상시험 규모가 커져야 한다는 뜻이다. 임상시험 규모가 커질수록 관리 비용이 늘어나고, 임상시험에 실패할 가능성도 높아진다. 신약을 개발하는 전체 과정에서 임상시험에 들어가는 비용이 큰 비중을 차지하는 것을 고려할 때 임상시험의 규모는 쉬운 문제가 아니다.

임상시험 통과 확률을 높이기 위해 2차 치료제 시장에 먼저 접근할 것인지, 큰 시장을 고려해 1차 치료제 시장 진입을 위한 큰 투자를 할 것인지는 전략의 문제며, 전략에 맞춘 임상 디자인이 필요하다. 물론 이에 따라 밸류에이션도 달라진다.

임상디자인이 주는 변수는 또 있다. 우위성superiority을 입증할 것인지 비열등성non inferiority을 입증할 것인지의 차이를 보자.

우위성은 기존에 판매되고 있는 의약품과 비교해 약효가 뛰어나다는 것을 증명하는 것이다. 비열등성은 기존에 판매되고 있는 약물과 비교해 약효가 떨어지지 않는다는 것을 수치로 증명하는 것이다. 우위성을 증명하는 임상시험 디자인은 어

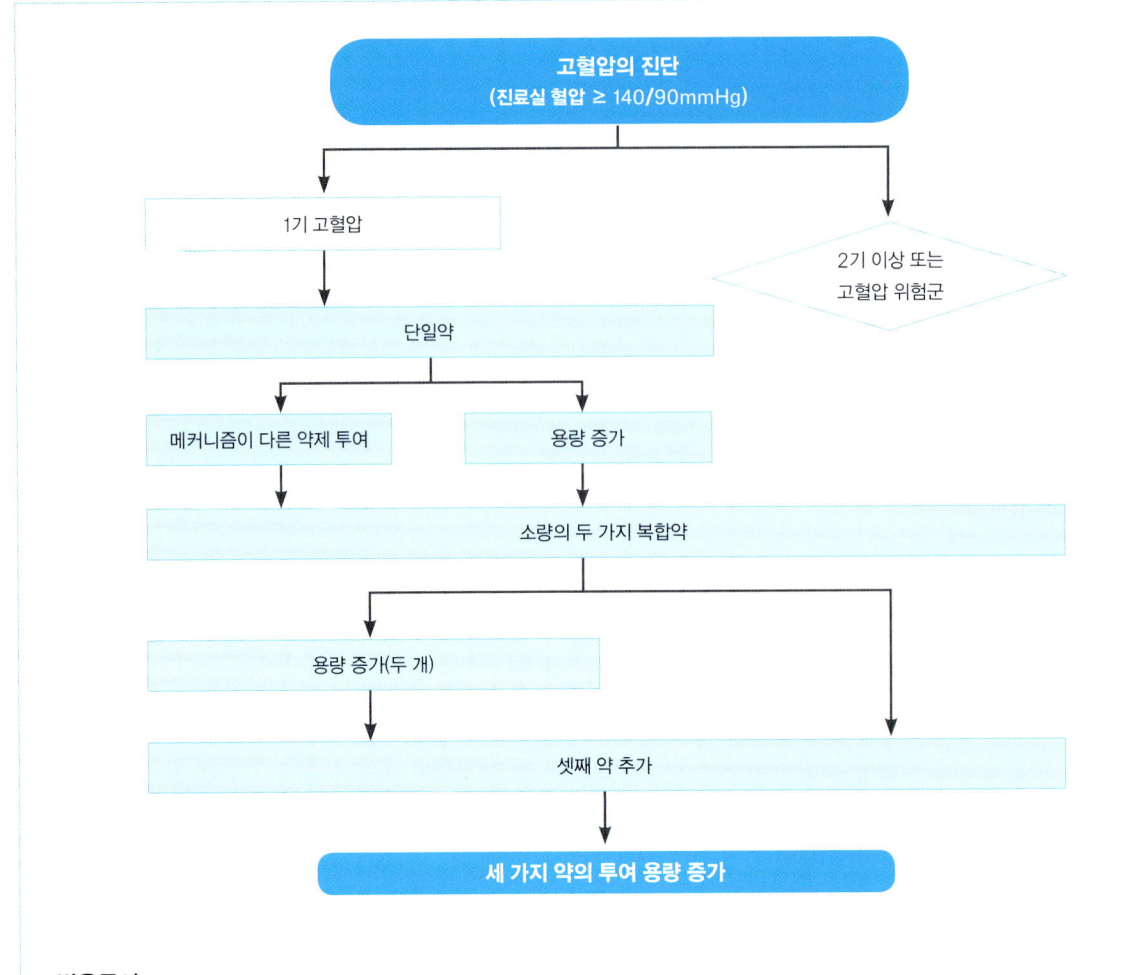

병용투여

고혈압 치료에 한 가지 메커니즘의 치료제만을 사용하기도 하지만, 여러 메커니즘의 치료제를 병용투여하기도 한다. 고혈압은 수치에 따라 1기, 2기로 나눌 수 있다.

1기 고혈압은 수축기 혈압 140mmHg 이상 159mmHg 이하, 이완기 혈압 90mmHg 이상 99mmHg 이하다. 2기 고혈압은 수축기 혈압 160mmHg 이상, 이완기 혈압 100mmHg 이상으로 분류한다. 1기 고혈압은 하나의 고혈압 치료제를 투여하는 것을 시작으로, 환자에게 적합한 메커니즘의 치료제 및 용량을 찾는다.

2기 고혈압은 두 가지 이상의 치료제를 병용하며 적합한 치료제 및 용량을 찾는다. 이후 증상의 변화에 따라 투약 용량, 종류를 늘리기도 한다.

출처: 『일차 의료용 근거기반 고혈압 권고 요약본』 (대한의학회, 2018)

렵고, 비용도 많이 들어간다. 단 성공하면 시장에서 수익을 많이 낼 확률이 올라간다. 비열등성 증명은 우위성 증명보다 상대적으로 임상시험 디자인이 가볍고, 비용도 적게 들어간다. 물론 성공했을 때 시장에서 상대적으로 큰 수익을 기대하기는 어렵다.

한국에서 판매하는 고혈압 치료제를 치료 메커니즘에 따라 분류한 예시
출처: 『궁금할 때 찾아보는 고혈압 당뇨병』(경기도 고혈압·당뇨병 광역교육센터, 2014)

고혈압 치료 메커니즘		상품명	성분명	판매기업
티아지드계 이뇨제		하이그로톤	클로르탈리돈	한림제약
		다이크로짓	히드로클로로-티아지드	유한양행
		다피드	인다파미드	진양제약
		자록소린	메톨라존	환인제약
		디유렉산	지파미드	부광약품
칼슘 통로 차단제		노바스크	암로디핀	한국화이자
		무노발	펠로디핀	한독약품
		다이나써크	이스라디핀	한국노바티스
		자나디핀	레카니디핀	유한양행
		마디핀	마니디핀	CJ제일제당
		페르디핀	니카르디핀	동아에스티
		아달라트오로스	니페디핀	바이엘코리아
베타 차단제	심장선택성	테놀민	아테놀올	현대약품
		켈론	베탁소롤	부광약품
		콩코르	비소프롤올	한국머크
		셀렉톨	셀리프롤롤	한독약품
		베타록	메토프로롤	한국아스트라제네카
	심장비선택성	미케란	카르테올롤	한국오츠카제약
		인데놀	프로프라놀롤	동광제약
	혈관 확장성	딜라트렌	카르베딜롤	종근당
		네비스톨	네비보롤	경풍약품
안지오텐신 전환효소 억제제		세타프릴	알라세프릴	부광약품
		카프릴	캅토프릴	보령제약
		실라프릴	실라자프릴	경동제약
		에나프린	에날라프릴	종근당
		포시릴	포시노프릴	유한양행
		이미다프릴	이미다프릴	동아에스티
		나노프릴	리시노프릴	진양제약
		유니바스크	모엑시프릴	유한양행
		아서틸	페린도프릴	한국세르비에
		아큐프릴	퀴나프릴	한국화이자
		라미릴	라미프릴	경동제약
		조페닐	조페노프릴	한국메나리니
안지오텐신 수용체 차단제		아타칸	칸데사르탄	한국아스트라제네카
		테베텐	에프로사탄	한독약품
		아이자탄	이르베사탄	동화약품
		코자	로사르탄	한국MSD
		올메텍	올메사탄	대웅제약
		미카르디스	텔미사르탄	한국베링거인겔하임
		디오반	발사르탄	한국노바티스
알파 차단제		카두라 엑스엘	독사조신	한국화이자
		미네신	프라조신	뉴젠팜
혈관 확장제		미녹시딜	미녹시딜	현대약품
		텐스타텐	시클레타닌	대웅제약
		카드라텐	카드랄라진	명인제약

한국의 장점

한국은 임상시험 환경이 좋은 편이다. 서울은 전 세계적으로 크기가 비슷한 다른 도시들과 비교해, 중증 의료 수요자와 중증 의료 병원이 많이 몰려 있다. 특히 한국 대형 종합병원은 중국을 빼면 전 세계에서 흔히 볼 수 없는 규모로 내원 환자 수가 많다. 서울에 있는 상급종합병원은 13개로, 강남 세브란스 병원, 강북 삼성 병원, 건국대학교 병원, 경희대학교 병원, 고려대학교 구로 병원, 고려대학교 안암 병원, 삼성 서울 병원, 서울 성모 병원, 서울 아산 병원, 서울대학교 병원, 신촌 세브란스 병원, 중앙대학교 병원, 한양대학교 병원이다. 이는 임상시험에 참여할 환자를 모집하는 데 매우 유리하다.

이런 환경 때문에 한국 대형 종합병원 의사 가운데 탁월한 임상의(PI)가 될 수 있는 조건을 갖춘 사람이 늘어나고 있다. 인구 규모를 보면 중국 등도 임상시험을 하기에 부족한 상황은 아니지만, 데이터의 신뢰도 등의 문제로 아직은 한국이 임상시험 후보지로 유리하다.

임상디자인을 어떻게 할 것인지가 과정과 결과에 큰 영향을 주는 만큼, 어떤 것을 증명하려는 것인지도 밸류에이션에 영향을 준다. 비열등성을 목표로 임상시험을 디자인하는 경우, 시장에 빨리 들어가려는 의도를 가진다. 일단 시장에 먼저 들어가고, 추가 임상시험을 진행해 우위성을 증명하려는 계획일 것이다.

원인과 특성이 다양한 질병의 경우 임상시험에 참여하는 환자들의 상태에 따라 치료제의 효과가 달라질 수 있으며 이는 임상시험 성공률에 영향을 준다. 이런 현상을 막기 위해 임상시험 등록 환자들의 상태를 자세히 관찰해 일관성을 갖춘 대상자를 선정하게 마련이다.

그러나 질병에 따라 병의 증상symptom과 진단의 기준으로 삼는 징후sign 사이의 관계가 명확하지 않은 경우가 있다. 또한 질병으로 유발된 동반질환, 대상자가 기존에 복용하던 다른 약의 영향 등으로 임상시험 약물의 효과가 나타나지 않을 수도 있다. 따라서 질병 자체를 정의하기가 어려워 대상 질환 참여자 선정 기준이 어려울 때는, 특히 임상디자인에 신경을 써야 한다. 문제는 임상시험에 대한 조건을 까다롭게 설정하면 대상자를 모으기 어렵다는 점이다.

결국 여러 가지 현실적인 조건들을 책상 위에 올려놓고 가장 적당한 타협안을 찾아내는 것이 임상디자인에서 핵심 역량이다. 그리고 여기에 밸류에이션 포인트가 있다.

적정 수준의 투자

임상디자인 문제는 임상시험을 진행하는 기업이 받은 투자가 적절한 규모인지, 성공적으로 개발 프로젝트를 마칠 수 있는지를 확인할 때도 필요하다. 임상시험을 진행하기 위해 투자받은 금액이 부족하면 성과를 내지 못할 수도 있다. 단 임상시험을 영리하게 기획한다면 불가능해 보이는 규모의 임상시험도 진행할 수 있다.

A바이오테크는 퇴행성 관절염 치료제를 개발한다. 임상2상을 진행하기 위해 200억 원을 투자받았다. 임상2상이 성공하면 라이센스 아웃하는 조건이었다. 그런데 임상시험은 성공했지만 파는 데는 실패했다. 무슨 사연이 있었던 것일까?

젊을 때 퇴행성 관절염에 걸리기도 하지만, 대부분은 노인의 질병이다. 한편 퇴행성 관절염 의약품은 대부분 완치보다는 증상 완화를 목표로 한

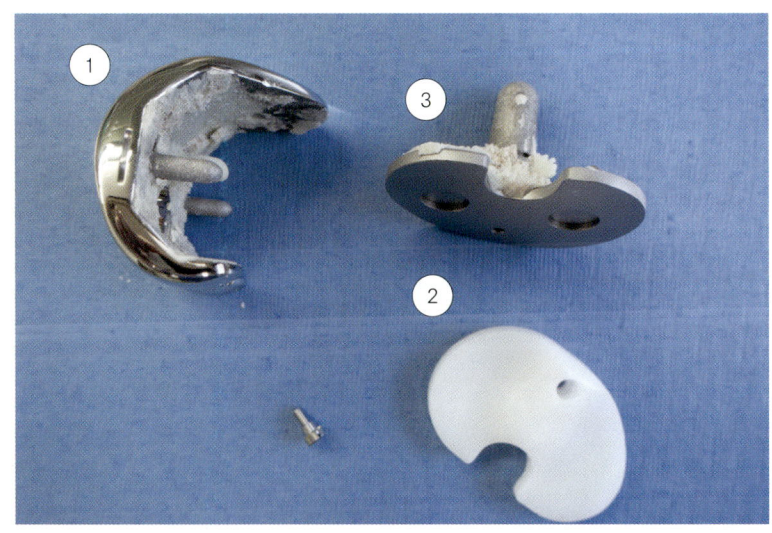

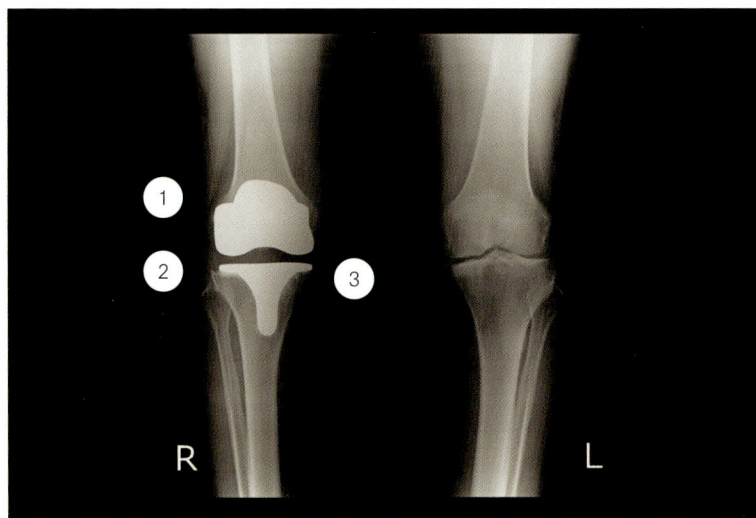

퇴행성 관절염은 관절 사이의 연골이 닳아 없어지거나 찢어지면서 생긴다. 손상된 연골을 되돌릴 방법은 아직 개발되지 않았기 때문에, 퇴행성 관절염 환자는 완치가 아닌 증상 완화를 위해 치료제를 사용한다.

관절을 움직일 수 없을 정도로 통증이 심하고 연골이 닳은 상태라면, 인공관절 치환술을 받기도 한다. 티타늄, 코발트 크롬, 세라믹 등 여러 재료로 만드는 인공관절은 관절의 손상 부위를 대신해 관절이 움직일 수 있도록 기능한다.

허벅지 아래에 있는 관절에 1번 인공관절을 끼운다. 종아리 위에 있는 관절에 3번 기구를 끼우고, 3번 바로 위에 2번을 얹는다. 1번 인공관절이 2번과 3번이 합해진 받침대 위에서 움직이며 무릎관절을 대신한다. 꼭 무릎이 아니더라도, 증상이 나타나는 위치에 따라 어깨, 발목, 고관절 등에도 인공관절 치환술을 받기도 한다.

2018년 기준 가장 많은 매출을 올린 글로벌 제약기업 중 상위 20위를 정리한 표. 관절염 치료제 신약개발을 위한 임상3상에 보통 1조 원의 비용이 들어가는데, 한국 2018년 매출 1위 기업의 실적은 1조 5,188억 원이었다.

출처: *Annual Reports and Stock Exchanges* (GlobalData, 2019)

순위	제약기업	본사	매출(단위 억$)
1	존슨&존슨	미국	3,461
2	화이자	미국	2,532
3	로슈	스위스	2,125
4	머크&Co	미국	1,987
5	노바티스	스위스	1,984
6	애브비	미국	1,396
7	암젠	미국	1,240
8	일라이릴리	미국	1,226
9	노보노디스크	덴마크	1,129
10	사노피	프랑스	1,113
11	아스트라제네카	영국	992
12	GSK	영국	987
13	BMS	미국	848
14	길리어드	미국	809
15	바이엘	독일	666
16	CSL	호주	625
17	바이오젠	미국	606
18	머크 KGaA	독일	462
19	앨러간	프랑스	451
20	셀진	미국	448

다. 증상 완화제이기 때문에 환자는 사망할 때까지 약을 먹어야 한다.

그런데 기대수명이 점점 길어져 약을 먹는 기간이 처음 예상했던 것보다 늘어난다. 약을 개발할 당시만 해도 60세부터 70세까지 10년 정도 먹으면 될 것이라고 생각했는데, 80세까지 기대수명이 늘어나 20년 동안 먹어야 하는 상황이 온 것이다. 그리고 약의 복용이 길어지면 기존 임상시험 과정에서 찾지 못했거나 예상하지 못했던 부작용이 나타난다. 의약품 부작용에 예민할 수밖에 없는 규제 당국은 변화된 상황에 맞춰 임상시험 대상자의 수를 늘리고, 임상시험 기간도 늘리는 결정을 내린다. 그리고 새 기준에 따르려면 임상시험 비용이 크게 늘어난다.

A바이오테크는 임상2상에 성공했고, 이 성공을 더 큰 제약기업에 팔 계획이었다. 그런데 늘어난 임상3상 비용을 감당하기 어려우니 팔리지 않은 것이다. 질병에 따라 다르지만, 임상3상에 참여하는 환자의 수는 적게는 300명이지만, 보통 1,000명 정도가 필요하다. 문제는 퇴행성 관절염 치료제는 10,000명 정도가 참여하는 임상3상을 규제기관이 요구한다는 점이다. 이렇게 되면 임상3상 비용에만 1조 원 이상 들어간다. 기술이전을 하려면 임상3상의 결과를 확신할 수 있는 추가 자료를 요청받을 것이고, 이를 위한 추가 전략도 필요하다. A바이오테크 임상2상에 200억 원이면 충분할 것이라고 생각했던 투자자의 예측은 정확했고 연구결과도 예상대로였지만, 그 이후에 벌어질 일에 대해서는 정확하게 예측하지 못했다.

영리한 전략

임상시험 기획은 전략이 중요하며, 전략이 밸류에이션에 영향을 준다. 의약품 산업에서도 북미 시장은 중요하다. 전 세계 의약품 시장에서 북미가 차지하는 비중은 40% 정도다. 중요한 미국 시장에 진출하기 위해서는 미국 FDA를 통과해야 한다. 그리고 미국 FDA의 높은 관문을 넘는 전략은 한 번의 도움닫기로 벽을 넘는 방식과 중간중간 사다리를 놓고 기어올라 넘는 전략, 두 가지다.

예를 들어 FDA에서 요구하는 임상3상 환자의

> 임상시험을 성공과 실패로 나누어서는 안 된다.
> 어떻게 기준을 정하고, 무엇을 바라보고, 어떤 접근법을
> 쓰느냐에 따라 실패가 성공으로 바뀔 수 있다.
> 꺼진 불은 꺼진 불이 아니다.

규모가 10,000명 단위로 올라가면 사실상 한국 바이오벤처나 바이오테크는 자력으로 임상3상을 끌고 갈 수 없다. 그런데 중요한 것은 10,000명의 데이터지, 그것을 어떻게 얻어낼 것인지가 아니다.

같은 질환에 대해 한국에서 임상3상을 신청한다면 수백 명 규모에서 마무리될 수도 있다. 임상3상을 통과해 한국에서 약을 판매하기 시작하고, 병원에서는 약을 처방한다. 그리고 실제 환자들에게 처방이 나가는 시점부터 추적 임상에 들어간다. 임상시험 총괄 책임자principal investigator, PI가 처방하는 의사들과 소통하며, 처방 후 추적관찰 연구를 진행한다. 약을 처방받은 수만 명에 대한 추적 관찰 자료를 논문으로 쓰고, 이를 다시 학술지에 발표한다. 이는 FDA 기준을 채울 수 있는 근거가 될 것이다. 이제는 FDA 관문을 통과할 가능성이 높은 물건이 되었고, 전 세계적 규모의 대형 제약기업에 라이센스 아웃을 할 수도 있을 것이다. 아니면 직접 투자자를 모아 미국 임상3상에 도전할 수도 있을 것이다.

전체적인 경로를 전략적으로 설계한다면, 무모하게 임상3상 비용을 조달하다 실패의 위험을 높이지 않아도 될 것이다. 임상시험 단계에서 중요 밸류에이션은, 전략을 창의적이고 유연하면서 현실적으로 세울 수 있는지 여부다.

16장. 탐색

위험의 구체적 탐색 1-종결점과 스킨십

임상시험에서 관리해야 하는 위험은 크게 세 가지로 나뉜다. 임상적 위험clinical risk, 승인 및 허가 위험approval risk, 생산 위험manufacturing risk이다. 임상적 위험은 종결점을 어떻게 관리할 것인지의 문제다. 임상디자인에서 종결점endpoint은 중요하다. 종결점은 '치료가 되었다'라고 정할 수 있는 지점이기 때문이며, 종결점을 어디로 정하느냐가 결국 임상시험의 성공과 실패를 가른다.

그런데 암과 같은 질병에 '완치'라는 개념을 적용하기 어렵다보니, 종결점은 숫자가 된다. 약물 투여 후 10개월 생존을 목표로 정했는데 8개월 후에 환자가 사망한 것과, 6개월 생존을 목표로 했는데 8개월 후에 사망한 것의 차이다. 따라서 종결점을 어떻게 정하느냐가 임상시험 성공과 실패를 가르게 된다.

한편 종결점은 임상시험을 진행하는 현장의 문제이기도 하다. 임상시험이 진행되는 현장은 연구실이 아니라 병원이다. 따라서 임상시험이 어떤 결과를 낼 것이냐에 '의사'가 미치는 영향은 크다. 환자의 생존은 단순하게 한 가지 약을 먹느냐 먹지 않느냐의 문제가 아니다. 임상시험이 진행되는 과정에서 환자가 어떤 관리를 받는지는 결과에 영향을 줄 수밖에 없다. 사실 어떤 환자를 임상시험에 참여시킬 것인지 결정하는 순간부터 이 문제는 시작한다.

임상시험 과정 관리는 엄격하게 규격이 잡혀 있고, 환자를 치료함에 있어 최선을 다하지 않는 의사는 없다. 그럼에도 의사가 '임상시험 약이 효과를 보일 것인지 얼마나 기대하고 있는가' 하는 정형화할 수 없는 부분을 무시할 수 없다. 임상시험을 실제 진행하는 의사의 중요성은 여기서 비롯한다.

이런 관점에서 본다면 임상시험에 대한 의사와의 협업, 나아가 의사에게 동기를 부여해주는 작업을 바이오벤처나 바이오테크가 얼마나 진행하고 있는지는 밸류에이션에 큰 영향을 준다. 해당 신약 후보물질의 작동 메커니즘에 호기심과 필요를 느끼는 의사와 임상시험 모든 과정에서 긴밀하게 소통하는 것은, 임상시험 성공의 가능성을 높이는 요소가 된다.

위험의 구체적 탐색 2-허가와 승인

승인 및 허가 위험은 규제기관과 어떻게 협상할 것이냐의 문제다. 아무리 좋은 약도 규제기관을 통과하지 않으면 시장에 나갈 수 없다.

보통 신약의 승인 및 허가를 위한 규제기관과의 협의는 아주 사소한 부분까지 모두 기록할 필요가 있다. 공무원 특유의 어법을 이해하고 규제기관이 의도하는 바를 행간에서 읽어내, 그에 합당한 조치들을 취할 필요도 있다. 한국의 제약기업들은 지금까지 주로 제네릭 의약품에 집중했다. 제품의 라인업을 늘리기 위해 새로운 품목의 도입과 허가를 어떻게 관리할 것인지가 사업에서 중요했다. 정량적으로 수치화할 수 없지만, 한국 제약기업에서 규제기관과의 업무를 담당하는 사람의 승진이 상대적으로 빠른 것은 이런 이유 때문이다.

한편 한국 제약기업이 외국에서 임상시험을 진행하거나 신약의 승인받으려 한다면, 보통 현지 CRO를 대행사로 활용한다. 따라서 대행하는 CRO의 역량이 밸류에이션 포인트가 된다.

자주 있는 일은 아니지만 경쟁 약물을 팔고 있는 경쟁사도 허가와 승인에 영향을 미칠 때가 있다. 특히 규모가 작은 기업의 경우 대형 제약기업의 영향력을 피하기 어렵다.

한국은 물론 외국도 거의 모든 사업에 KOL의 인적 네트워크가 영향을 준다. 대형 제약기업들은 여러 KOL들과 그들이 속한 기관에 지속적으로 재무적인 지원을 한다. 이는 간접적인 영향력으로 작용할 수 있다.

위험의 구체적 탐색 3-진짜 만들 수 있나

생산 위험은 약을 개발했지만 실제 만들어 팔 수 있을 것이냐의 문제다. 이것도 임상시험 단계 이전, 즉 전임상시험 단계부터 논의 테이블 위에 올라가 있어야 한다. 전임상시험은 신약으로 현실화하는 첫 단계다. 따라서 '현실'의 문제를 검토하기

항암제 임상시험 과정에서 사용하는 종결점 예시. 종결점은 임상적으로 환자가 치료됐다고 판단할 수 있는 근거로 사용된다. 암 환자를 대상으로 하는 임상시험의 경우 종양 크기의 감소나 치료제의 반응 기간, 환자의 생존기간 등을 기준으로 사용해 항암제 후보물질의 효능을 검증한다.

종결점 예시	정의
전체생존기간 Overall Survival, OS	임상시험에 참여한 환자가 사망에 이르기까지 걸린 시간
무진행생존기간 Progression-Free Survival, PFS	사전에 정한 기준까지 암이 진행하는 데 걸린 시간
무병생존기간 Disease-Free Survival, DFS	암이 재발하기까지 걸린 시간
반응지속기간 Duration of Response, DoR	암이 치료제에 반응하는 시간
반응률 Response Rate, RR	투약 이후 종양의 크기가 줄어든 비율
완전관해율 Complete Response, CR	표적 부위의 종양이 모두 없어진 환자 비율
부분관해율 Partial Response, PR	표적 부위의 종양이 투약 전보다 50% 이상 줄어든 환자 비율
객관적반응률 Objective Response Rate, ORR	사전에 정한 기준까지 종양의 크기가 줄어든 환자 비율

라이센스 아웃과 라이센스 인

한국 바이오벤처와 바이오테크의 임상시험과 관련된 소식은 대부분 라이센스 아웃에 대한 것들이다. 직접 임상3상을 거쳐 마지막에 신약 승인으로 가지 못하는 이유는 평균 2,000억 원에 이르는 막대한 비용 때문이다.

그런데 이상한 점은, 아무리 그렇다고 해도 '왜 라이센스 아웃(out)만 있고 라이센스 인(in)은 없는가'이다. 끝까지 갈 수는 없어 도중에 판다면, 도중에 사다가 무엇을 해볼 수도 있을 것이다. 그런데 이런 소식은 듣기 힘들다.

결론부터 이야기를 하자면 'CMC 전문가와 임상시험 전문가가 귀하기 때문'에 무엇인가 사다가 해볼 엄두를 내지 못한다. 반대로 말하면 CMC 전문가와 임상시험 전문가가 내부에 있거나, 네트워킹하고 있다면 시도해볼 수 있다. 밸류에이션이 높아지는 것이다.

임상시험은 여러 단계를 미리 정하고, 그 단계를 하나씩 넘는 과정이다. 연구실에서는 없었던 변수와 낯선 참여자들이 나타난다. 이를 때로는 뚫고 때로는 돌아가는 전략이 '임상디자인'이다. 임상디자인을 책임지는 것이 임상시험 전문가와 CMC 전문가다. 임상디자인이 훌륭하다면 라이센스 아웃 대신 신약개발을 끝까지 가져갈 수도 있다.

신약개발의 마지막 국면에 비용이 많이 들어간다는 것은, 돈 관리가 너무 복잡하고 어려워 어디에 어떻게 얼마나 들어가는지 가늠하기 어렵다는 뜻이다. 만약 제대로 계산해내고 관리할 수 있다면, 마지막 관문 통과를 영리하게 디자인할 수 있다면, 중간에 싼 값에 넘겨 남 좋은 일을 시킬 필요가 없다.

시작하는 단계여야 한다.

한국에는 우수 의약품 생산 설비 기준current good manufacturing practice, cGMP을 갖춘 CMO가 많지 않다. 기준을 갖춘 외국 기업의 서비스를 이용해야 하는데, 여기에서부터 허들을 넘어야 한다. 제네릭을 이야기하면서 '케미컬 의약품은 분자식이 있으면 합성을 할 수 있다'고 했다. 그러나 이 이야기는 분자식이 있으면 어느 공장에 들고 가든 쉽게 합성해준다는 뜻이 아니다. 이론적으로 가능하고, 바이오 의약품에 비해 간단하다는 뜻이지, 정말 수월하게 만들 수 있다는 뜻은 아니다. 게다가 미국이나 유럽에서 팔기 위해 개발한 신약은 생산에 대한 허가 기준도 까다롭다. 제3세계권 국가에 있는 공장에서 생산한다는 것으로는 허가를 통과하기 어려울 수도 있다. 그러니 케미컬 의약품도 전임상시험 단계에 들어갔다면 생산 문제를 미리 고민해야 한다. 기업 내부에 생산chemistry manufacturing control, 이하 CMC을 담당하는 전문가가 일을 시작해야 한다.

CMC 담당자는 안정성이 높은 생산 설비를 확보하고, 현장 실사due diligence 내용을 정리해 허가 기관에 제출해야 한다. 이런 일을 할 수 있는 인력이 내부에 있는지 없는지도 밸류에이션 과정에서 살펴봐야 할 대목이다.

그러나 CMC 전문가를 개발 초기부터 확보하는 것은 재무적으로 비효율적일 수 있다. CMC 전문가도 초기 개발 단계에는 참여할 일이 많지 않다. 개발 초기에는 부분적으로 참여하다 임상시험 후반으로 접어들면 풀타임으로 함께 일하는 방식이 좀더 효율적일 것이다.

한편으로 바이오 의약품 가운데 바이오베터는 임상시험 단계에서 생산의 문제를 좀더 무겁게 다루어야 한다. 케미컬 의약품을 합성하는 시설보다 바이오 의약품을 생산하는 시설의 수가 적고, 공

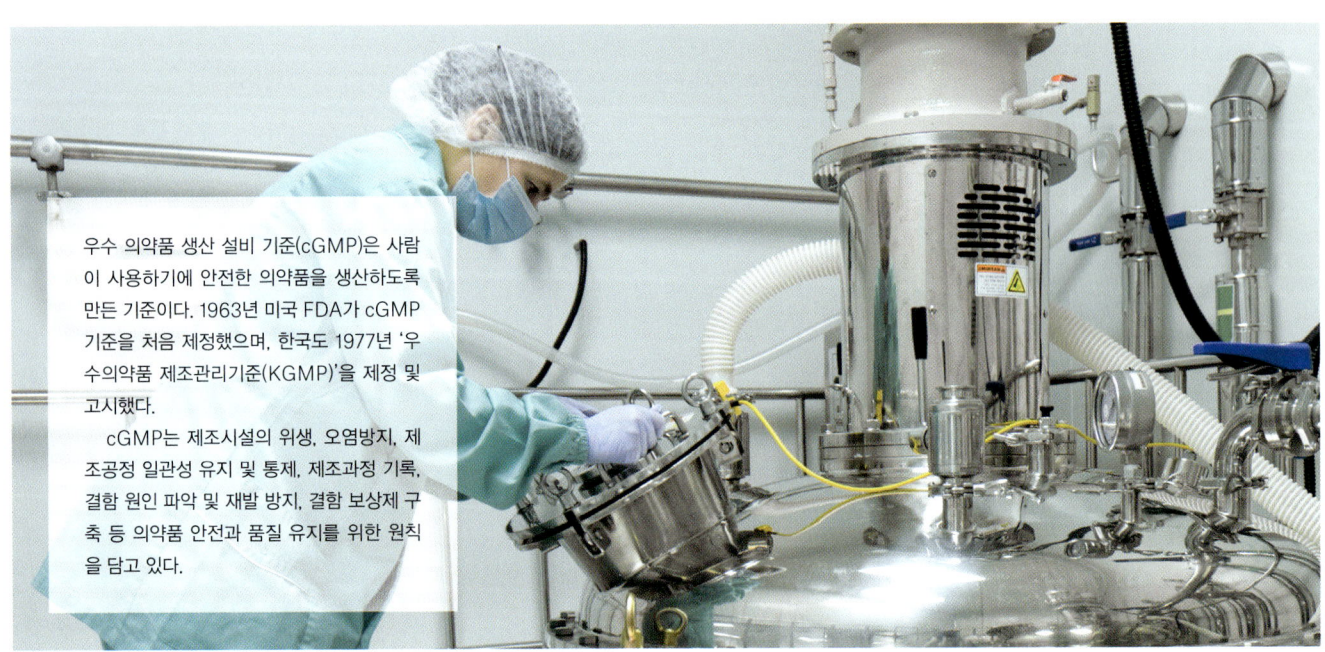

우수 의약품 생산 설비 기준(cGMP)은 사람이 사용하기에 안전한 의약품을 생산하도록 만든 기준이다. 1963년 미국 FDA가 cGMP 기준을 처음 제정했으며, 한국도 1977년 '우수의약품 제조관리기준(KGMP)'을 제정 및 고시했다.

cGMP는 제조시설의 위생, 오염방지, 제조공정 일관성 유지 및 통제, 제조과정 기록, 결함 원인 파악 및 재발 방지, 결함 보상제 구축 등 의약품 안전과 품질 유지를 위한 원칙을 담고 있다.

> 임상시험은 '통과하는 것이 아니라 통과하게 만드는 것'이다.
> 문제가 어디에서 나오고 출제자의 의도가 무엇인지 예측해
> 효과적으로 대비하는 것이 중요하다.

정의 난이도는 높다. 여기에 임상시험 단계마다 바이오 의약품의 동질성을 입증해야 하는 문제가 있다.

케미컬 의약품은 바이오 의약품에 비해 분자구조가 단순하므로 다른 설비에서 만들었다 하더라도 동질성을 입증하기가 수월하다. 그런데 바이오 의약품은 케미컬 의약품에 비해 평균 10,000배는 큰 물질이다. 현실적으로 분자구조가 같다는 것을 입증하는 것이 어렵다. 따라서 '같은 설비에서 같은 조건으로'라는 물질 외적 부분의 동질성을 입증하는 것이 중요하다.

이런 관점에서 보면 바이오베터는 임상시험 단계별 시약 생산과 실제 의약품 생산을 같은 곳에서 진행하는 것이 중요하다. 시간이나 상황에 쫓겨 여러 시설을 사용하면 오히려 임상시험 다음 단계로 올라가거나, 마지막에 판매 승인을 받을 때 더 큰 문제가 생길 수 있다.

매뉴얼을 만드는 기분으로

전임상시험 단계부터 마지막에 있을 생산 설비 걱정을 해야 한다면, 전임상시험 단계에서 다음에 있을 임상시험 걱정을 하는 것은 너무 당연한 일이다. 전임상시험에 임상전문가가 참여해 임상시험을 대비하는 데이터를 준비하고 있는지 따져보는 것이 중요하다.

때로는 전임상시험을 성공적으로 마치고 임상시험에 들어가려다 엎어지는 경우가 있다. 임상시험 허가 기관, 예를 들어 FDA가 임상시험 신청서를 검토하다 질문한다. 'A라는 실험을 하셨나요? 그 데이터가 없어도 전임상시험은 통과할 수 있지만, 임상시험에 들어가면 데이터가 있어야 설계하고 심사할 수 있는데……' 부랴부랴 준비를 해 1~2주 안에 끝낼 수 있는 실험도 있지만, 수개월 단위를 넘어가는 실험도 있다. 만약 전임상시험 단계에서 미리 준비했다면 부드럽게 넘어갈 것들을, 시간과 돈과 노력을 다시 들이면서 수행해야 한다.

사기나 거짓말처럼 범죄에 가까운 상황이 일으키는 리스크는 오히려 걸러내기 쉽다. 그러나 이렇게 사소한 것들이 쌓여서 발생하는 리스크는 지나치기 쉽다. 따라서 전임상시험 단계에서 임상시험 전문가가 참여하는지 여부는 해당 전임상시험의 밸류에이션 평가에 중요 요소로 작용한다.

물론 전 세계적 규모의 대형 제약기업이라면

> **임상시험을 위한 임상시험**
>
> 임상시험에 들어갔다면 신약개발에 가까워진 것이겠지만, 반드시 가까워졌다고 볼 수는 없다. 무의미한 임상시험도 제법 많이 이루어진다.
>
> 임상시험의 각 단계는 후보 약물의 신약 가능성을 가늠해주는 단계지만, 바이오벤처나 바이오테크 입장에서는 다음 투자를 받기 위한 성장의 한계 지점이다. 임상시험에 들어갈 물건이 없거나 현재 임상시험을 하고 있지 않다면, 다음 투자를 받기 어렵다. 다음 투자를 받지 못하면, 그때부터 바이오벤처와 바이오테크는 생존이 어렵다.
>
> 따라서 생존을 위해 무리하게, 또는 의미 없는 임상시험을 진행하기도 한다. 임상시험 단계의 밸류에이션 평가에 이런 부분을 깊게 살펴보아야 한다.

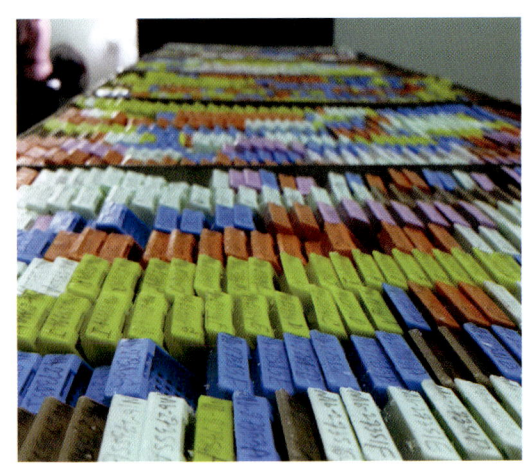

경험과 인력 면에서 매뉴얼대로 움직이면서 해결할 수 있는 일이다. 그러나 연구 아이디어를 검증하고, 이제 막 전임상시험에 들어가는 작은 바이오벤처가 이런 문제를 노련하게 해결하기 어렵다. 전임상시험 단계에서 임상시험과 생산까지를 미리 준비하는 노하우와, 이를 수행할 전문적인 인력이 있기를 기대하기 힘들다. 물론 투자의 관점에서 보면 밸류에이션이 매우 낮다.

현재 한국에서 신약을 개발하고 있는 바이오벤처와 바이오테크, 제약기업들이 처한 가장 큰 어려움은 전임상시험 단계에서 준비해야 하는 미래 과업들일 것이다. CMC 전문가와 능력 있는 임상전문가는 그 수가 많지 않다. CRO나 CMO가 이런 일들을 대행해준다고는 하지만, 오퍼레이터의 실력 발휘는 클라이언트의 능력에 비례한다. 준비 안 된 클라이언트는 오퍼레이터를 100% 활용할 수 없고, 비용만 지출할 뿐이다.

가장 큰 위험은 전임상시험 단계에 POC 단계에서 했던 비슷한 동물실험이 배치될 때다. 이 경우 POC 단계에서 했던 일을 한 번 더 반복하면서 전임상시험을 통과했다고 오해하는 경우가 생길 수 있다.

이렇게 덜컥 얼렁뚱땅 전임상시험을 통과해버리면 임상시험으로 제대로 갈 수도 없고, 다시 POC 단계로 돌아갈 수도 없는 애매한 상황에 갇혀버린다. 투자받은 비용은 이미 전임상시험에 필요한 동물실험에 모두 썼고, 임상시험으로 들어갈 예정이라는 발표를 해야 다시 투자를 유치할 수 있다. 그런데 진도를 나갈 수 없는, 임상시험을 들어갈 수 없는 조건이라 투자 유치가 곤란해진다. 여기에 다시 전임상시험을 하겠다고 하니 투자자들이 신뢰를 회수해간다.

투자자 입장에서 POC 단계와 전임상시험 단계에 있는 기업에 투자한다는 것이 위험이 큰 투자이기는 하지만, 이것은 위험의 크기와는 다른 차원의 문제다. 밸류에이션은 공장에서 신약이 나

전임상시험, 임상시험 과정에서 자칫 실수로 (?) 단계를 통과하는 경우 문제는 심각해질 수 있다. 신약개발로 가는 계단을 올랐다고 생각하지만, 영원히 올라가도 벗어날 수 없는 펜로즈의 계단일 수 있다.

와 포장할 때 한 번 확인하는 것이 아니라, 동물실험을 할 때부터 계속 점검하는 것이다.

그러나 반대로 보면 이 단계를 잘 준비하는 기업은 밸류에이션이 큰 폭으로 뛸 것이다. 전임상시험 단계가 끝나고 임상1상으로 부드럽게 넘어가는 경우에는 2~3배 정도 밸류에이션이 올라가는 경향이 있다.

특집 4_다운라운드

신약개발의 단계별 성공률을 계산해 맞춘다는 것은 신의 영역이다. 그런 점에서 투자는 신과도 소통해야 하는 부분이 있다. 개발자가 아닌 투자자의 관점에서 보면 투자의 모든 단계, 즉 아이디어를 찾았을 때부터 규제기관의 판매 허가를 받는 모든 단계에 참여하기는 어렵다. 각 단계마다 투자받아야 하는 금액의 크기와 기대되는 수익률이 다르기 때문이다.

그러나 어떤 단계든 얼마나 많은 수익을 낼 수 있을 것인지에 대한 예측은 필요하다. 내가 투자할 때 이만큼의 회사였는데, 투자를 회수할 때는 얼마나 성장해 있을지에 대한 예측이다. 기업은 성장할 수도 있지만, 작아질 수도 있다. 다운라운드 상황이다.

다운라운드는 내가 투자한 것보다 낮은 가격으로 펀딩이 이루어질 때를 말한다. 현재 100억 원의 밸류에이션인 기업이 있다. 앞으로 300억 원

대로 밸류에이션이 높아질 것을 기대하고, 20억 원을 투자했다. 그런데 기업의 밸류에이션이 80억 원이 되어 있는 것이다. 전후사정을 둘러보니 내가 투자한 20억 원은 충분하지 않은 투자금이었다. 위험 요소들을 고려했을 때 30억 원 정도 투자를 받았어야 안정적으로 다음 단계로 넘어가는데, 그것까지를 고려하지 않은 것이다.

이런 현상이 나타나는 이유 가운데는 경영진의 오판이 있다. 경영진은 20억 원을 투자받을 때와 30억 원을 투자받을 때 투자자에게 주어야 하는 지분 등의 대가가 아깝다고 생각하기 쉽다. 그러니 최대한 투자를 덜 받고 지분율을 높게 유지하기 위해 아슬아슬하게 투자를 받는다. 아슬아슬한 계산이 맞아 떨어지면 좋지만, 언제나 문제는 틀리는 경우다.

다운라운드는 중학교를 3학년 2학기까지 다녔는데 막판에 사고를 쳐서 졸업하지 못하는 바람에 초등학교 졸업이 된 것과 같은 상황이다. 아무리 많이 진도를 뺐어도 실패는 실패다. 게다가 이미 투자받은 돈은 모두 써버렸으니 대책은 더욱 없다. 투자자 입장에서는 이렇게 첫 투자금을 모두 날릴 수는 없으니 다운라운드로 들어간다. 80억 원짜리로 밸류에이션을 깎아 투자금을 다시 유치한다.

그러나 투자금을 유치하는 것이 단기간에 가능한 일은 아니다. 최소 6개월 이상 걸리는 작업이다. 그리고 다운라운드 기간 동안 기업의 직원들은 떠나기 마련이다. 월급이 멈추면 사무실이든 연구실이든 앉아 있어도 남의 직원이다. 6개월 동안 다시 투자금을 모으고, 그 사이 떠나간 직원들의 자리를 다시 채우고, 그들과 팀워크를 이뤄 일을 시작해 단계를 마치려면 2~3년은 더 필요할 것이다. 2~3년의 시간 동안 경쟁 바이오벤처나 바이오테크들은 가만히 놀고만 있지 않을 테니, 매우 힘들어지는 게임이 된다.

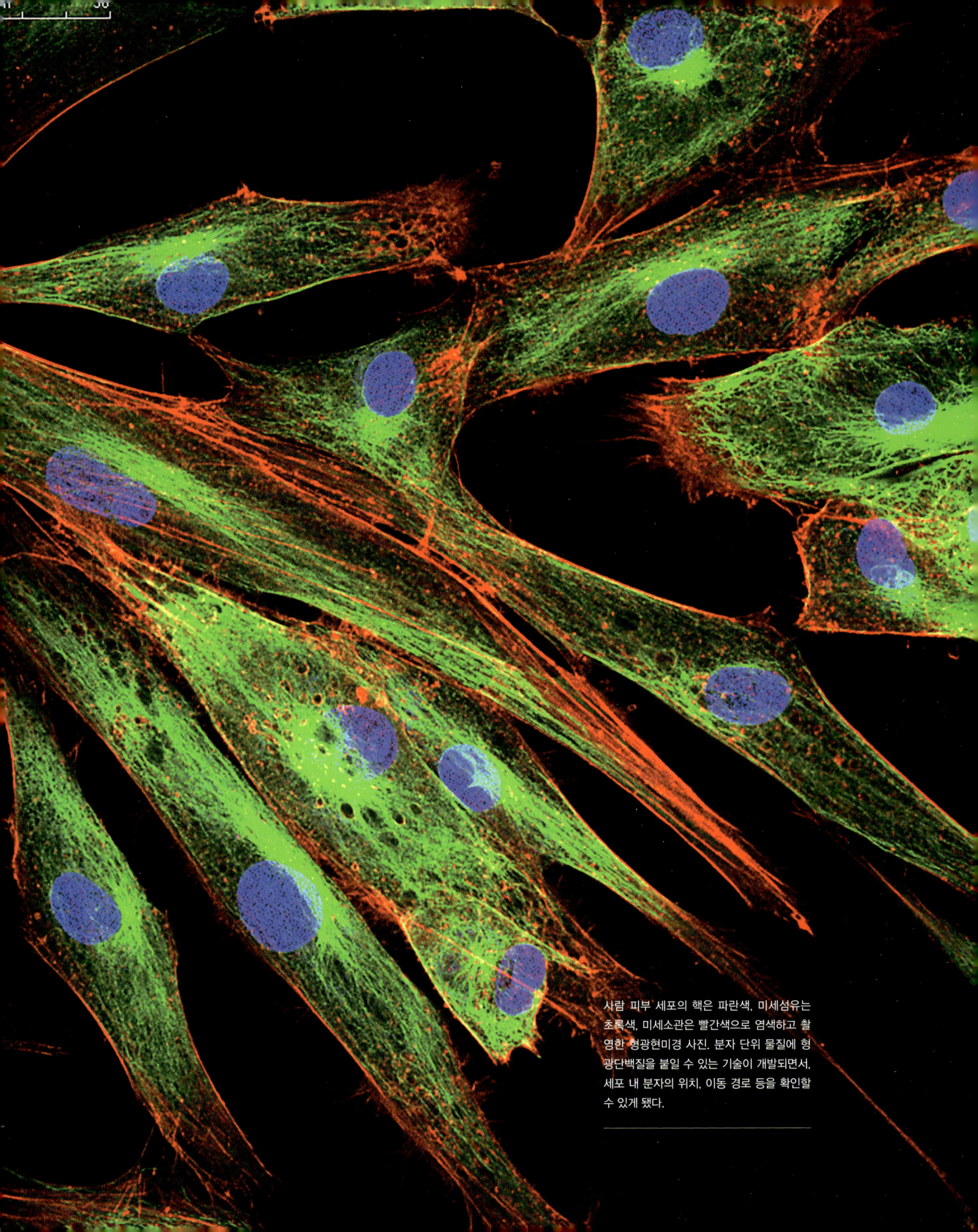

사람 피부 세포의 핵은 파란색, 미세섬유는 초록색, 미세소관은 빨간색으로 염색하고 촬영한 형광현미경 사진. 분자 단위 물질에 형광단백질을 붙일 수 있는 기술이 개발되면서, 세포 내 분자의 위치, 이동 경로 등을 확인할 수 있게 됐다.

CAPITAL MARKET & VALUATION

자본시장과 밸류에이션

17장. 성장 전략들

나는 대학교 학부 4학년이던 1989년에 '분자생물학'이라는 과목을 수강했다. 생화학 시간에 생물을 구성하는 주요 성분인 DNA에 대해 배웠지만, 인체 생물 정보를 저장하는 DNA와 이를 활용한 다양한 산업을 이해하는 데에는 이때 들은 분자생물학이 많은 도움이 되었다. 아직도 강의하셨던 교수님이 생각난다. 그때 수강했던 강의 노트도 보관하고 있는 것을 보면 강의에 재미를 느꼈던 것 같다.

그런데 미국에서는 1973년 유전자 조작 대장균을 제작하기 시작하면서 시작된 현대 생물학을 기반으로, 1980년대에 이미 제한효소restriction enzyme와 유전자 재조합 기술recombinant DNA technology을 활용한 다양한 단백질 생산 및 판매와 관련된 사업 모델이 활발하게 나타나고 있었다.

전 세계에서 최초로 '재조합 유전자를 이용한 단백질 생산'을 현실에서 구현한 회사는 미국의 제넨텍이다. 제넨텍은 유전자조작 기술 개발인인 허버트 보이어Herbert Boyer와 투자자인 로버트 스완슨Robert Swanson이 각각 500달러를 출자하여 1976년 설립했다. 이들은 실험실에서만 진행되던 재조합 단백질 생산 기술이 시장에 나오게 되는 계기를 마련했다.

제넨텍은 1979년 재조합 유전자를 활용하여 인슐린을 대장균에서 대량생산하였으며, 1980년 바이오테크로는 세계 최초로 상장하였다. 당시 IPO 자금으로 3,500만 달러를 확보하였으며, 현재는 15,000명의 직원을 거느린 회사로 성장하였다. 제넨텍은 2009년 로슈에 463억 달러에 인수되었으며, 가장 큰 성공을 거둔 바이오테크 가운데 하나로 기억되고 있다. 제넨텍의 역사는 곧 현대 바이오테크의 역사라고도 할 수 있다.

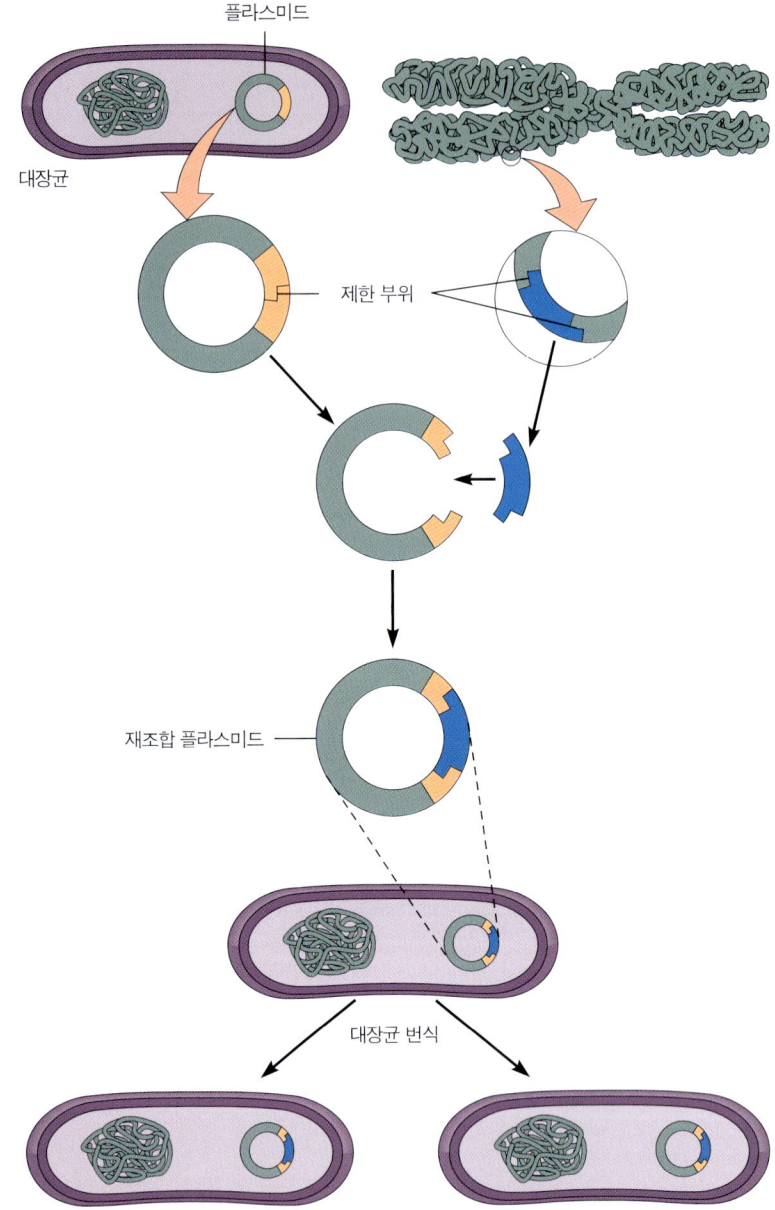

외래 유전자를 보유한 대장균 복제

제넨텍은 유전자 재조합 기술을 활용해 인슐린 대량생산에 성공했다.

　인간의 인슐린 유전자를 대장균의 유전자에 넣으면, 대장균은 단백질을 만들어내고, 복제하는 과정에서 많은 양의 인슐린을 만들어낸다. 이를 정제하고 당뇨병 환자에게 투여하면, 인슐린 부족으로 나타나는 당뇨병 증상을 개선할 수 있다.

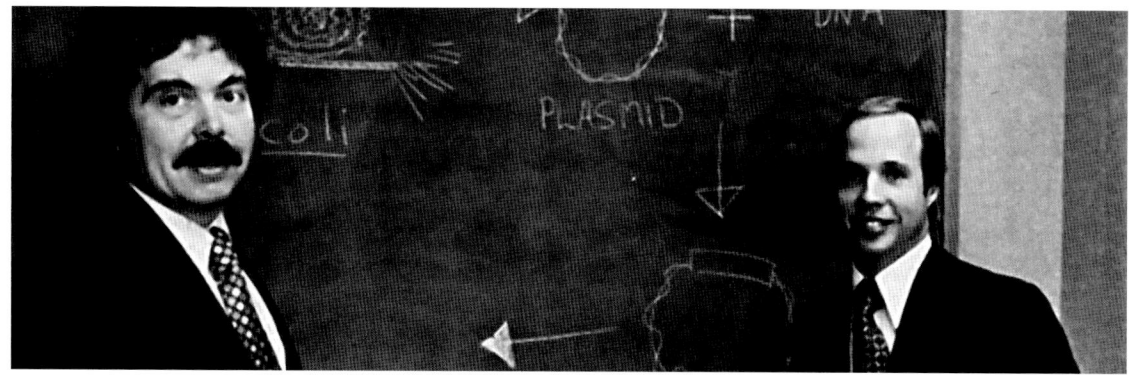

제넨텍을 창업한 허버트 보이어(왼쪽)와 로버트 스완슨(오른쪽). 제넨텍은 생명과학을 바탕으로 하는 테크 기업이, 거대 제약기업들이 지배하는 시장에서 새로운 밸류에이션을 창출할 수 있다는 것을 보여주었다.

창업자는 처음에 작은 규모의 회사를 만들고, 이후 벤처투자자venture capitalist로부터 유치한 초기 자금을 활용하여 POC를 수행한다. 그리고 기술 판매를 매개로 대형 제약기업과 공동연구를 한다. 혹은 아예 피인수됨으로써 회사의 제품을 시장에 내놓는 사업 구조가 만들어졌다. 특히 제넨텍의 경우, 제품 개발 초기에는 일라이릴리와 같은 대형 제약기업과 판권 협의를 통해 제품을 판매했지만, 회사가 보유한 기반기술과 시장 선점 효과를 바탕으로 꾸준하게 신제품을 개발하고 자체 영업망 확보를 통한 성장 전략을 취했다.

길리어드 사이언스는 1987년 설립되었다. 치료제가 없는 바이러스 질환 치료를 위한 항바이러스 치료제 개발을 목표로 하였다. 1992년 길리어드 사이언스는 미국 나스닥에 상장하였으며, 1999년에는 매출이 3배나 많은 넥스타NeXStar를 인수한다.

이후 1999년 로슈가 길리어드 사이언스로부터 기술을 도입해 내놓은 인플루엔자 치료제 타미플루®가 FDA 판매 승인을 받았고, 2001년에는 HIV 치료제인 비리어드®Viread®, 성분명: tenofovir disoproxil가 판매 승인을 받는다. 2002년 트라이앵글 파마슈티컬Triangle Pharmaceutical, 2006년 마이오젠Myogen, 코러스 파마Corus Pharma, 라일로 케미컬스Raylo Chemicals, 2009년 CV 테라퓨틱스CV Therapeutics, 2010년 CGI 파마슈티컬스CGI Pharmaceuticals, 2011년 캘리스토 파마슈티컬스Calistoga Pharmaceuticals, 파마셋Pharmasset 등을 인수했고, 이후 2013년 하나, 2015년 3개, 2016년 하나의 회사를 인수하는 등 지속적인 M&A를 진행했다. 2017년에는 CAR-Tchimeric antigen receptor T-cell therapy 후보물질 확보를 위해 카이트 파마Kite Pharma를 119억 달러에 인수하였다.

길리어드 사이언스의 최대 매출 의약품 중 하나인 소발디®의 경우 2011년 인수한 파마셋Pharmasset이 개발한 약으로, 길리어드 사이언스가 세계적인 제약기업 반열에 오르게 한 제품이다.

길리어드 사이언스의 성장 전략은 특정 질병 영역에 집중하며 가능성 있는 후보물질을 지속적으로 인수해, 성장 동력을 확보하는 것이다. 길리어드 사이언스는 C형간염 환자의 감소에 따른 미래의 항바이러스 치료제의 매출 감소를 극복하기 위해, 카이트 파마를 인수하였고, 면역항암제라는 신규 사업 영역에 진출하고 있다.

제넨텍과 길리어드 사이언스의 성장 전략은 완전히 다르다. 제넨텍은 제품 개발 초기에는 일라이릴리와 같은 대형 제약기업과 판권 협의를 통해 제품을 판매했지만, 회사가 보유한 기반기술과 시장 선점 효과를 바탕으로 꾸준한 신제품 개발, 자체 영업망 확보라는 성장 전략을 취했다. 길리어드 사이언스는 핵심 개발 영역을 선정한 이후 자체 연구개발과 동시에 시장성 있는 후보물질의 기술 도입, M&A를 통해 시장을 확대해 나가는 전략을 취했다. 길리어드 사이언스의 성장 역사는 M&A의 역사라고 해도 지나치지 않다.

예로 든 두 회사 모두 초기는 보통의 바이오벤처 사업 모델을 가지고 있었다. 기반기술 또는 핵심 사업 부분을 정하고 이를 바탕으로 초기 연구개발을 진행했다. 빠른 IPO로 추가 자금을 확보했고 공모 자금을 활용해 제품을 생산했다. 더불어 자체적인 현금 흐름을 확보한 사업 모델이다.

18장. 2010년의 미국

나는 2000년대 초반부터 매년 미국을 방문해왔다. 주로 초기 바이오 기업 인큐베이팅 센터, 운영사들, 그리고 미국 시장의 투자 경향을 파악하려는 노력이다.

2000년대 초반만 해도 미국 시장 관계자들은 한국에서 온 투자자를 잘 만나주지 않았다. 당시만 해도 한국에서 운영하는 펀드의 규모가 고작 100~200억 원 수준으로 미국 기업에 투자하기에는 매우 부족했다. 심지어 인큐베이팅 기관들도 시설 견학이나 운영 시스템 등을 보여주는 정도

자기 객관화

유동성에 의한 기업가치 상승의 경우는 시장 상황에 더 큰 영향을 받을 수 있다. 특히 현재 한국 시장에 대한 평가가 이와 같을 수 있다. 한국은 코스닥이라는 좋은 투자 환경을 가졌다. 정부의 정책적인 의지도 매우 강하다. 덕분에 상대적으로 일본, 유럽의 회사들에 비해 높은 평가를 받는 것이 사실이다.

일본의 경우 한국보다 훨씬 적은 숫자의 투자회사가 훨씬 적은 금액을 투자하고 있다. 상대적으로 투자자가 우위에 있는 시장으로, 기업의 가치가 높게 평가받기 어렵다. 유럽도 마찬가지다. 성장한 기업들은 대부분 미국 시장에 상장하기를 원하므로 상장 및 추가 자금 확보가 어려울 수밖에 없다. 자연스럽게 밸류에이션은 낮아진다.

여기에 덧붙여 미국 시장의 경우 하나의 타깃 또는 유사한 사업 모델을 보유한 기업이 많은 반면, 한국에는 유사한 사업 모델을 보유한 기업 숫자가 제한되다보니 기업의 상대 평가가 어려운 점이 있다.

밸류에이션은 절대평가보다는 상대평가가 쉬운 법이다. 비슷한 기업은 비교하기도 좋고, 비교우위에 있는 기업의 가치가 높은 것에 대한 이견이 있기 어렵다. 그러나 새로운 사업 모델을 가진 유일한 회사에 대한 절대평가는 어렵다. 한국 기업의 가치가 미국 기업보다도 높게 나올 수 있는 이유이며, 같은 이유로 많은 외국 기업들이 한국에서 투자받기를 원한다.

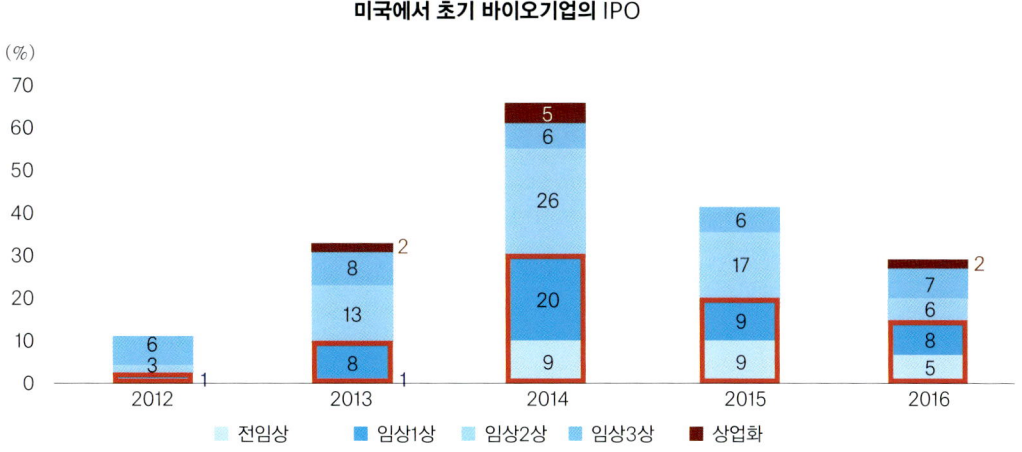

출처: LSK인베스트먼트 자료(2020.02.06.)

로, 입주 기업 소개나 공동 투자 제안은 거의 하지 않았다.

그러나 제넨텍의 성장 모델을 바탕으로 초기 자금 조달과 빠른 IPO라는 전략을 중심으로 성장하던 미국 시장은, 2007년 서브프라임 모기지 사태로 촉발된 금융시장 붕괴로 위기를 맞았다. 미국 서부에는 샌 디에고부터 샌 프란시스코까지 태평양을 따라 창업 기업들이 입주할 수 있는 기업단지들이 많다. 2010년 이곳을 방문했을 때 대부분의 공간이 비어 있는 충격적인 상황을 목격했다. 금융위기가 터지면서 초기 기업 투자용 펀드 조성이 어려워지고 특히 사업개발 기간이 긴 신약 개발 기업에 미치는 영향이 컸었던 것이다.

투자가 크게 줄면서 자금 조달에 실패한 많은 미국 바이오벤처가 문을 닫았다. 미국 투자자들은 미국에 투자하기보다는 성장 가능성이 높다고 판단되는 중국에 열심히 투자하고 있었다. 이때가 상대적으로 금융위기의 영향을 덜 받은 한국의 자금이 미국 시장에 들어갈 수 있는 좋은 기회였다고 생각한다. 개발자금이 바닥난 회사들은 다운라운드 또는 한국 회사에 대한 기술이전도 고려하는 상황이었기 때문이다.

당시 한국 투자자들에게 투자를 위한 자금 준비만 되어 있었어도 저렴한 가격에 성장성 있는 미국 기업들에 투자할 기회가 있었을 것이다. 투자는 기업들과의 만남도, 미국 대형 헬스케어 전문 VC들과의 미팅도, 미국 VC가 투자한 기업에 대한 공동 투자 등도 가능하게 해주었을 것이다.

금융위기로 촉발된 신약개발 기업들의 자금난은, 2013년부터 시작된 미국 바이오기업의 활발한 IPO로 극복되었다. 2013년부터 늘기 시작한 IPO는 2014년 정점을 기록한다. 기업들은 기존의 VC를 대상으로 확보하였던 초기 개발 자금을 IPO를 통해 확보하려 시도했다. 다행히 이 시도는 성공하였으며 이후 시장 상황이 호전됨에 따라 현재는 다시 기존의 자금 확보 경로를 통한 사업이 진행 중이다.

단위: 억 원, %

	2015 금액	비중	2016 금액	비중	2017 금액	비중	2018 금액	비중	2019 금액	비중
ICT 제조	1,463	7.0	959	4.4	1,566	6.6	1,489	4.3	1,493	3.5
ICT 서비스	4,019	19.3	4,062	18.8	5,159	21.6	7,468	21.8	10,446	24.4
전기/기계/장비	1,620	7.7	2,125	9.9	2,407	10.2	2,990	8.7	2,036	4.8
화학/소재	1,486	7.1	1,502	7.0	1,270	5.3	1,351	3.9	1,211	2.8
바이오/의료	3,170	15.2	4,686	21.8	3,788	16.0	8,417	24.6	11,033	25.8
영상/공연/음반	2,706	15.2	2,678	12.5	2,874	12.0	3,321	9.7	3,703	8.7
게임	1,683	8.1	1,427	6.6	1,269	5.4	1,411	4.1	1,192	2.8
유통/서비스	3,043	14.6	2,494	11.6	4,187	17.6	5,726	16.7	8,145	149.0
기타	1,668	8.0	1,570	7.4	1,283	5.3	2,077	6.1	3,518	8.2
합계	20,858		21,503		23,803		34,249		42,777	

중소기업창업투자 전자공시시스템(DIVA)에 따르면 2019년 신규 투자액 4조 2,777억 원 가운데 바이오/의료 분야는 1조 1,033억 원을 투자받았다. 분야별 투자액 가운데 가장 많은 액수다.

19장. 2020년의 한국

외국의 사례를 바탕으로 한국 바이오벤처의 시장 상황과 밸류에이션에 대해 생각해보자. 한국에서는 정부 주도의 창업투자 펀드 조성이 활발히 이루어지고 있으며 2018년 4조 8천억 원, 2019년도 4조 1천억 원의 신규 벤처 펀드가 조성되었다. 과거 2~3조의 신규 펀드 조성에 비하면 펀드 규모는 눈에 띄게 늘었다.

펀드 조성과 함께 한국 시장에 대한 투자도 꾸준히 늘어, 바이오/의료 분야의 투자는 2019년 1조 1,033억 원(벤처캐피탈협회 통계)에 이르렀으며 일반 기업이 직접 투자한 것까지 합치면 1조 5천억 원 이상의 자금이 신규로 투자된 것으로 보인다.

업종별로 분류하였을 때도 바이오/의료 산업은 전체 투자의 약 25%를 차지하며 ICT서비스, 유통서비스 분야를 제치고 전체 업종 가운데 1위를 차지하였다. 투자 활성화에 따라 다양한 기술과 사업 모델을 바탕으로 한 창업도 활발하게 이루어지고 있다. 매년 평균적으로 100여 개의 기업이 창업되다가 2016년 450여 개, 2017년 300여 개로 신규 창업이 빠르게 늘었다.

투자자는 투자 자금을 충분히 확보하고 투자 대상인 기업들도 활발하게 창업하는 시장 상황은 산업의 발전을 위해 바람직한 현상이다. 과거 한국 기업이 겪었던, 투자 자금 부족으로 사업을 못 하는 시대는 지나간 것이다. 제넨텍과 길리어드의 예에서 본 것처럼 바이오테크의 성장을 추구할 수 있는 기회가 생긴 것이다.

우리는 세계화된 사회에 살고 있으며, 글로벌 단위의 정치, 사회적인 일들이 일상에 영향을 미친다. 그러나 투자의 경우는 아직까지 국가적인 장벽이 완전히 없어졌다고 보기 어렵다. 특히 한국처럼 정책적인 색깔이 짙은 자금이 시장을 주도하는 경우 외국 기업보다는 국내 기업에 혜택이 돌아가는 것은 당연한 일이다. 국내 자금은 일차적으로 국내 기업에만 투자되기 때문이다. 그렇다면 '매년 300개의 창업기업이 하고자 하는 사업 모델과 이에 대한 POC는 충실하게 이루어지고 있는가?'라고 물어봐야 한다.

지금까지 살펴본 밸류에이션에 대한 이야기는 전 세계 시장을 반영한 것이다. 그런데 유동성이 풍부한 한국 시장 상황을 반영해 분석해보면, 투자할 만한 밸류에이션을 가진 기업을 찾기 어려울 수도 있다. 이는 보수적으로 검토했을 때의 결과다. 한국의 신약개발 기업도 일차적인 기술 판매 및 공동연구 대상은 다국적 기업이라고 볼 수 있다. 미국, 유럽, 일본, 중국의 비슷한 규모와 수준의 기업들과 경쟁해서 승리해야만 한국의 기업들은 사업을 지속할 수 있다. 즉 최종적인 밸류에이션에 앞서 해외 경쟁사의 밸류에이션과 비교해 투자의 성공률과 투자 수익률을 한번 더 따져 봐야 한다.

투자자의 입장에서 신약개발 기업에 투자하는 이유를 다른 방향에서 한번 보자. 미충족 의료 수요에 맞는 새로운 타깃에 작동하는 후보물질을 정하고, 우수한 경영진을 꾸려 이 모든 것을 원활하게 수행하는 능력이 결국 회사의 밸류에이션이 되겠지만, 투자자의 입장은 한 단어로 정리할 수 있다. '다음 단계 투자를 받을 수 있을까?'

투자금으로 운영하는 신약개발 기업의 다음 단계 투자는 매우 중요하다. 사업계획 실패로 '다음 투자를 못 받는다면?', '다운라운드를 해야 한다면?' 경험하고 싶지 않은 상황이다. 다음 단계 투자에 영향을 미치는 요소는 사업개발 진척도가 가장 중요하겠지만, 바로 전 단계의 투자자, 밸류에이션이 직접적인 영향을 미친다.

이럴 때 시장의 투자 자금마저 제한받는 상황이 된다면 투자는 매우 어려워질 수 있다. 앞에서 보았던 금융위기 이후의 미국 시장과 비슷한 상황이 될 수 있다. 이제 한국 시장은 다양한 국가 기반의 기술이 경쟁하는 시장에 편입될 것이다. 한국 기업 사이의 경쟁이 아닌 외국 기업과 한국기업이 한국에서 경쟁하는 날이 멀지 않았으며, 이는 국가 경쟁력 확보 차원에서도 바람직한 현상이다.

현재의 기업가치는 기업의 현재 상황보다는 미래의 기업가치 상승에 기초한다. 현재는 비슷한 사업 모델과 개발이 이루어진 기업이라도 필요한 자금을 시장에서 쉽게 조달할 수 있으면 경쟁 우위를 확보하는 것이 쉬울 것이다.

최근 한국에서 투자 시장의 유동성 공급에 따라 회사 설립 초기부터 IPO 전 단계까지 원활한 자금 공급이 이루어지고 있는 것은 사실이다. 일부 개인과 VC를 통한 사모 투자보다는, IPO를 활용해 자본시장에서 일반 대중을 대상으로 공모하는 경우가 자금 모집 규모가 크고 기간이 짧게 걸린다는 측면에서 기업에는 유리할 수 있다. IPO는 자금 공급 이외에도 기업의 대외적인 신뢰도 향상 및 초기 투자를 진행한 주주에게 투자 자금의 회수 기회를 제공할 수 있는 등 장점이 많다. 그러나 IPO는 기업이 추구하는 최종 목적지가 아니다. IPO를 통해 조달한 자금을 사업 목적 달성에 활용하는 중간 단계일 뿐이다.

일반적인 IPO 조건은 회사 설립 후 3년 이상 경과, 자기자본 30억 원 이상, ROE 10% 이상 또는 순이익 20억 원 이상의 조건을 갖추었을 때다.

2005년 기술특례상장 제도를 실시한 이후, 연도별로 코스닥에 상장한 바이오기업. 괄호 안의 숫자는 창업 이후 코스닥 시장에 상장하기까지 걸린 기간이다.
출처: LSK인베스트먼트

2005	2006	2009	2011	2013	2014	2015		2016	
바이로메드 (9.1)	크리스탈 (5.5)	이수앱지스 (7.9)	인트론바이오 (12.0)	코렌텍 (12.8)	알테오젠 (6.6)	제노포커스 (15.2)	캔서롭 (14.4)	안트로젠 (15.9)	퓨쳐켐 (15.3)
바이오니아 (13.3)		제넥신 (10.3)	나이벡 (7.5)	레고켐바이오 (7.0)		코아스템 (11.5)	멕아이씨에스 (17.1)	큐리언트 (7.7)	신라젠 (10.7)
		진매트릭스 (8.9)	디엔에이링크 (11.8)	아미코젠 (13.3)		펩트론 (17.7)	파크시스템스 (18.7)	팬젠 (16.3)	애니젠 (16.6)
				인트로메딕 (9.3)		에이티젠 (13.8)	강스템바이오텍 (5.1)	바이오리더스 (16.5)	로고스바이오 (8.1)
						유앤아이 (22.2)	씨트리 (17.7)	지엘팜텍 (14.2)	
						아이진 (15.4)			

2017	2018		2019		2020		2021	
유바이오로직스 (6.9)	아시아종묘 (26.1)	파멥신 (10.2)	이노테라피 (8.8)	티움바이오 (3.0)	카이노스메드 (13.0)	피플바이오 (18.1)	뷰노 (6.2)	차백신연구소 (21.4)
피씨엘 (9.0)	엔지켐생명과학 (18.6)	싸이토젠 (8.7)	셀리드 (12.2)	제이엘케이 (5.8)	에스씨엠생명과학 (6.0)	미코바이오메드 (11.6)	프레스티지바이오로직스 (5.8)	지니너스 (3.6)
아스타 (11.2)	오스테오닉 (6.0)	네오펙트 (8.5)	지노믹트리 (18.5)	신테카바이오 (10.3)	젠큐릭스 (8.8)	고바이오랩 (6.3)	네오이뮨텍 (7.1)	툴젠 (22.2)
앱클론 (7.2)	EDGC (5.1)	티앤알바이오팹 (5.7)	수젠텍 (7.5)	메드팩토 (6.5)	소마젠 (15.6)	클리노믹스 (9.5)	라이프시맨틱스 (8.5)	
휴마시스 (17.3)	아이큐어 (18.1)	전진바이오팜 (14.3)	마이크로디지탈 (16.9)	브릿지바이오 (4.3)	제놀루션 (14.4)	퀀타매트릭스 (10.0)	진시스템 (11.2)	
	올릭스 (8.4)	에이비엘바이오 (2.8)	압타바이오 (9.9)	천랩 (10.1)	셀레믹스 (9.7)	엔젠바이오 (5.1)	큐라클 (5.2)	
	바이오솔루션 (18.6)	유틸렉스 (3.8)	올리패스 (12.9)		이오플로우 (3.1)	프리시젼바이오 (11.2)	딥노이드 (13.6)	
	옵티팜 (18.3)	비피도 (19.2)	엔바이오니아 (18.8)		압타머사이언스 (9.5)	석경에이티 (20.1)	바이젠셀 (8.6)	
	셀리버리 (4.7)		라파스 (13.6)		박셀바이오 (10.6)	지놈앤컴퍼니 (5.3)	에이비온 (14.4)	

벤처 기업은 일반 기업에 비해 다소 완화된 기준을 적용받는다. 설립 연수 제한 없음, 자기자본 15억 원 이상, ROE 5% 이상 또는 순이익 10억 원 이상의 조건을 갖추면 가능하다.

일반적으로 기업이 상장하려면 위의 조건을 모두 만족해야 하지만 기업의 기술력을 인정받아 성장성을 예측할 수 있다면 상장이 가능하다. 이와 같은 제도를 '기술특례상장'이라고 한다.

기술특례상장을 활용하면 기술력과 성장성이 뛰어난 유망 기업이 코스닥 시장에 진입할 수 있다. 혁신적인 기술 기반 기업이 자본시장에서 원활하게 자금을 조달해 기업의 성장 기반을 조성하자는 취지의 제도다.

기술특례상장은 먼저 기업의 상장 주관사가 전문평가 기관에 기술평가를 의뢰하면서 시작된다. 특례대상기업은 2개의 전문평가기관의 평가등급이 A등급 이상, BBB등급 이상을 받으면 통과하며 이후 회사의 양적, 질적 심사 과정을 거치고 기술 전문가 회의와 상장위원회의 심의를 거쳐 최종적인 심사 결과가 확정된다.

그러나 현재 기술특례상장 제도는 몇 가지 측면에서 리스크를 가지고 있다. 우선 기술평가를 시행하는 전문평가기관의 전문성이 문제다. 현재 전문평가기관으로 지정된 기관 가운데 한국과학기술연구원KIST, 한국보건산업진흥원KHIDI, 한국생명공학연구원KRIBB을 제외한 기관은 산업적인 전문성이 높지 않다고 볼 수 있다. 또한 전문성이 있는 기관이라 할지라도 내부에 객관적인 기술평가 업무를 담당하는 전문가가 있는지 따져봐야 한다. 거래소는 상장 기업의 부담을 덜어주는 차원에서 기술평가 비용을 매우 낮게 책정하고 있다. 이는 기업의 재무적인 부담을 줄일 수는 있겠으나 '이렇게 낮은 비용으로 외부 전문가의 자문을 받아 기업의 기술평가를 객관적으로 시행할 수 있을 것인가'에 대한 의문이 드는 것도 사실이다.

따라서 기술평가의 전문성과 객관성을 담보하기 위해서는 기술평가를 특정 기관이 전담해야 한다. 기술평가 비용도 적정 수준으로 인상하여 기술평가를 받는 기업이 객관적인 평가를 받을 수 있도록 해야 한다. 이렇게 기술평가 결과에 대한 객관성을 확보하는 제도 개선 노력이 필요하다.

일반상장과 마찬가지로 기술평가를 통한 상장의 경우에도 최종 심의는 거래소 상장위원회에서 여부를 결정한다. 바이오벤처의 경우 상장한 지 10년이 넘은 기업 가운데도 영업이익을 내지 못하는 경우가 많다. 이는 바이오벤처의 사업성에 대한 비판적인 시각으로 이어지며, 다른 바이오벤처가 상장될 때 상장 기업의 전체적인 부실화에 대한 우려를 낳는다.

그러나 이와는 다른 시각에서 상장 시장을 볼 필요가 있다. 기술상장특례 제도가 시행된 이후 상장한 기업의 상장 폐지 여부를 살펴봐야 한다. 다행스럽게도 2005년 이후 상장된 기술기업 가운데 현재까지 상장 폐지된 기업은 하나도 없다. 그렇다면 한국 시장에 상장된 바이오벤처 기업의 사업성이 높아서 현재까지 상장 폐지된 기업이 하나도 없는 것일까?

이 결과는 시장 수요와 공급 법칙에 따른 결과다. 전 세계적으로 미래성장산업으로 바이오산업을 꼽고 있으며, 한국 투자자들도 바이오산업에 대한 투자 비중을 늘리려 한다. 이렇게 시장의 수요는 빠르게 증가하고 있으나 상장 기업의 공급은 제한적이다. 그리고 옥석이 가려지지 않은 상태에서는 지속적인 자금 공급이 가능했다.

경쟁력 있는 기업은 성장하고 경쟁력 없는 기업은 솎아내야 시장에 대한 신뢰가 오르고, 투자 유치가 가능하다. 현재의 상장 바이오벤처는 완전 경쟁시장체제에 있지 않으며, 투자자들도 투자한 기업의 사업성을 철저하게 분석하지 못하는 경우가 많다.

따라서 기술특례상장 제도의 석극적인 활용을 통해 기술력과 사업성을 객관적으로 평가하는 평가 시스템을 완비하고, 사업성 기준을 통과한 기업을 여럿 상장시켜 많은 기업이 시장에서 경쟁할 수 있게 유도해야 한다. 경쟁 우위를 달성하지 못하는 기업이 빠르게 시장에서 퇴출되면, 시장이 좀더 효율적으로 움직일 것이다. 기술력과 사업성을 보유한 기업과 그렇지 못한 기업을 선별함으로써 바이오벤처 전체의 기업가치 하락과 같은 시장의 급속한 변화를 막을 수 있고, 시장은 투자자의 신뢰를 받을 수 있다.

제넨텍, 길리어드 등의 외국 기업의 경우 창업 이후 짧게는 3년, 늦어도 5년 정도 이후 나스닥 시장에 상장했다. 한국 바이오벤처의 경우는 평균 8.3년이라는 자료가 있다. 이렇게 창업 이후 상장까지의 기간이 길어지면 기업의 자금 수요를 충당하기 위한 지속적인 투자 유치를 해야 하는데, 이로 인해 창업주의 지분은 더 많이 희석된다. 물론 외국의 경우 창업자 지분율이 높지 않은 사례가 많지만, 이는 창업자의 지분율이 상장심사에 영향을 미치는 정도가 크지 않기 때문이다.

한국 시장 상장을 위해서는 아직까지도 창업자의 지분율 또는 지배주주의 지분율이 매우 큰 영향을 미친다. 좀더 많은 기업이 규모 있는 사업 자금이 필요할 때 상장하여 세계적으로 경쟁력 있는 기업이 될 수 있도록, 객관화된 상장 평가 시스템과 제도를 구축하여 투자자로부터 신뢰받는 시장이 되어야 한다.

현재 한국에서 바이오벤처는 1조 이상의 밸류에이션을 보유한 기업들이 빠르게 늘어나고 있다. 덕분에 기업은 연구개발 자금의 조달을 쉽게 할 수 있는 장점이 생겼다. 산업적으로도 거대 제약회사는 자체적으로 모든 기술을 개발하기보다는 기술을 가진 기업을 인수하거나 협력하는 것이 더 효율적이라는 사실을 인식하고 있으며, 특정 질환에 대한 약품을 보유한 회사도 기존 약품의 효능을 증진시키기 위해서 다른 업체의 협력과 인수에 나서고 있다. 소규모 회사와 거대 제약기업 간의 연합뿐만 아니라 소규모 회사 간의 협력도 진행되고 있다. 따라서 한국 바이오벤처도 기업가치 향상에 기여한 첫 번째 신약후보물질의 기술 수출에만 집중할 것이 아니라, 기술 수출 이후의 자체적인 영업력 확보와 이를 바탕으로 빠른 기술 도입 및 기업 인수를 통해 성장이 가능할 것이다.

찾아보기

1차 세계대전 72
1차 치료제 132
2차 세계대전 72
2차 치료제 132
^{18}F-FDG(flourodeoxyglucose) 95

A

AE(adverse effect) 26
AI 76
API(active pharmaceutical ingredient) 15, 16, 25
A형 간염 27

B

BMS(Bristol-Myers Squibb) 25, 81, 82
B형 간염 102

C

CAR-T(chimeric antigen receptor T-cell therapy) 151
cGMP(current good manufacturing practice) 26
CHO세포(Chinese hamster ovarian cell) 55
clinicaltrials.gov 131
CMC(chemistry/manufacturing/control) 24, 41, 141, 142
CMO(contract manufacturing organization) 16, 26, 142
CRO(contract research organizations) 26, 38, 124, 129, 140
CRIS(clinical research information service) 131
CSO(chief scientific officer) 39
C형 간염 12, 16, 101, 103

D

DNA 45

E

EMA(European medicines agency) 26, 64, 126
ETC(ethical drug) 26

F

FDA(food and drug adminstration) 26, 64, 126
FIC(first in class) 101

G

GCP(good clinical practice) 26
GLP(good laboratory practice) 26, 123

H

hERG(human ether-à-go-go-related gene) 24

I

ICH(international conference on harmonisation) 26
IND(investigational new drug application) 26
IPO(initial public offering) 155

K

KFDA(Korea food and drug administration) 126
KOL(key opinion leader) 127, 128, 140

M

M&A 89, 108, 110, 90
MMAE(monometyl auristatin E) 57
MOA(mechanism of action) 25, 106
MSSO(maintenance and support services organization) 26

N

NOAEL(no observed adverse effect level) 24
NRDO(no research & development only) 119

O

ORR(objective response rate) 26, 141
OTC(over-the-counter drug) 26

P

PD(pharmacodynamics) 26
PFS(progression-free survival) 26
PIC/S(pharmaceutical inspection co-operation scheme) 26

PK(pharmacokinetics) 26
PMDA(pharmaceuticals and medical devices agency) 64, 126
PMS(post-market surveillance) 26
POC(proof of concept) 26, 47, 59, 105, 106, 108, 110

R
R폼 52, 53

S
S폼 52, 53

T
TPP(target product profile) 26
TTP(time to tumor progression) 26

ㄱ
가격 경쟁력 50, 59, 93
가설 117
가속승인(accelerated approval) 85
가싸이바®(Gazyva®, 성분명: obinutuzumab) 67
가치평가 9
간암 103
갈색 지방(brown adipose tissue) 31
강연비 127
강직성 척추염 66, 67
거대세포 림프종 84
건강보험심사평가원 12
건선 66, 82
건선성 관절염 66, 67
결핵 15, 16
경영진 38, 39, 155
고령화 23, 92, 127
고셔 병(Gaucher's disease) 29
골수형성이상증후군 82
과점 49
과학자문위원회(SAB, scientific advisory board) 41
광학 이성질체(enantiomer) 52, 53
교모세포종 66, 125, 127

궤양성 대장염 66
규모의 경제 94
그린(green) 바이오 46, 47
글락소스미스클라인(GSK, GlaxoSmithKline) 119
글루코세레브로시다제(glucocerebrosidase) 29
급성 골수성 백혈병 84
급성 림프구성 백혈병 84
기득권 48
기반기술 110
기술사용료 113
기술특례상장 156, 157
기술평가 157
길리어드 사이언스(Gilead Science) 12, 82, 103, 151

ㄴ
난관암 66
내부수익률(IRR, internal rate of return) 110
네트워크 38, 41, 84, 121
노드(node) 119
노바티스(Novartis) 60
농업 46, 48
뇌졸중 82
누칼라®(Nucala®, 성분명: mepolizumab) 67

ㄷ
다관절형 소아 특발성 관절염 67
다라프림®(Daraprim®, 성분명: pyrimethamine) 10
다발성 경화증 66, 67
다발성 골수종 52, 66
다운라운드 146, 155
다잘렉스®(Darzalex®, 성분명: daratumumab) 66
다케다(Takeda) 119
단백질 51, 53, 78
단백질 의약품(protein drug) 47, 59
당뇨병 51, 78, 150
대장균 54
대장암 67
독성 24, 56, 69
독점 59, 64
독점 시장 50, 56, 59, 62

독점적 상품 10, 12
동물모델 33, 34, 125, 127, 128
동물실험 117, 123
두경부암 82
두경부 편평세포암 66, 67
드 노보 합성(de novo synthesis) 46

ㄹ

라세미 화합물(racemate) 53
라이브러리(library) 76
라이센스 아웃 141
라이센스 인 141
라이프 스타일 드러그(life style drug) 27
라트루보™(Latruvo™, 성분명: olaratumab) 67
라피엘 피리아(Raffaelle Piria) 70
란투스®(Lantus®, 성분명: insulin glargine) 78
램시마™(Remsima™, 성분명: infliximab) 66
랩스커버리™(LAPSCOVERY™) 108
레날리도마이드(lenalidomide) 52
레드(red) 바이오 46, 50, 56, 62, 100
레마로체™(Remaloce™, 성분명: infliximab) 66
레미케이드®(Remicade®, 성분명: infliximab) 66
레블리미드®(Revlimid®, 성분명: lenalidomide) 82
렘트라다®(Lemtrada®, 성분명: alemtuzumab) 66
로버트 스완슨(Robert Swanson) 149
로슈(Roche) 81, 130, 149
로열티 113
로컬(local) 산업 64
루프론®(Lupron®, 성분명: leuprorelin) 78
류마티스성 관절염 66, 67
리제네론(Regeneron) 82
링커(linker) 58, 84, 108
링크(link) 119

ㅁ

마이크로에멀전(microemulsion) 89
마일로타그™(Mylotarg™, 성분명: gemtuzumab ozogamicin) 84
만성 림프구성 백혈병 67
맙테라®(Mabthera®, 성분명: rituximab) 67

머크(Merck) 36
머크(MSD) 62, 81, 82
메니에르 신드롬(Meniere syndrome) 21
면역관문억제제 130
면역항암제 59, 61, 81, 130, 131, 152
몬산토(Monsanto) 48
무병생존기간(DFS, disease-free survival) 141
무진행생존기간(PFS, progression-free survival) 141
미국 시장 138
미녹시딜(minoxidil) 28
미만성 거대 B세포 림프종 84
미충족 의료 수요(unmet medical needs) 27, 29, 80, 101, 102, 155
미츠비시타나베 제약(Mitsubishi Tanabe Pharma) 82

ㅂ

바사글라®(Basaglar®, 성분명: insulin glargine) 92
바소프레신(아르기프레신) 77
바이엘(Bayer) 19, 70, 82
바이오리액터(bioreactor) 54, 55
바이오마커(biomarker) 33, 36
바이오베터(biobetter) 93, 142
바이오 산업 45, 47
바이오시밀러(biosimilar) 47, 59, 61, 83, 91
바이오 의약품 53, 56, 74, 100
바이오젠(Biogen) 118
스핀라자®(Spinraza®, 성분명: nusinersen) 60
바이옥스®(Vioxx®, 성분명: rofecoxib) 36
반응률(RR, response rate) 141
반응지속기간(DoR, duration of response) 141
발작성 야간 혈색소뇨증 66
방사성 동위원소 95
방사성 의약품 94
배수법(multiple) 110
백색 지방(white adipose tissue) 31
밸류에이션(valuation) 9
번역 후 변형(post translational modification) 54
베게너육아종증 67
베스트 인 클래스(BIC, best in class) 101
베스폰사®(Besponsa®, 성분명: inotuzumab ozogami-

cin) 66
베체트 장염 66
벡스트라®(Bextra®, 성분명: valdecoxi) 36
벤리스타®(Benlysta®, 성분명: belimumab) 66
벤처투자자 151
병용 요법(combination therapy) 131
병용투여 131, 134
보건정책 83
보수적인 소비자 19
복제약 86
복지정책 62
복합제제 90
부분관해율(PR, partial response) 141
부형제 15
분리 71, 73
비당쇄화 Fc(aglycosylated Fc) 108
비대칭 중심(chiral center) 52, 53
비소세포폐암 66, 67
비열등성(non inferiority) 133
비정형 용혈성 요독 증후군 66

ㅅ

사노피(Sanofi) 79
사업 모델 33, 86, 94, 124, 125
사이람자®(Cyramza®, 성분명: ramucirumab) 67
사이클로스포린A(cyclosporinA) 89
사이클로옥시저네이즈-2(COX-2, cyclooxygenase-2) 36
사이클로트론(cyclotron) 94
산텐(Santen) 82
살리실산(salicylic acid) 70
삼페넷®(Samfenet®, 성분명: trastuzumab) 67
상급종합병원 136
상업화 임상시험 111
상피성 난소암 66
생명과학 115, 116
생물자원 48
생산공정 59, 61, 83
생산공정 효율화 49
생산 위험(manufacturing risk) 139, 140

생산 효율성 향상 50
생약 69
서브프라임 모기지 사태 153
선점 전략 94
성장 가능성 41
성장 전략 149
성장호르몬(GH, growth hormone) 101
세레자임®(Cerezyme®, 성분명: imiglucerase) 29
세포실험 117
세포치료제 47, 59, 61
셀 라인 모델 124
셀진(Celgene) 82
소발디®(Sovaldi®, 성분명: sofosbuvir) 12, 16, 101, 103, 151
소세포폐암 130
솔리리스®(Soliris®, 성분명: eculizumab) 66
수율(yield) 50
수의학 115, 116
수포성 표피박리증(epidermolysis bullosa) 30, 31, 104
스크리닝 40, 74, 123
스텔라라®(Stelara®, 성분명: ustekinumab) 67
스톡옵션 41
스트렙토마이신(streptomycin) 15, 16
스트렙토마이세스 그리세우스(*Streptomyces griseus*) 15, 16
습성 노인성 황반변성 82
승인 및 허가 위험 139, 140
시간 102
시료 생산 93
시애틀 제네틱스(Seatle genetics) 57, 58
신세포암 66, 67
신약승인신청(NDA, new drug application) 26, 131
심재성 정맥혈전증 82
싱케어®(Cinqair®, 성분명: reslizumab) 67

ㅇ

아두카누맙(aducanumab) 118
아르제라®(Arzerra®, 성분명: ofatumumab) 67
아미노산 77
아미코젠(Amicogen) 50

아밀로이드 베타 단백질 22, 96
아바스틴®(Avastin®, 성분명: bevacizumab) 66
아스피린™(Aspirin™, 성분명:aspirin) 19, 20, 70
아일리아®(Eylea®, 성분명: aflibercept) 82
악템라®(Actemra®, 성분명: tocilizumab) 67
알렉산더 플레밍(Alexander Fleming) 71, 72
알츠하이머 병 22, 33, 96, 118, 128
암 31, 32
애드세트리스®(Adcetris®, 성분명: brentuximab vedotin) 66
애브비 81, 82
앱스틸라®(Afstyla®, 성분명: lonoctocog alfa) 106
약물 리포지션(drug reposition) 129, 130
약물 전달 시스템(drug delivery system) 89
양전자 방출 단층촬영(PET, positron emission tomography) 95
언스트 체인(Ernst Boris Chain) 71, 72
얼비툭스®(Erbitux®, 성분명: cetuximab) 66
에이즈 82
에자이(Eisai) 82
엔포투맙 베도틴(enfortumab vedotin) 57
엘리자베스 앤 홈스(Elizabeth Anne Holmes) 39
엘리퀴스®(Eliquis®, 성분명: apixaban) 82
엠탄신(emtansine) 55
엠플리시티®(Empliciti®, 성분명: elotuzumab) 66
여보이®(Yervoy®, 성분명: ipilimumab) 66, 81
여포형 B세포 비호지킨 림프종 66, 67
여포형 림프종 67
연조직 육종 67
오노약품공업(Ono pharmaceutical) 81, 82
오츠카제약(Otsuka Pharmaceutical) 82
오픈 이노베이션(open innovation) 89
옵디보®(Opdivo®, 성분명: nivolumab) 67, 81
완전관해율(RR, Response Rate) 141
외투세포 림프종 82
요로상피암 66, 67
우선 심사(priority review) 85
우위성(superiority) 133
원발성 복막암 66
원핵생물 54

위선암 67
위식도 접합부 선암 67
위암 67
위험조정 순현재가치법(rNPV, risk adjusted net present value) 99
유방암 66, 67
유연성 115
유전자 변형 작물 49
유전자 재조합 기술(recombinant DNA technology) 106, 149
유전자 치료제(gene therap) 59, 60
의료기기 47
의료 서비스 47
이뮤노젠(Immunogen) 58
인공관절 137
인슐린 51, 54, 76, 77, 150
일라이릴리(Eli Lilly) 151
임브루비카®(Imbruvica®, 성분명: ibrutinib) 82
임상디자인 38, 131, 139, 141
임상시험 33, 69, 71, 72, 115, 131
임상시험 총괄 책임자(PI, principal investigator) 139
임상시험 환경 136
임상의학 116
임상적 위험(clinical risk) 139
입랜스®(Ibrance®, 성분명: palbociclib) 82

ㅈ

자궁경부암 66
자문료 지급액 기준 127
자문위원 84
자본수익률(ROI, return on investment) 9
자본시장 149
저분자 화합물(small molecule) 37, 74
전구 B세포 급성 림프모구성 백혈병 66
전달 59, 60
전신색전증 82
전신성 퇴행성 대세포 림프종 58
전신 역형성 대세포 림프종 66
전신 중증 근무력증 66
전신형 소아 특발성 관절염 67

전신 홍반성 루푸스 66
전임상시험 123, 124, 129
전체생존기간(OS, Overall Survival) 26, 141
전형적 호지킨 림프종 82
정맥혈전색전증 82
정부 주도의 창업투자 펀드 154
정제 71, 73
제3자의 확인 128
제네릭 61, 87, 89, 91, 140
제넨텍(Genentech) 76, 149, 151
제니칼™(Xenical™, 성분명: orlistat) 30
제바린®(Zevalin®, 성분명: ibritumomab tiuxetan) 66
제조업 밸류에이션 99
제줄라®(Zejula®, 성분명: niraparib) 119
젬투주맙 오조가마이신(gemtuzumab ozogamicin) 58
존슨앤드존슨(Johnson & Johnson) 82
졸겐스마®(Zolgensma®, 성분명: onasemnogene abeparvovec) 60, 120
종결점 139
중개연구 119
중추신경계(CNS, central nervous system) 34
중추신경계 질환 127
중화항체반응 107
증상 136
지속가능성 16, 19
지역 기반 의약품 96
지적 재산권 47, 56, 59, 62
직결장암 66
진핵생물 54
징후 136

ㅊ

척수성 근위축증 60, 120
초기 조절 작용 74
추격 전략 94
축성 척추관절염 66

ㅋ

카이네이즈 테스트(kinase test) 22

카이트 파마(Kite Pharma) 151
캐싸일라®(Kadcyla®, 성분명: trastuzumab emtansine) 55
커뮤니케이션 121
케미컬 의약품 37, 51, 53, 74
코센틱스®(Cosentyx®, 성분명: secukinumab) 67
크론병 66, 67
키트루다®(Keytruda®, 성분명: pembrolizumab) 67, 81

ㅌ

타깃 33, 71, 74, 155
타미플루®(Tamiflu®, 성분명: oseltamivir phosphate) 103, 151
탈리도마이드(thalidomide) 52, 133
탈츠™(Taltz™, 성분명: ixekizumab) 67
테라노스(Theranos) 39
테바(Teva) 89, 90
테사로(Tesaro) 119
톡소플라즈마증 10, 11
퇴행성 관절염 35, 137
투자 9, 137, 146, 155
튜링 파마슈티컬스(Turing Pharmaceuticals) 10
트라스투주맙(trastuzumab) 55
트렘피어®(Tremfya®, 성분명: guselkumab) 66
트룩시마®(Truxima®, 성분명: rituximab) 67
특이성 56
티사브리®(Tysabri®, 성분명: natalizumab) 67
티쎈트릭®(Tecentriq®, 성분명: atezolizumab) 66, 130

ㅍ

파머징 마켓(pharmerging market) 89
판상 건선 66, 67
패스트트랙(fast track) 85
패혈증 34
팩터8(Factor VIII) 106
팩티브®(Factive®, 성분명: gemifloxacin) 86
퍼제타®(Perjeta®, 성분명: pertuzumab) 67
페니실린 71
펠릭스 호프만(Felix Hoffmann) 70
펩타이드(peptide) 77, 78

편의성 91
평판 34, 39, 128
폐색전증 82
포도막염 66
포도상구균(Staphylococcus) 72
포트폴리오 59, 62, 114
폴리비™(Polivy™, 성분명: polatuzumab vedotin-piiq) 84
폴리아크릴아마이드(Polyacrylamide) 49
표준화 경향 10
푸른 곰팡이 71
프랜시스 캐슬린 올덤 켈시(Frances Kathleen Oldham Kelsey) 133
프레임의 전환 64
프로스타글란딘(prostaglandin) 36
프로페시아®(Propecia®, 성분명: finasteride) 28
피부 T세포 림프종 66

ㅎ

하워드 월터 플로리(Howard Walter Florey) 71, 72
할인율 99, 102
항암제 31, 32
항암제 감수성 125
항원(antigen) 56
항체(antibody) 56, 61, 78
항체 스크리닝 81
항체약물복합체(ADC, antibody drug conjugate) 56, 84
항체 의약품(antibody medicine) 47, 56, 59, 61, 78, 92

허버트 보이어(Herbert Boyer) 149
허브(hub) 119
허셉틴®(Herceptin®, 성분명: trastuzumab) 67, 81
헬스케어 산업 47
혁신 신약(breakthrough therapy) 85
현금흐름 99, 102, 105
현대 생물학 45
현미경적 다발혈관염 67
현장 실사 142
현재가치 99
혈우병 105
혈청 알부민(serum albumin) 80
호산구성 천식 67
호지킨 림프종 66, 67
화농성 한선염 66
화이자(Pfizer) 36, 72, 82
화이트(white) 바이오 46, 47, 49
화학 45, 115, 116
환자감시장치(patient monitor) 19
환자 맞춤 치료제 검색 비즈니스 125
환자 유래 조직 이식 동물실험(PDX, patient derived xenograft) 124
효능 24, 69
후기 조절 작용 74
후보물질 151, 155
휴미라®(Humira®, 성분명: adalimumab) 66, 81
흑색종 66, 67
희귀병 104